纺织检测知识丛书

纺织产品基本物理性能检测

张晓红　主　编

徐新宇　副主编

中国纺织出版社有限公司

内 容 提 要

本书主要从纺织产品的基本物理性能入手,以产品质量控制和市场贸易的角度,对纺织产品所涉及的相关质量要求和测试方法做了详细的介绍和阐述,包括织物的几何性能、力学性能、弯曲性能、耐久性能和属性性能的特征以及相关检测方法和标准要求。内容涉及纺织品物理性能检测的通用要求以及相关检测标准的适用范围、测试原理、实验步骤、结果判定等,对同一检测项目的不同标准进行了分析和比较,并结合作者多年的工作实践,对检测中的关键点和注意事项进行了解析,同时还对属性性能所涉及的各国标签法规进行了梳理和专业解读。

本书图文结合,旨在帮助相关从业人员提高对纺织产品物理性能测试的认知和理解,成为工作中必不可少的工具。可供纺织检测机构专业技术人员、高校纺织专业师生、纺织服装生产企业、纺织产品品牌商和贸易商等质量控制部门的管理和技术人员学习参考。

图书在版编目(CIP)数据

纺织产品基本物理性能检测/张晓红主编 . --北京 : 中国纺织出版社有限公司,2019.12

(纺织检测知识丛书)

ISBN 978-7-5180-6634-6

Ⅰ.①纺… Ⅱ.①张… Ⅲ.①纺织品—物理性能—性能检测 Ⅳ.①TS107

中国版本图书馆 CIP 数据核字(2019)第 190268 号

策划编辑:沈 靖 孔会云　　责任编辑:沈 靖
责任校对:高 涵　　责任印制:何 建

中国纺织出版社有限公司出版发行

地址:北京市朝阳区百子湾东里 A407 号楼　邮政编码:100124

销售电话:010—67004422　传真:010—87155801

http://www.c-textilep.com

中国纺织出版社天猫旗舰店

官方微博 http://weibo.com/2119887771

北京市密东印刷有限公司印刷　各地新华书店经销

2019 年 12 月第 1 版第 1 次印刷

开本:787×1092　1/16　印张:12.5

字数:273 千字　定价:128.00 元

前言

近年来，随着纺织工业和纺织对外贸易的不断发展和迅速扩大，我国已经成为全球最大的纺织品生产和出口大国，中国制造的纺织品已经享誉世界。为了满足日益变化的国内外市场和国际买家的要求，使我国的纺织品具有竞争力并能制胜国际市场，除了设计、价格等因素以外，纺织品的质量已成为关键。无论是生产控制、贸易交付还是消费者权益保护，都是建立在产品质量的基础上，作为纺织产品质量的有效控制手段之一，纺织品检测受到生产商、供应商和买家越来越多的关注，并被普遍运用，尤其在产品研发、品牌维护和提升、进出口贸易壁垒中担负着重要的角色。

纺织产品检测主要着眼于生产、运输、销售和使用过程中涉及的质量、安全、环保等方面可能出现的问题，贯穿于整个供应链和产品生命周期。其中产品的内在质量与其物理性能密不可分，纺织产品的物理性能在很大程度上取决于纺织材料自身的物理特性。纺织品物理性能主要包括力学性能和属性，纺织品的力学性能不仅与产品的基本使用性能和产品的寿命息息相关，还会影响到其他的性能，如染色、后整理等；同时，也为纺织品的可持续和循环使用提供了数据参考。

在纺织工业的发展过程中，新材料、新产品、新技术和新工艺的研发和运用，也对检测技术提出了更多更高的要求，研发新的检测方法和新的检测技术以满足产品发展的需求。同时检测设备的更新换代，特别是计算机和各种电子设备的引入，物理性能的测试方法也在不断地发展和完善，使检测手段更具科学性和可操作性，拓展了适用范围，提高了测试结果的准确性和精密度。

作为纺织检测知识丛书之一，本书对纺织产品的物理性能所涉及的检测，从测试原理、测试步骤、测试分析、测试方法的适用性、不同测试方法的比较等方面进行了详细介绍，目的在于帮助纺织行业从事科学研究、产品开发、检验检测和质量管理的人员在了解物理性能检测方法的基础上，可以选择和运用合适恰当的检测方法进行检测，并对检测结果进行科学分析，提高质量管理水平，提升产品竞争力。

本书共分八章，其中，第六章、第七章由徐新宇撰写，前言及第一章、第二章、第三章、第四章、第五章均由张晓红撰写，并负责全书的统稿和修改。本系列丛书的编著得到了天祥集团（Intertek）管理层和专家团队的大力支持，在此深表谢意。

本书的编著参考和借鉴了纺织领域的专家、学者和工程技术人员公开发表的文献和出版的专著，为本书的编写提供了理论依据和实证；同时还参考了本书编著者们多年来在科研和检测实践中的成果和经验。在此，对被引用文献的作者和对本书的编著和出版做出贡献的人员表示衷心的感谢！

　　本书编著人员都是现代检测技术的应用者和实践人，希望能与读者分享多年的检测实践经验和心得，能为读者的测试工作提供启发和帮助。但是由于水平和知识有限，本书的编写难免有不足或不妥之处，恳请业界专家、学者和读者批评指正，所有参与编著的人员将不胜感激！

编者

2019 年 6 月

目录

第一章 概述

纺织产品检测涉及开发、生产、运输、销售和使用过程中的质量、安全、环保等方面，贯穿于整个供应链和产品生命周期。纺织品物理性能主要包括织物的属性、几何特性和力学性能。织物的物理性能不仅与产品的基本风格、使用性能和产品寿命息息相关，还会影响其他的产品性能，如染色、后整理等，同时也为纺织品的可持续和循环使用提供了数据参考。

一、纺织产品物理性能检测种类

1. 织物的属性检测

织物的属性检测主要是对织物中所包含的纤维进行分析，包括纤维种类的识别和其组成情况的分析。纤维种类决定了织物的风格、物理特性、最终用途和价值等。

2. 织物的几何特性检测

织物的几何特性检测是对织物的基本结构进行分析，获得织物结构的基本参数，又称规格参数，包括织物的密度、重量、幅宽和厚度等，这些参数可以用来表征织物的类别，不同的织物类别都具有各自的规格参数，以便和其他织物区分开来。

3. 织物的力学性能检测

织物的力学性能是指与材料力学性质相关的，受到力学性质影响的性能，主要涉及织物的坚牢度、使用性能和耐用性能等。织物坚牢度主要包括机织物的断裂强力、撕破强力和纱线滑移以及针织物的胀破强力，这些参数决定了织物的最终用途，也就是说织物不同的用途要求其具有不同的坚牢度。

二、纺织产品物理性能检测依据

为了满足销售国家或地区的相关强制性标准和产品标准，通常会根据产品销售国家或地区的检测标准进行测试。在中国销售的纺织产品需符合中国相关的强制性标准和产品标准，中国的纺织标准主要包括由国家标准管理委员会组织制定和颁布的国家标准（GB）和由中国纺织工业协会组织制定和颁布的行业标准（FZ），GB 主要是方法标准，FZ 则以产品标准为主。在美国销售的纺织产品应符合美国相关标准，纺织产品的成分标签需符合美国联邦贸易委员会（FTC）的法规性标准，纺织产品的物理性能需按照美国纺织化学家和染色家协会（AATCC）和美国测试和材料学会（ASTM）制定和颁布的标准进行测试。同时 AATCC 和 ASTM 标准方法也适用于美洲其他国家。国际标准化组织（ISO）制定的标准在欧洲使用较多，欧盟成员国为了统一标准，直接引用或转化了大量的 ISO 标准，同时一些标准不完善的国家也采用 ISO 标准进行测试。中国的国家标准也在积极和 ISO 标准接轨，缩小差距，以减少由于标准不同导致的差异，避免不必要的成本浪费和质量纠纷，因此，越来越多的 GB 标准等同采用或修改采用 ISO 标准，在技术内容上与 ISO 标准保持一致。此外，还有欧洲标准化委员会（EN）制定的欧盟标准，英国标准学会（BS）制定的英国标准，德国标准学会（DIN）制定的德国标准，法国标准化协会（NF）制定的法国标准，日本标准化协会（JIS）制定的日本标准，澳大利亚标准学会（AS）制定的澳大利亚标准等。

每个标准测试方法都有对应的唯一性编号，便于检索和识别，通常由标准制定发布组织代号、标准数字编号和发布年份组成，如果是系列标准，数字编号后面还需加系列号。例如，断裂强力抓样法测试，ISO 标准为 ISO 13934-2：2014，美国标准为 ASTM D5034—2009（R2017），中国国家标准为 GB/T 3923.2—2013。

除了国家地区性的标准以外，产品的生产企业也可以根据自身的产品特点和品牌定位，制定自己的企业标准，通常企业标准会严于国家通用标准。

三、纺织产品物理性能测试条件

纺织产品的物理性能与纤维的含水率密切相关，不同的含水率会直接影响产品的测试结果，如织物重量，由于含水率的不同，其单位面积重量也会不同。纺织材料通常用回潮率来表征织物的含水情况，回潮率的约定值称为公定回潮率。在纤维成分定量分析中，引用公定回潮率对测试获得的纤维干重进行修正结算，结合公定回潮率的纤维重量百分比可以最大程度地接近纺织服装正常使用状态下的重量实际百分比。

由于地域、季节、气候等原因，大气的温度和湿度不断地变化，甚至一天中也会有很大的变化，这样会使测试结果的变异性大大增加，不利于测试结果的重复性和再现性。为了使测试结果具有可比性，测试时要求纺织材料的含水率相同，即样品在相同的回潮率下进行相关测试。因此不同的国家根据各自的地域和气候情况，制定了不同的标准大气条件，包括温度和相对湿度，同时在相关的物理性能测试标准中要求样品测试前需在标准大气中进行调湿平衡达到标准回潮率，并在此标准大气中进行测试。

ISO 139：2005《纺织品 调湿和试验用标准大气》规定的标准大气应温度为（20.0±2.0）℃，相对湿度为 65.0%±4.0%；可选标准大气应温度为（23.0±2.0）℃，相对湿度为50.0%±4.0%，可选标准大气在有关各方同意的情况下使用。为了能够进行充分调湿平衡，纺织品可以在调湿前进行预调湿，可放置在相对湿度为 10.0%~25.0%、温度不超过 50.0℃的大气条件下，使之接近平衡。样品调试时，将其放在标准大气环境下进行调湿，调湿期间，应使空气能畅通地流过纺织品。纺织品在大气环境中放置所需的时间，直至平衡。除非另有规定，纺织品的重量递变量不超过 0.25% 时，方可认为达到平衡状态。在标准大气环境的实验室调湿时，纺织品连续称量间隔为 2h。实验室内不同点的大气条件的变化要进行周期性监控。采用 ISO 标准进行的物理测试和其他有大气条件和调湿平衡要求的测试，均需要按 ISO 139 中规定调湿平衡要求进行。

GB/T 6529—2008《纺织品 调湿和试验用标准大气》修改采用了 ISO 139：2005，对标准大气条件的规定和调湿平衡程序相同，增加了热带地区的热带标准大气的条件，温度为（27.0±2.0）℃，相对湿度为 65.0%±4.0%。适用于中国国家标准中的物理测试以及其他有大气条件和调湿平衡要求的测试。

ASTM D1776/1776M—2016《调湿和测试标准通则》，适用于 ASTM 和 AATCC 标准中有调湿平衡和大气条件要求的测试。标准中规定了纺织品调湿平衡和测试的标准大气应温度为

（21.0±2.0）℃，相对湿度为 65.0%±5.0%。调湿平衡时，样品需暴露在标准大气中，应使空气能畅通地流过纺织品的表面。同时纤维样品应处于松散或开放状态；纱线类样品应以束或绞的形式，除非测试时有另外规定；织物应单层平铺在平衡架上；试样准备前需要预调湿或调湿平衡的，可以用一个衣架挂置多个样品，如果纺织材料的延展性会影响某些测试参数的结果，则需要平铺在平衡架上进行调湿平衡。如果样品要求预调湿，通常在温度为（45.0±5.0）℃，相对湿度为 15.0%±5.0% 大气条件下，经过 4h 可以达到平衡。在标准大气环境调湿平衡时，除非另有规定，纺织品间隔不少于 2h 连续称量的重量递变量不超过 0.2% 时，即可认为达到平衡状态。对于织物单层平铺调湿时，可以按规定的时间进行调湿，动物纤维（羊毛、羊绒等）8h，植物纤维（棉、麻等）6h，醋酸纤维 4h，湿度 65.0% 时回潮率低于 5% 的纤维 2h，如果织物含有多种纤维，则以平衡时间最长的纤维为准。调湿平衡后的试样需在标准大气中进行测试。

通常在同一个恒温恒湿实验室内可能会同时进行国际标准、中国标准、美国标准或其他标准的测试，要求其标准大气能同时符合这些标准的要求，则该实验室的标准大气应为温度为（20.5±1.5）℃，相对湿度为 65.0%±4.0%。

四、纺织产品物理性能检测发展趋势

随着计算机软件、数字处理、大规模集成电路、芯片等技术的飞速发展，为现代测试技术的发展和进步创造了有利条件。同时，各种高新技术不断应用到纺织工业中，新材料、新技术、新产品和新工艺不断推陈出新，也对检测技术提出了更多、更高的要求。自动化、数字化、智能化、网络化、多功能化和小型化正逐渐成为测试技术的主流发展方向。未来纺织品物理测试技术的发展主要体现在以下三个方面。

（1）测试精度更高。随着电子计算机和数字处理系统的发展，这些技术的运用使测试仪器的精度得到大大提高。例如，传统机械式强力机（CRT&CRL）的测力机构属于机械式，存在机械惯性和机械摩擦，容易造成测量误差且测量精度不够高；同时，操作劳动强度较高，工作效率较低，且不能适应高速的自动连续测量和高速重复拉伸试验的要求。而电子强力机（CRE）则克服了这些机械系统所导致的缺点，并引入了数据自动采集分析功能，使得测试精度和效率获得了突飞猛进的提升。

（2）测试范围更广。扫描电镜、核磁共振等技术的运用扩大了纺织材料的分析适用范围，完善了纺织材料定性、定量分析的方法，同时也提高了测试的可靠性。

（3）测试效率更高。近年来，近红外光谱仪通过已建立的数据模型使纺织纤维成分分析获得了突破。原先是使用化学溶解法，而采用近红外光谱仪使原来需要数小时完成的纤维定量测试可以在几分钟内完成，测试效率获得了跨越式的提升，同时化学试剂的用量减少到零，减少了废液排放，安全可靠。

现代纺织检测技术已经向着智能化和自动化的方向迈进，现代科学技术的快速发展为测试技术的进步奠定了坚实的基础，只有不断加强测试技术的研究和开发力度，才能提高我国的测试技术水平，拓宽测试技术的应用领域，为我国的纺织工业发展提供质量技术保证。

第二章　织物的几何特征检测

第一节　织物的几何特征

一、机织物的几何特征

织物的几何特征又称规格特征或织物规格，主要参数有匹长、幅宽和厚度等。机织物的结构主要与经纬纱细度、织物经纬密度和紧度、织物组织、织物结构相和支持面等有关。

1. 匹长

匹长是指一匹织物两端最外边完整的纬纱之间的距离，常用单位为米（m）或码（yard）。织物的匹长主要是由织物的用途、厚度、单位面积质量和卷装容量等因素决定。匹长通常在验布机或叠布机上测量。

2. 幅宽

织物最外边的两根经纱之间的距离称为幅宽，常用单位为厘米（cm）或英寸（inch）。织物幅宽受到织物加工过程中织机宽度、收缩程度、最终用途、定型拉幅等因素影响。在现代贸易中，基于节约用料和裁剪最大化的考虑，幅宽往往会定义为有效幅宽，即最大幅宽减去织物两边的布边或针眼的宽度。幅宽的测量可直接用钢尺进行。

3. 厚度

织物在一定压力下，正反两面的距离称为厚度，常用单位为毫米（mm）。织物厚度通常用织物厚度仪测量。织物厚度主要由纱线细度、织物组织和织物中纱线的屈曲程度等因素决定。

4. 重量

织物重量又称克重，即织物单位面积的重量，常用单位为克/平方米（g/m²）或盎司/平方码（oz/yard²），商业上真丝织物通常还用姆米/平方米。

织物重量与纱线细度、织物厚度和织物密度等因素有关，在商业交易和质量控制中，织物重量越来越成为重要的规格和质量指标。

二、针织物的几何特征

针织物的基本结构单元为线圈，即纱线弯曲成圈，纵向串套、横向连接的纱线集合体。因此，针织物具有质地柔软、富有弹性、易于变形等特点。

1. 线圈长度

线圈长度是指针织物上一个完整线圈的纱线长度，由线圈的圈干及其延展线组成。针织物线圈长度越长，单位面积内的线圈数越少，织物的紧密程度越小，织物越疏松，容易脱散，受到外力作用时，越容易变形，其抗起毛起球性、抗勾丝性和坚牢度也越差。

2. 纵向、横向密度

纵向密度是指沿织物横向单位长度内纵行线圈的排列数；横向密度是指沿织物纵向单位长度内横列线圈的排列数，通常以5cm为单位长度，表示为线圈数/5cm；针织物总密度是指织物单位面积内的线圈数，即纵向密度和横向密度的乘积。针织物的密度反映了织物的紧密性，密度越小，紧密度越小，织物越疏松通透，从而影响其保暖性。

3. 覆盖系数

针织物的覆盖系数反映了织物紧密疏松性，即针织物在相同密度下，纱线细度对其疏密程度的影响。也可以用未充满系数来表示，即线圈长度与纱线细度的比值。

$$\delta = \frac{l}{d} \tag{2-1}$$

式中：δ 为未充满系数；l 为线圈长度（mm）；d 为纱线直径（mm）。

当线圈长度一定时，纱线越细，织物的未充满系数越大，说明被纱线直径所覆盖的面积越小，织物越疏松。由于在计算时，纱线直径不易获得，因此，未充满系数很难准确计算。目前，未覆盖系数是根据生产实践经验决定的，一般情况下，棉、羊毛纬平组织织物 $\delta = 20 \sim 21$，棉 1+1 罗纹组织织物 $\delta = 21$，棉双罗纹组织织物 $\delta = 23 \sim 24$，锦纶长丝纬平组织织物 $\delta = 42$。

为了能直观地反映针织物的疏密性，现代检测中引入了针织物覆盖系数来表示，如式（2-2）。针织物覆盖系数越大，则织物的结构单元越紧密。

$$CF = \frac{\sqrt{T}}{L} \tag{2-2}$$

式中：CF 为针织物覆盖系数（mmtex）；T 为纱线的线密度（tex）；L 为单个线圈的平均长度（mm）。

4. 重量

织物重量即单位面积内的重量，也称克重，通常表示为克/平方米（g/m²）或盎司/平方码（oz/yard²）。由于针织物弹性大，延伸性好，用匹长不容易准确计量，因此，在商业交易中往往会以重量为计量指标。

三、非织造织物的几何特征

非织造织物的主要几何特征如下。

（1）重量。即非织造织物单位面积的重量，与机织物、针织物同理采用。

（2）密度。即非织造织物的重量和表观体积的比值（g/cm³），反映了材料的通透性和力学性质，密度越大，其结构越紧密，力学性质越好，通透感越弱。

（3）厚度。即非织造织物在一定压力下布两边表面间的距离。不同厚度的非织造织物，其力学性能也不同，可运用的产品也不相同。

第二节　织物的几何特征检测标准

一、织物密度

织物的密度测定包括机织物的经纬密度和针织物的纵横密度。目前，常用的测试如下。

（一）ISO 7211-2：1984（E）《纺织品机织物结构分析方法　第 2 部分：单位长度纱线根数的测定》

1. 适用范围和测试原理

方法 A：织物分解法，适用于所有机织物，特别是复杂组织织物。即分解规定尺寸的织物试样，计算纱线根数，再折算至每厘米长度内的纱线根数。

方法 B：织物分析镜法，适用于每厘米纱线根数大于 50 根的织物。即测定在织物分析镜窗口内所能看到的纱线根数，再折算至每厘米长度内的纱线根数。

方法 C：移动式织物密度镜法，适用于所有机织物。即使用移动式织物密度镜测定织物一定长度内的经纬纱线的根数，再折算至每厘米长度内的纱线根数。

2. 最小测量距离

为了减少误差，保证测试结果的准确性，标准中规定了最小测量距离，可以根据表 2-1 选择恰当的测量距离。

表 2-1　最小测量距离

每厘米纱线根数（根）	最小测量距离（cm）	被测量的纱线根数（根）	精确度百分率（计数到 0.5 根纱线以内）
<10	10	<100	>0.5
10~25	5	50~125	1~0.4
25~40	3	75~120	0.7~0.4
>40	—	>80	<0.6

另外，方法 A 裁取的试样中至少含有 100 根纱线。对于宽度等于或小于 10cm 的窄幅织物，经纱计数包括边经纱在内的所有经纱，并用全幅经纱根数表示结果。对于纱线密度不等的大面积图案织物，测定长度至少为一个完全组织。

3. 试样和调湿

除了方法 A，不需要专门准备样品，但经、纬向应选择至少 5 个尽可能代表织物的部位进行测定。测试前，样品需暴露在 ISO 139 要求的大气中平衡至少 16h。

4. 测试步骤

（1）方法 A。裁取 5 个长度大于选定的最小测量距离 0.4~0.6cm，宽度足够握持的试样。用针距或两根分析针刺入试样，使两针的距离为最小测量距离，拆去针距以外的纱线，然后将准备好的试样，逐根拆纱并计数，被刺中的纱线按 0.5 根计算，为了便于计数，可以把纱线排列成 10 根一组。

（2）方法 B。使用的织物分析镜，要求其窗口的宽度为 2mm+0.005cm 或 3mm+0.005cm，窗口的边缘厚度应不超过 0.1cm。将织物放平，把织物分析镜放在上面，并使分析镜窗口的一边与经纱（或纬纱）平行，由此逐一计数窗口内的纱线根数。若有些织物不能在窗口观察到每一根纱线，也可以计数窗口内的织物完全组织个数，将分析镜窗口的一边与组织中某一可见的经纱（纬纱）平行，计数窗口内完全组织个数和剩余纱线，再通过分解该组织，确定完全组织内的纱线根数，窗口内的经（纬）纱根数等于完全组织个数乘以一个完全组织中纱线根数再加上剩余纱线根数。

（3）方法 C。使用的移动式织物密度镜，装有 4 至 20 倍的低倍放大镜，可借助螺杆在刻度尺的基座上移动，以满足最小测量距离的要求。放大镜中有标志线可以进行纱线定位。其他随同放大镜移动时通过放大镜可看见标志线的各种类型装置都可以使用。将织物放平，把密度镜放在上面，使刻度尺平行于经纱（测量纬密）或纬纱（测量经密），转动螺杆，移动标志线，在规定的测量距离里计数纬纱或经纱根数。有些织物不能在窗口观察到每一根纱线，也可以计数规定距离里的织物完全组织个数和剩余纱线，再通过分解该组织，确定完全组织内的纱线根数。规定测量距离内的经（纬）纱根数等于完全组织个数乘以一个完全组织中纱线根数再加上剩余纱线根数。

对于方法 A 和方法 B，有些织物在正面只能观察到部分的纱线，如斜纹、缎纹等，而在反面可以清晰地观察和分辨织物的组织，因此，也可以在织物的反面进行测量。

5. 结果计算和报告

（1）将测得的一定长度内的纱线根数折算至每厘米内所含纱线根数。对于密度比较低的试样，可以折算至 10cm 长度内所含纱线根数。对于窄幅试样，不用折算，直接记录整幅中所有的纱线根数。

（2）分别计算出经、纬密的平均数（此标准里没有规定结果的精度，通常结果精确到 0.1 根/cm）。

（3）对于纱线密度不等的大面积图案织物，也可以测定和报告各个区域中的密度值。

（4）如果需要，可以计算和报告织物每平方厘米内的密度，即每厘米平均经密和纬密之积。

（二）GB/T 4668—1995《机织物密度的测定》

GB/T 4668—1995 参照采用了 ISO 7211-2：1984。两个标准的主要技术内容和文本结构基本相同，包含了相同的三个方法，GB/T 4668—1995 在编写时，主要对其中的方法 A 进行了少许修改。ISO 7211-2：1984 方法 A 中要求用针距来定位试样尺寸，这个要求在实际测试中不容易操作，而且还要受到针距尺寸的限制，因此，GB/T 4668—1995 采用了更简单便捷的方法。先裁取略大于选定的最小测量距离的试样，在试样的边沿拆去部分纱线，用钢尺测量，使试样达到选定的最小测量距离，允差为 0.5 根；然后将准备好的试样从边沿起逐根拆纱并计数，为了便于计数，可以把纱线排列成 10 根一组。也可以裁取一个矩形试样，使经纬向的长度均满足最小测量距离，经纬纱同时拆解，分别计数，即可同时得到最小测量距离内经纬纱的根数。此方法测试工具只需钢尺、剪刀和分析针，工具容易得到，操作简单，比 ISO 7211-2：1984 中的方法 A 适用性更广，可操作性更强。

同时 GB/T 4668—1995 还以附录的形式，介绍了方法 D 平行光栅密度镜法、方法 E 斜线光栅密度镜法和方法 F 光电扫描仪法。

其中，方法 D 和方法 E 属于光栅法测量经纬密。根据光栅原理，利用光栅密度镜，可以产生干涉条纹，通过计数所产生的条纹来得到织物的经纬密，这种方法只适用于能产生易于观察的干涉条纹的织物。

方法 F（光电扫描仪法）是使入射光通过聚光灯射向织物试样，织物中的经纱或纬纱的反射光经光学系统形成单向栅状条纹影像，由光电扫描使该影像转换成电脉冲信号，放大整形后，由计数系统驱动数码管直接显示出 5cm 长度内的织物经纬纱根数。此方法适用于各类平纹、斜纹织物试样。

附录中引用的三种方法，对检测设备有一定要求，同时适用的试样范围小，因此，在实际检测中极少运用。

（三）ASTM D3775—2017《机织物经纱和纬纱数测试方法》

此标准规定了两种方法，一种为直接计数法，另一种为纱线拆分法。标准中没有对需要的仪器作特别的规定，只要有合适的密度镜、尺子等即可。

直接计数法和 ISO 7211-2：1984 中的方法 C 类似，试样经过调湿平衡后，在试样宽度对角线上任选 5 个测试点，在规定的测量距离内，分别计数经纱和纬纱根数，通过根数与测量距离的比值可以计算出单位长度内的经纬密，计算结果取整，单位为根/cm。标准里对测量距离作了规定，密度等于或大于 10 根/cm 的样品，测量距离为 2.5cm；密度小于 10 根/cm 的样品，测量距离为 7.5cm；宽度等于或小于 12.5cm 的窄幅样品，经纱的测量距离为全幅宽，纬纱的测量距离为 2.5cm。

纱线拆分法操作比较简单，和 GB/T 4668—1995 中的方法相似，但拆分的距离为 2.5cm。

（四）ASTM D3887—1996（2008）《针织物允差标准规范》条款 12：针织物密度

对于针织物，织物的密度是指单位长度内的线圈数，反映在织物上，为单位长度的纵向条纹数和横向条纹数。与机织物的方法相同，试样经过调湿平衡后，在试样宽度对角线上任选 5 个测试点，在规定的测量距离内，分别计数纵向条纹数和横向条纹数，通过条纹数与测量距离的比值可以计算出单位长度的纵向条纹数和横向条纹数，即经纬密，计算结果精确到0.1，单位为条/2.5cm。

标准对测量距离作了规定，对于线圈数等于或大于 10 圈/cm 的样品，测量距离为2.5cm；线圈数小于 10 圈/cm 的样品，测量距离为 10cm；对于花式针织物，如果一根或多根纱在短间隔内不规则出现，则需对每个花型的整个组织进行计数。

二、织物克重

（一）ISO 3801：1977《纺织品　机织物　单位长度质量和单位面积质量的测定》

此方法适用于机织物，共规定了 5 种测试方法。

其中，方法 1 和方法 3 适用于在标准大气中调湿的整段或对一块织物进行测定。方法 1 是试样经过标准大气调湿后，测定试样长度和质量，计算单位长度调湿质量。方法 3 是试样经过标准大气调湿后，测定试样的长度、幅宽和质量，来计算单位面积调湿质量。样品在 ISO 139《纺织品　调湿和测试用标准大气》规定的标准大气中调湿平衡后，分别测量织物的长度 l_c 和质量 m_c，根据式（2-3），可以计算得到单位长度调湿质量（方法 1），单位为g/m。如果同时测量织物的长度 l_c、幅宽 w_c 和质量 m_c，根据式（2-4），可以计算得到单位面积调湿质量（方法3），单位为 g/m^2。通常测定整段织物的长度既不可能也不需要，常取长度至少 0.5m，3~4m 较为适宜的整幅试样进行测试，且避免在布卷的头尾取样。

$$m_{ul} = \frac{m_c}{l_c} \tag{2-3}$$

式中：m_{ul} 为单位长度调湿质量；l_c 为试样的长度；m_c 为试样的质量。

$$m_{ua} = \frac{m_c}{l_c w_c} \tag{2-4}$$

式中：m_{ua} 为单位面积调湿质量；l_c 为试样的长度；w_c 为试样的幅宽；m_c 为试样的质量。

方法2和方法4适用于不能在标准大气中调湿的整段或卷织物的测定。样品在普通大气中松弛后测定测定试样长度 l_r、幅宽 w_r、和质量 m_r，再用修正系数进行修正，计算出织物单位长度（面积）调湿质量。修正系数的测定是从松弛后的织物中剪取一小部分试样，至少 1m，3~4m 较为适宜的整幅试样，分别测定该试样普通大气松弛状态的长度 l_s、幅宽 w_s、质量 m_s 和经调湿后的长度 l_{sc}、幅宽 w_{sc}、质量 m_{sc}，按式（2-5）、式（2-6）和式（2-7）计算质量、长度和宽度的修正系数，即可再根据方法1和方法2中的计算式，计算出织物单位长度（面积）调湿质量。此方法操作烦琐，在现代检测中很少采用。

$$m_c = m_r \cdot m_{sc}/m_s \tag{2-5}$$

式中：m_c 为调湿质量；m_r 为松弛质量；m_{sc} 为单位面积调湿质量；m_s 为单位面积松弛质量。

$$l_c = l_r \cdot l_{sc}/l_s \tag{2-6}$$

式中：l_c 为调湿长度；l_r 为松弛长度；l_{sc} 为小试样调湿长度；l_s 为小试样松弛长度。

$$w_c = w_r \cdot w_{sc}/w_s \tag{2-7}$$

式中：w_c 为调湿宽度；w_r 为松弛宽度；w_{sc} 为小试样调湿宽度；w_s 为小试样松弛宽度。

方法5用于测试小织物的单位面积调湿质量，先将小面积织物放在标准大气中调湿，再按规定尺寸剪取试样并称重，从而计算出单位面积调湿质量。剪取具有代表性的样品5块，每块约 15cm×15cm，用取样器在调湿后的样品上切割 10cm×10cm 的正方形试样或面积为 $100cm^2$ 的圆形试样，分别进行称重，根据公式 $m_{ua} = m/S$ 分别计算出5块试样的单位面积调湿质量，单位为 g/m^2，并求得5个数值的平均值。另外，也可以在调湿后的样品上直接用取样器取样进行测试，随着圆盘取样器的普及，目前测试中通常会取面积为 $100cm^2$ 的圆形试样进行测试。如果大花型织物中含有单位面积质量明显不同的区域时，取样要求包含大花型完全组织整数倍的矩形试样，并测量试样的长度和宽度，再利用方法3中的计算式计算试样的单位面积调湿质量。此方法5操作简单便捷，是目前常用的方法。

在实际检测和贸易中，为了能直观快速地获得面料的规格参数，通常使用单位面积调湿质量来评价面料的规格。

（二）GB/T 4669—2008《纺织品 机织物 单位长度质量和单位面积质量的测定》

此标准修改并采用了 ISO 3801：1977，两个标准里的主要的测试方法基本相同，GB/T 4669 标准里增加了方法6：小织物单位面积干燥质量和公定质量的测定，同方法5，剪取具有代表性的样品5块，样品上切割 10cm×10cm 的正方形试样或面积为 $100cm^2$ 的圆形试样，将所有的样品一起放入通风式干燥箱的称量容器内，在 (105±3)℃ 温度下干燥至恒量 m（以至少 20min 为间隔连续称量试样，直至两次称量的质量之差不超过后一次称量质量的 0.20%），然

后根据式 $m_{dua} = \Sigma\,(m - m_0)\,/\Sigma\,s$ 计算出试样的单位面积干燥质量，单位为 g/m^2，再根据式 $m_{rua} = m_{dua}[A_1(1+R_1) + A_2(1+R_2) + \cdots + A_n(1+R_n)]$，计算出试样的单位面积公定质量，其中 A_1、$A_2 \cdots A_n$ 为试样中各组分纤维按净干质量计算含量的百分比，R_1、$R_2 \cdots R_n$ 为试样中各组分纤维公定回潮率的百分比。

此方法对干燥设备具有一定的要求，同时对于两种或两种以上纤维混纺的试样，还需要同时测定各组分纤维的净干质量的含量百分比，因此，在实际运用中采用的很少。

（三）ASTM D3776/D3776M—2009a（2017）《面料的单位面积质量的标准测试方法》

此标准针对不同的样品提供了四种方法选项。

（1）选项 A——整卷布匹。对整卷布匹进行称量并计算出织物的单位面积质量，此方法通常适用于商业货物批样的验货或收货。

（2）选项 B——全幅宽样品。从批样中随机剪取长度至少 250mm 的全幅样品进行称量，计算织物的单位面积质量，此方法不推荐用于商业货物批样的验货或收货。

（3）选项 C——小面积样品。在只有有限的样品时才能采用此方法，采样时没有布边，因此，不能用作商业货物批样的验货或收货。此方法在目前测试中广泛使用。测试前样品需要在 ASTM D1776 规定的标准大气条件下进行调湿平衡。在经过调湿平衡的样品上裁取试样，面积至少为 130cm^2，称量试样质量 m 并测量试样的长度 L 和宽度 W，计算出织物的单位面积质量；也可以直接用面积为 100cm^2 的圆盘取样器直接取样，并进行称量计算。

（4）选项 D——窄幅样品。窄幅样品指门幅等于或小于 30cm 的织物样品。从经过调湿平衡的样品上裁取 3 个长度为 1m±3mm 的试样，称量质量并测量其宽度，计算出单位面积质量。

在 ASTM D3887—1996（2008）《针织物允差标准规范》条款 9：针织物重量，直接引用了 ASTM D3776/D3776M—2009a（2017）的方法进行测试。

三、织物幅宽

（一）ISO 22198：2006 & GB/T 4666—2009《纺织品织物长度和幅宽的测定》

ISO 22198：2006 方法的 8.3 章节为织物的幅宽测量方法，织物的全幅宽是指织物最外侧的两布边之间的垂直距离，对折织物的幅宽为对折线与双层最外侧布边的垂直距离的 2 倍。如果织物对折后双层外侧布边无法对齐，应从折叠线测量到与其距离最短的一端，并在报告中注明。当管状织物边沿平齐、规则，其幅宽为两端之间的垂直距离。测量幅宽时，样品需要在标准大气条件下调湿平衡，放置在光滑的平面上，使用钢尺进行测量。在试样的全长上均匀分布地测量规定的次数。试样长度<5m，测量 5 次；试样长度<20m，测量 10 次；试样长度>20m，至少测量 10 次，间距为 2m。织物幅宽用测量值的平均数表示，单位为 m，精确至 0.01m。

通常，织物的布边、标志、针孔或其他非同类区域无法进行正常使用时，需测量织物的有效幅宽，测量有效幅宽时，应按测量全幅宽的方法进行，但需要排除布边、标志、针孔等，有效幅宽可能因织造结构变化或服装及其他制品的加工要求而有不同的定义。

中国 GB/T 4666—2009，等同采用了 ISO 22198：2006，测量方法和测量要求完全相同，只是在适用范围中增加了涂层织物。

（二）ASTM D3774—2018《纺织品的幅宽标准测试方法》

此标准适用于各种织物，规定了两种幅宽的测量方法。其中，方法 A 适用于整卷布匹的幅宽，方法 B 适用于长度较短的试样。测试前，样品需要在规定的标准大气条件下调湿平衡。

采用方法 A 测量时，至少测量 5 个点，测量点需在试样的全长上均匀分布，布头布尾 1m 内不得测量，计算测量值的平均数，精确至 1mm。在方法 A 中，规定了两种不同的测量条件，一个是无张力条件下测量，另一个是张力条件下测量，此条件通常在验货时使用。

采用方法 B 测量时，距离布端至少 0.15m，沿试样长度方向至少测量 3 个点，每个测量点的距离不得小于 0.3m，计算测量值的平均数，精确至 1mm。

四、织物厚度

由于纺织品具有一定的蓬松性，且厚度会随着施加的压力不同而不同，因此，测试时，会对试样施加一定压力，所以测量纺织品的厚度实际测量的是对纺织品施加规定压力的两参考板间的垂直距离。

（一）ISO 5084：1996《纺织品　纺织品和纺织制品厚度的测定》

试样经过调湿平衡后，放置在厚度仪的参考板上，平行于参考板的压脚，将规定的压力施加于试样规定的面积上，在规定的时间后测量两板之间的垂直距离，即为试样的厚度值。

1. 设备要求

厚度仪的要求为参考板的面积应大于压脚的面积，压脚是可以调换的，此标准里推荐使用直径为（50.5±0.2）mm［面积为（2000±20）mm²］的压脚。如果不使用此推荐压脚来进行测试，可以选择另外两种压脚：①当样品宽度不足 50mm，可以选择直径为（11.28±0.05）mm 的压脚；②当样品面积足够大时，可以选择直径为（112.84±0.5）mm 的压脚。

2. 压力要求

对样品施加的压力为（1±0.01）kPa，但对于起毛起绒或毛圈和某些针织物也可以使用（0.1±0.001）kPa 的压力进行测试。

3. 测试步骤和结果计算

将合适的压脚轻轻放置在试样上并保持恒定压力（30±5）s，然后读取厚度值，至少测试 5 个试样，每个试样需来自试样的不同区域。计算测试值的平均数，并精确到 0.01mm。

（二）GB/T 3820—1997《纺织品和纺织制品厚度的测定》

此标准与 ISO 5084：1997《纺织品　纺织品和纺织制品厚度的测定》测试步骤相同，但在技术参数方面略有不同，包括压脚面积、加压压力等（表 2-2）。同时还以附录的形式包含了絮类蓬松制品的厚度测试方法。

表2-2 厚度测试技术参数

样品类别	压脚面积（mm²）	加压压力（kPa）	加压时间（s）	最小测定数量	说明
普通类	2000±20（推荐）100±1 10000±100（推荐面积不适用时，可从两种面积中选用）	1±0.01 非织造布：0.5±0.01 土工布：2±0.01 20±0.1 200±1	30±5 常规：10±2（非织造布按常规）	5 非织造布及土工布：10	土工布在2kPa时为常规厚度，其他压力下的厚度按需要测定
毛绒类 疏软类		0.1±0.001			
蓬松类	20000±100 40000±200	0.02±0.0005			厚度超过20mm的样品可以使用附录A中A2所述仪器

注 选用其他参数，需经有关各方同意，如非织造布和土工布压脚面积也可以选择2500mm²，但应在测试报告中注明。另选定加压时间时，其选定时间延长20%后厚度应无明显变化。

  不属于毛绒类、疏软类和蓬松类的样品，均归为普通类样品。蓬松类样品可以按标准附录A中A1方法来确定。蓬松类纺织品多数为非织造絮类产品，通常用作填充材料。

  此标准中的附录A是针对蓬松类样品厚度的测定，包括A1和A2两个部分。A1是蓬松纺织品的确定，有两种方法：①根据经验目测观察，其厚度大于20mm的；②用经验目测不能确定的样品，可以按表2-2中的规定，分别测定0.1kPa和0.5kPa压力下的厚度 $t_{0.1}$ 和 $t_{0.5}$，按式（2-8）计算试样在压力从0.1kPa增加至0.5kPa压力时厚度的变化率，即压缩率 C。

$$C（\%）=\frac{(t_{0.1}-t_{0.5})}{t_{0.1}}\times100 \qquad (2-8)$$

  当样品的平均压缩率大于20%时为蓬松类纺织品。当样品确定为蓬松类纺织品时，再按A2部分规定的测试方法进行测试，方法中描述的测定装置如图2-1所示，适用于厚度大于20mm的样品。水平基板1，表面应光滑平整，面积不小于300mm×300mm；垂直刻度尺2位于基板一侧中部，分度值不超过1mm；水平测量臂3可在刻度尺上滑动；可调垂直探针4与刻度尺相距100mm；测量板5面积（200±0.2）mm×（200±0.2）mm，质量（82±2）g，其对试样的压力为0.02kPa。

  从样品不同位置上取5块试样，试样的尺寸为20mm×20mm，将经过调湿平衡的试样放置在水平基板上，然后将测试板轻轻放置在试样上，再慢慢降下探针，刚好接触测试板为止，读取此时刻度尺上的读数，即为试样的厚度，读取至0.5mm，同理，测量剩余4个样品，计算厚度平均值并修约至0.5mm。如果需要，可以计算试样厚度的变异系数 CV（%）。

（三）ASTM D1777—1996（2019）《纺织品材料厚度的标准测试方法》

  此标准的测试原理和测试步骤与上述两个方法相同，但测试压脚的直径和施加的压力不同，比上述两个方法分类更具体。具体测试参数见表2-3。

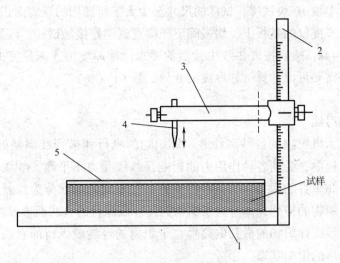

图 2-1　蓬松织物厚度仪

1—水平基板，表面应光滑平整，面积不小于 300mm×300mm　2—垂直刻度尺 M，位于基板一侧中部，分度值不超过 1mm　3—水平测量臂 B，可在刻度尺上滑动　4—可调垂直探针 T，与刻度尺相距 100mm　5—测量板 D，面积（200±0.2）mm×（200±0.2）mm，质量（82±2）g，其对试样的压力为 0.02kPa

表 2-3　测量织物厚度的压脚参数

选项 A	材料类型	压脚类型 B	压脚直径	基板直径	基板与底面的平行度	压脚与基板的表面平行度	施加压力	读数精度
1	机织物 针织物 纹织物	自重型	（28.7±0.02）mm	38mm 或以上	0.01mm	0.002mm	（4.14±0.21）kPa	0.02mm
2	涂层织物 窄幅织物 带状织物 线带 缎带 编织物	自重型	（9.5±0.02）mm	38mm 或以上	0.01mm	0.002mm	（23.4±0.7）kPa	0.02mm
3	薄膜 玻璃纤维织物 玻璃带状织物	自重型	（6.3±0.02）mm	19mm 或以上	0.002mm	0.002mm	（172±14）kPa	0.002mm
4	玻璃纤维垫	自重型	（57±0.02）mm	64.1 或以上	0.01mm	0.002mm	（18.9±0.7）kPa	0.02mm
5	地毯 起毛织物 起绒织物	自重型	（28.7±0.02）mm	38mm 或以上	0.01mm	0.002mm	（0.7±0.07）kPa 或（7.58±0.21）kPa	0.02mm

从样品不同位置上取 10 块试样，试样的尺寸至少大于所选用的压脚面积的 20%。将经过调湿平衡的试样放在厚度仪的基板上，缓慢降下压脚直到刚好接触试样，停留 5~6s，如果是玻璃纤维织物停留 3~4s，然后按表 2-3 中读数的要求读取厚度值，测量完 10 个试样后，计算厚度平均值，如果需要可以计算试样厚度的变异系数 CV（%）。

五、织物纬斜和弓纬

理论上在织造时，机织物的经纱和纬纱、针织物的纵行和横列线圈是处于垂直状态的，但在实际生产加工过程中，受到各种作用力的影响，纱线受力不平衡，纱线会发生不同程度的偏离或变形而处于非垂直的歪斜状态。织物歪斜根据不同的形状分为纬斜和弓纬。纬斜是指机织物的纬纱或针织物的横列偏离垂直于织物的经纱或纵行的直线而形成的一种歪斜状态。弓纬是指机织物的纬纱或针织物的横列偏离垂直于织物的经纱或纵行的直线，在织物宽度方向形成一个或多个弧形的歪曲状态。

（一）GB/T 14801—2009《机织物与针织物纬斜和弓纬实验方法》

本标准适用于机织物和针织物及其制品。测量纬斜时，在试样上做出纬纱或针织横列的标记，沿其与布边的一边交点放置一把垂直于经纱或纵行的直尺，测量直尺与纬纱或针织横列之间最大的垂直距离，以该垂直距离与织物宽度的比值百分数来表示纬斜率。测量弓纬时，在试样上描绘出纬纱或针织横列的标记，沿其最低点放置一把垂直于经纱或纵行的直尺，测量纬纱或针织横列上最高点与最低点的垂直距离，以该垂直距离与织物宽度的比值百分数来表示弓纬率。

测量的工具比较简单，一把最小刻度为 1mm 且长度大于织物宽度的钢尺；一把最小刻度为 1mm 的直角三角尺；一只可以作标志的软性铅笔或彩笔。样品按 GB/T 6529 中规定的试验在标准大气环境中进行调湿和测试。

1. 纬斜测试步骤

（1）将试样不受任何张力地平放在平整、光滑的水平台上，在整个织物宽度方向上标记出一根纬纱或针织横列，如图 2-2 中 AC（DC）所示。

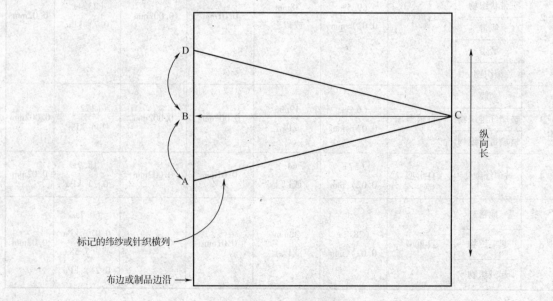

图 2-2　典型纬斜类型

（2）经过标记出的纬纱或针织横列与一边布边的交点 C，放置一把垂直于经纱或纵行的直尺（或作一条垂直于经纱或针织纵行的垂线），交另一布边于 B 点。

（3）测量图 2-2 中 AB 或 BD 的距离 d 和幅宽 BC 的距离 W，测量值精确到 1mm。

2. 弓纬测试步骤

（1）将试样不受任何张力地平放在平整、光滑的水平台上，在整个织物宽度方向上标记出一根纬纱或针织横列，如图 2-3 所示。

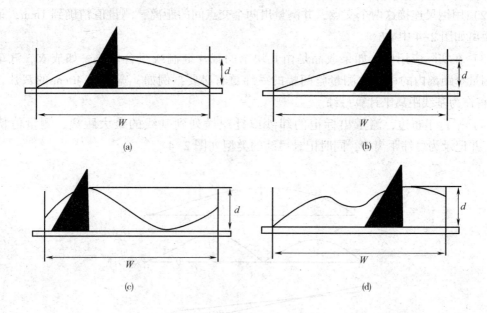

图 2-3 典型弓纬类型

（2）经过标记出的纬纱或针织横列歪曲的最低点放置一把垂直于经纱或纵行的直尺（或作一条垂直于经纱或针织纵行的垂线），分别交于两布边，即幅宽。

（3）测量最高点到最低点的垂直距离 d 和幅宽 BC 的距离 W，测量值精确到 1mm。对于制成品，也可以用上述方法来测量纬斜或弓纬，其中幅宽 BC 为制成品测量部位的宽度。

3. 测量与结果计算

（1）按上述步骤在试样上尽可能大的间隔选取 3 处进行测量，并记录各测量值。对于匹（卷）织物，至少距离织物匹（卷）两端 1m 处测量，且每处间隔至少 1m。

（2）按式（2-9）计算织物的纬斜率或弓纬率，d 取 3 个测量值中的最大值（如有需要，可以取 3 个测量值的平均值），计算结果精确到小数点后一位。

$$S = \frac{d}{W} \times 100\% \tag{2-9}$$

式中：S 为纬斜率或弓纬率（%）；d 为纬纱或针织横列与幅宽间最大垂直距离（mm）；W 为织物幅宽（mm）。

（二）ASTM D3882—2008（2016）《机织物与针织物纬斜和弓纬标准测试方法》

此标准测试方法的测试原理和 GB/T 14801《机织物与针织物纬斜和弓纬实验方法》基本相同，但在具体测量方法上略有不同。

样品按 ASTM D1776 中规定的试验用标准大气环境中进行调湿和测试。样品长度至少

1m，对于匹（卷）织物，至少距离织物匹（卷）两端 1m 处测量，沿样品的长度方向间隔尽量远的距离测量三处弓纬或纬斜。

1. 弓纬测量步骤

（1）将试样不受任何张力地平放在平整、光滑的水平台上。如果很明显，可以追踪一根跨越整个门幅的彩色纱线或花型图案线，或标记出一根跨越整个门幅的纬纱或针织横列，并分别交于两边布边，实际操作时通常会把纬纱或针织横列标记出来，便于测量。

（2）用钢尺连接这两个交点，并测量出两个交点间的距离，测量值精确到 1mm，记录为基线距离如图 2-4 中 *BL*。

（3）在实际应用中，如果成品是由几块窄的裁片缝制或组合而成，如成衣、汽车内饰等，测量窄距离内的弓纬比测量整门幅的弓纬更有必要。例如，宽度为 40cm 的裁片，那么 40cm 将作为基线距离来计算弓纬。

（4）平行于布边，测量出标记的纬纱或针织横列到基线的最大距离，测量值精确到 1mm，并记录为弓纬距离 *D*，同时记录弓纬的类型（图 2-4）。

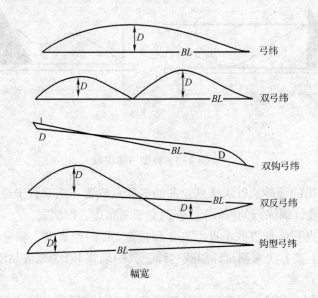

图 2-4　典型弓纬类型

（5）对于窄片的弓纬，则测量对应宽度内的弓纬距离。在整个门幅中，从左向右，按窄片距离依次测量其对应的弓纬。

（6）如果是明显的双弓纬，则两个弓纬距离都需要测量和记录。

2. 纬斜测量步骤

（1）将试样不受任何张力地平放在平整、光滑的水平台上。如果很明显，可以追踪一根跨越整个门幅的彩色纱线或花型图案线，或标记出一根跨越整个门幅的纬纱或针织横列，并分别交于两边布边，如图 2-5 中 AC 或 DC。

（2）经过标记出的纬纱或针织横列与布边两交点中较低的交点 C，放置一把垂直于布边的直尺（或作一条垂直于布边的垂线），交另一布边于 B 点，即 BC。

　　测量图2-5中 AB 或 BD 的距离和幅宽 BC 的距离 W，测量值精确到1mm。同时，记录纬斜的方向，右斜为"Z"，左斜为"S"，以及记录样品的测量面（正面测量或反面测量）。

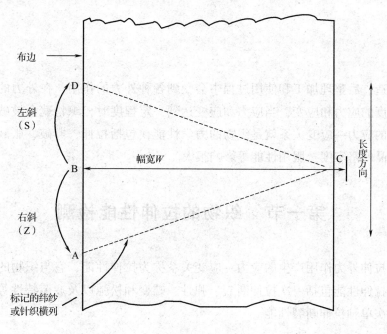

图2-5　典型纬斜类型

3. 结果计算

　　弓纬和纬斜可以用弓纬率和纬斜率来表达，也可以直接用弓纬和纬斜的距离来表达，在实际应用中，通常都使用前一种表达方式。

　　（1）弓纬的计算和报告。按式（2-10）分别计算3处测量的弓纬，测量值精确到0.1%或1mm，并报告其中的最大值。

$$弓纬率 = D/BL \tag{2-10}$$
$$弓纬 = D$$

式中：D 为纬纱或针织横列与幅宽间最大垂直距离（mm）；BL 为基线距离（mm）。

　　如果样品为双弓纬，则计算其中较大的弓纬。另外，还需同时报告样品幅宽和弓纬类型。

　　（2）纬斜的计算和报告。按式（2-11）分别计算3处测量的纬斜，精确到0.1%或1mm，并报告其中的最大值。

$$纬斜率（\%）= \frac{AB}{BC} \times 100 \quad 或 \quad \frac{BD}{BC} \times 100 \tag{2-11}$$
$$纬斜 = AB \quad 或 \quad BD$$

式中：AB（BD）为纬纱或针织横列与幅宽间最大垂直距离(mm)；BC 为织物的幅宽（mm）。

　　同时还需要报告织物的宽度、纬斜的方向和样品的测量面。

参考文献

［1］于伟东. 纺织材料学［M］. 北京：中国纺织出版社，2006.

［2］朱红，邬福麟，韩丽云，等. 纺织材料学［M］. 北京：纺织工业出版社，1987.

第三章　织物的力学性能检测

织物在织造、后整理加工和使用过程中会受到各种外力的作用，在外力的作用下，织物会产生不同程度的应力和应变，当应力和应变达到一定程度时，织物就会被破坏。织物在外力作用下产生的应力—应变关系就是织物的力学性能，包括拉伸、撕破、胀破、弯曲、耐磨等，它对纺织品的坚牢度、服用性能等影响很大。

第一节　织物的拉伸性能检测

织物受到拉伸外力作用产生的应力—应变关系称为拉伸性能，它与织物的服用性能密切相关。织物的拉伸性能包括一次拉伸断裂、弹性、蠕变和松弛以及疲劳特性等，本节讨论的拉伸性能为一次单轴拉伸断裂性能。

一、织物的拉伸曲线和基本指标

1. 拉伸曲线

对织物施加拉伸外力（或负荷）时，可得到织物的拉伸曲线，又称负荷—伸长曲线，其形态特征与组成该织物的纤维、纱线的拉伸断裂曲线基本相似。图 3-1（a）所示为天然纤维织物的负荷—伸长曲线，其中棉织物和麻织物的负荷—伸长曲线的斜率较大，表示其伸展性较小，与棉纤维和麻纤维的拉伸曲线特征相似；蚕丝织物和毛织物的负荷—伸长曲线的斜率较小，表示其伸展性较大，与蚕丝纤维和毛纤维的负荷—伸长曲线特征相似。而混纺织物的负荷—伸长曲线也会保持所用混纺纤维的曲线特征，如图 3-1（b）所示，高强低伸涤/棉混

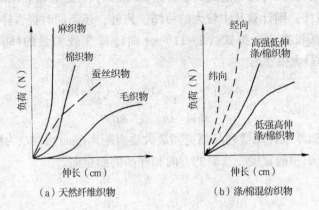

图 3-1　不同织物的负荷—拉伸曲线

纺织物的负荷—伸长曲线的特征与棉纤维的曲线特征相似；而低强高伸涤/棉混纺织物的负荷—伸长曲线的特征与低强高伸涤纶纤维的曲线特征相似。当织物结构不同时，曲线特征也会不同。

针织物在被拉伸时，由于线圈的变形和滑移，其伸展性比机织物大很多。几种针织物的纵向和横向的负荷—伸长曲线分别如图 3-2（a）和（b）所示。图中纵向负荷—伸长曲线的斜率比横向负荷—伸长曲线的斜率大，表示其伸展性较小；经编针织物负荷—伸长曲线的斜率比纬编针织物负荷—伸长曲线的斜率大，表示其伸展性较小。

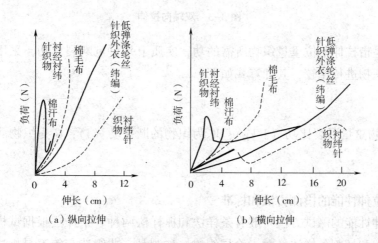

图 3-2　几种针织物的负荷—拉伸曲线

2. 基本指标

织物拉伸性能的主要考核指标为断裂强力、断裂伸长率、断裂功和断裂比功等。这些指标与纤维、纱线的拉伸断裂指标意义相同。

断裂强力是指织物能够承受的最大拉伸外力，或受到拉伸外力作用到断裂时所需的最小力，反映了织物承受拉伸外力的能力，是评定织物内在质量的主要指标之一。同时，断裂强力还可以用来判定织物经洗涤、日晒、摩擦以及各种整理加工后对织物内在质量的影响。

断裂伸长率是指织物拉伸至断裂时产生的伸长与原来长度的百分比，反映了织物承受拉伸变形的能力。织物的伸长性能会影响织物的耐用性和服装的伸展性。

织物的断裂强力和伸长率通常是按织物的经、纬向分别进行测定的，又称单轴拉伸测试。纺织品在实际使用过程中，织物会在不同的方向上同时受到外力的作用，近年来，开发出双轴向拉伸强力机，其拉伸状态如图 3-3 所示，图 3-3（a）为经纬向所受拉伸力相同的情况；图 3-3（b）为经纬向所受拉伸力不相同的状态（如保持经向或纬向一边的夹具不动）的情况；图 3-3（c）为不对称的平行四边形变形拉伸的情况。对于伸展性较大的针织物和工业用非织造布，双轴拉伸比单轴拉伸更为合适。目前双轴向拉伸强力机还尚未普及，也没有在实际检测中得到运用。

断裂功是指织物在外力作用下拉伸至断裂时，外力对织物所做的功，拉伸曲线下的面积即为断裂功，可以通过电子强力机的软件自动计算。通常以经、纬向断裂功之和表示织物的坚韧性，断裂功越大，织物坚韧性越好。

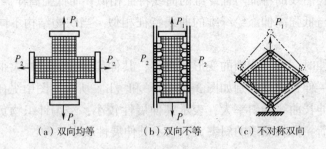

（a）双向均等　　　　（b）双向不等　　　　（c）不对称双向

图 3-3　双轴向拉伸

断裂比功是指拉伸单位重量织物所需的功，实质上是重量断裂比功，采用断裂比功可以对不同结构的织物进行比较，其计算式如下：

$$W_r = \frac{W}{G} \tag{3-1}$$

式中：W_r 为织物重量断裂比功（J/kg）；W 为织物的断裂功（J）；G 为织物测试部分的重量（kg）。

二、织物拉伸性能的检测方法和标准

机织物拉伸性能的测试方法一般有条样法和抓样法两种。条样法根据试样准备的不同又分为拆边条样法和切割条样法。对于涂层织物、毡制品、非织造布等不易拆边的织物，采用切割条样法，试样直接剪裁到规定的尺寸进行拉伸测试。

（一）条样法

1. ISO 13934-1：2013（E）《纺织品　织物拉伸性能　第 1 部分：条样法断裂强力和断裂伸长率的测定》

（1）适用范围、原理和术语定义。此标准采用条样法测试织物断裂强力和断裂伸长率，使用等速伸长（CRE）测试仪对规定尺寸的织物试样，以恒定伸长速度拉伸直至断裂，记录断裂强力及断裂伸长率，如果需要，记录断脱强力及断脱伸长率，包括在试验用标准大气中平衡和湿态两种状态的试验。此标准适用于机织物，包括弹性机织物，也适用于其他技术生产的织物，通常不适用于土工布、非织造布、涂层布、玻璃纤维织物以及碳纤维和聚烯烃扁丝织物。

①等速伸长试验仪：在整个试验过程中，夹持试样的夹持器一个固定，另一个以恒定速度运动，使试样的伸长与时间成正比的一种拉伸试验仪器。

②条样试验：试样整个宽度被夹持器夹持的一种织物拉伸试验。

③隔距长度：试验装置上夹持试样的两个有效夹持点之间的距离。将附有复写纸的白纸夹紧，使纸上产生夹持纹，以此检查钳夹的有效夹持点（线）。

④初始长度：在规定的预张力下，试验装置上两个有效夹持点之间的试样距离。

⑤预张力：在试验开始前施加于试样的力，预张力用于确定试样的初始长度，如图 3-4 所示。

⑥断裂强力（最大力）：在规定条件下进行的拉伸试验过程中，试样被拉断时记录的最大力，即断裂强力，如图 3-4 所示。

⑦断脱强力：在规定条件下进行的拉伸试验过程中，试样断开前瞬间记录的最终的力，如图3-4所示。

⑧伸长：因拉力的作用引起试样长度的增量。

⑨伸长率：试样的伸长与其初始长度之比。

⑩断裂伸长率：在最大力的作用下产生的试样伸长率，如图3-4所示。

⑪断脱伸长率：对应于断脱强力的伸长率，如图3-4所示。

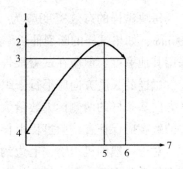

图3-4 强力与伸长率曲线示意图
1—强力 2—断裂强力 3—断脱强力
4—预张力 5—断裂伸长率
6—断脱伸长率 7—伸长率

（2）测试器具和测试环境要求。

①等速伸长试验仪。

a. 应具有指示或记录施加于试样上使其拉伸直至断脱的力及相应的试样伸长率的装置，仪器精度应符合ISO 7500规定的1级要求。在仪器全量程内的任意点，指示或记录断裂强力的误差应不超过±1%，指示或记录钳夹间距的误差应不超过±1mm，如果采用ISO 7500中2级精度的拉伸试验仪，应在试验报告中说明。

b. 如果使用数据采集电路和软件获得强力和伸长率的数值，数据采集的频率应不小于8次/s。

c. 仪器应能设定20mm/min和100mm/min的拉伸速度，精度为±10%。

d. 仪器应能设定100mm和200mm的隔距长度，精度为±1mm。

e. 仪器两钳夹的中心点应处于拉力轴线上，钳夹的前钳口线应与拉力线垂直，夹持面应在同一平面上，钳夹面应能握持试样而不使其打滑，不剪切或破坏试样。钳夹面应平整光滑，当平面钳夹夹持试样产生试样滑移时，可使用波纹面或沟槽面钳夹，也可在平面或波纹面钳夹上附加其他辅助材料（包括纸张、皮革、塑料和橡胶）提高试样夹持力，钳夹夹面宽度至少60mm，且应不小于试样宽度。

对于弹性织物推荐使用金属锯齿面钳夹，不同的钳夹会导致不同伸长率。如果使用平面钳夹不能防止试样滑移或钳口断裂，可采用纹盘夹具，同时可以使用伸长计跟踪试样上的两个标记点来测量伸长。

②裁剪试样和拆除纱线的器具；用于浸湿试样的器具；三级水（ISO 3696）和非离子湿润剂。

③调湿和试验用标准大气。样品预调湿、调湿和试验用大气应按ISO 139的规定执行，温度为（20±2）℃，湿度为（65±4）%，推荐试样在松弛状态下至少调湿24h。对于湿润状态下试验不要求预调湿和调湿。

（3）取样和试样准备。

①取样。从批样的每一匹中随机剪取至少1m长的全幅宽作为实验室样品（离匹端至少3m）。保证样品没有褶皱和明显的疵点。

②试样准备。从每一个样品上经、纬向（纵、横向）分别剪取一组试样，每组试样应至少包括5块试样，如果有更高精度的要求，应增加试样数量，试样应具有代表性应避开褶痕、褶皱并距布边至少150mm，经向（或纵向）试样组不应在同一经纱上取样，纬向（或横向）试样组不应在同一纬纱上取样。

　　每块试样的有效宽度应为（50±0.5）mm（不包括毛边），其长度应能满足隔距长度200mm，如果试样的断裂伸长率超过75%，隔距长度可为100mm。按有关方协议，试样也可采用其他宽度，但应在试验报告中说明。

　　试样的长度方向应平行于织物的经向或纬向，其宽度应根据留有毛边的宽度而定，沿长度方向从条样的两侧拆去数量大致相等的纱线，直至试样的有效宽度为（50±0.5）mm。毛边的宽度应保证在试验过程中长度方向的纱线不从毛边中脱出。

　　对于一般的机织物，毛边约为5mm或15根纱线的宽度较为合适；对较紧密的机织物，较窄的毛边即可，对较稀松的机织物，毛边约为10mm。

　　对于每厘米仅包含少量纱线的织物，拆边纱后应尽可能接近试样规定的宽度。计数整个试样宽度内的纱线根数，如果大于或等于20根，则该组试样拆边纱后的试样纱线根数应相同；如果小于20根，则试样的宽度应至少包含20根纱线。如果试样宽度不是（50±0.5）mm，则试样宽度和纱线数应在试验报告中说明。

　　对于不能拆边纱的织物，应沿织物纵向或横向平行剪切宽度为50mm的试样。一些只有撕裂才能确定纱线方向的机织物，其试样不应采用剪切法达到所要求的宽度。

　　③湿态试样准备。如果同时需要测定织物湿态断裂强力，则剪取试样的长度应至少为测定干态断裂强力试样的2倍。给每条试样的两端编号，扯去边纱达到规定宽度后沿横向剪为两块，一块用于测定干态断裂强力，另一块用于测定湿态断裂强力，确保每对试样长度方向包含相同的纱线，根据经验或估计判定浸水后收缩较大的织物，测定湿态断裂强力的试样长度应比测定干态断裂强力的试样长一些。湿润试验的试样应放在温度（20±2）℃的符合ISO 3696规定的三级水中浸渍1h以上，也可用每升含不超过1g非离子湿润剂的水溶液代替三级水。对于热带地区的测试，温度可按ISO 139设置。

　　（4）测试步骤。

　　①设定隔距长度。对于断裂伸长率小于或等于75%的织物，隔距长度为（200±1）mm；对于断裂伸长率大于75%的织物，隔距长度为（100±1）mm。

　　②设定拉伸速度。根据表3-1中的织物断裂伸长率，设定拉伸试验仪的拉伸速度或伸长速率。

表3-1　拉伸速度或伸长速率

隔距长度（mm）	织物断裂伸长率（%）	伸长速率（%/min）	拉伸速度（mm/min）
200	<8	10	20
200	≥8 且≤75	50	100
100	>75	100	100

　　③试样夹持。可采用在预张力下夹持，或者采用松式夹持，即无张力夹持。采用松式夹持，试样一端夹持于上钳夹中心位置，另一端靠自重悬垂平置于下钳夹内，并确保与拉伸力方向平行，以保证拉力中心线通过钳夹的中点，闭合下钳夹。

　　计算断裂伸长率所需的初始长度为隔距长度与试样达到规定预张力的伸长之和，试样的伸长从强力—伸长曲线图上对应的预张力处开始测量。如果使用电子装置记录伸长，应确保计算断裂伸长率时使用准确的初始长度。

采用预张力夹持，弹性织物采用 0.5N；非弹性织物，根据试样的单位面积质量采用要求的预张力：≤200g/m² 的，采用 2N；>200g/m² 且≤500g/m² 的，采用 5N；>500g/m² 的，采用 10N。

④启动试验仪。使可移动的夹持器移动，拉伸试样至断脱。记录断裂强力（N）、断裂伸长（mm）或断裂伸长率（%），如果需要，记录断脱强力、断脱伸长和断脱伸长率。每个方向至少试验 5 块试样，记录断裂伸长或断裂伸长率并读取至整数。

断裂伸长率<8%：0.4mm 或 0.2%；

断裂伸长率≥8% 且≤75%：1mm 或 0.5%；

断裂伸长率>75%：2mm 或 1%。

如果试样沿钳口线的滑移不对称或滑移量大于 2mm，舍弃该试验结果。如果试样在距钳口线 5mm 以内断裂则记为钳口断裂。当 5 块试样试验完毕，若钳口断裂的值大于最小的"正常"值可以保留该值；如果小于最小的"正常"值，应舍弃该值。另加试验以得到 5 个"正常"断裂值。如果所有的试验结果都是钳口断裂或得不到 5 个"正常"断裂值，应报告单值，且无须计算变异系数和置信区间。钳口断裂结果应在试验报告中说明。

（5）湿态样品试验。将试样从浸渍的水（溶液）中取出，放在吸水纸上吸去多余的水分后，立即按上述实验步骤进行试验。预张力为干态试样规定的一半。

（6）结果计算与表示。

①分别计算经、纬向（或纵、横向）的断裂强力平均值，如果需要，计算断脱强力平均值（N），计算结果按如下修约：

<100N：1N；

≥100N 且<1000N：10N；

≥1000N：100N。

②分别计算经、纬向（或纵、横向）的断裂伸长率平均值，如果需要，计算断脱伸长率平均值，计算结果按如下修约：

断裂伸长率<8%：0.2%；

断裂伸长率≥8% 且≤75%：0.5%；

断裂伸长率>75%：1%。

如果需要，计算断裂强力和断裂伸长率的变异系数（修约至 0.1%）和 95% 置信区间（修约方法同平均值）。

2. GB/T 3923.1—2013《纺织品 织物拉伸性能 第 1 部分：断裂强力和断裂伸长率的测定 条样法》

此标准与 ISO 13934-1：2013 在内容上稍有不同，具体如下。

（1）适用范围。不适用于弹性机织物。

（2）替换原来的规范性引用文件中的国际标准为相应的中国国家标准，设备计量标准 GB/T 19022 和 GB/T 16825.1、预调湿、调湿和试验用大气标准 GB/T 6529 和三级水的标准 GB/T 6682，参数要求与 ISO 标准相同。

（3）对样品预张力下夹持的规定。当采用预张力夹持试样时，产生的伸长率应不大于 2%。

如果不能保证，则采用松式夹持。如果同一样品的两方向的试样采用相同的隔距长度、拉伸速度和夹持状态，以断裂伸长率大的一方为准。当采用松式夹持试样时，在安装试样以及闭合钳夹的整个过程中其预张力应保持低于标准中规定的预张力，且产生的伸长率不超过2%。

在实际测试中，由于电子拉伸试验仪的普遍使用，可以直接通过电子拉伸仪自动负载规定的预张力施加在试样上，样品采用松式夹持即可达到同样要求，操作更加简单化，因此，在 ISO 13934-1：2013 中对此已经不再做要求。如果使用电子拉伸仪执行此标准时可以不做要求，按 ISO 13934-1：2013 操作。

（4）对预张力的规定。对非弹性机织物要求相同，不包括弹性机织物，同时规定断裂强力较低时，可按断裂强力的（1±0.25）%确定预张力。

（5）断裂强力结果修约。增加了"根据需要，计算结果可修约至 0.1N 或 1N"。

（6）结果计算与表达。列出每个试样断裂伸长率的计算式，如式（3-2）和式（3-4），如果需要，按式（3-3）和式（3-5）计算断脱伸长率。

预张力夹持试样：

$$E = \frac{\Delta L}{L_0} \times 100\% \tag{3-2}$$

$$E_t = \frac{\Delta L_t}{L_0} \times 100\% \tag{3-3}$$

松式夹持试样：

$$E = \frac{\Delta L' - L'_0}{L_0 + L'_0} \times 100\% \tag{3-4}$$

$$E_t = \frac{\Delta L'_t - L'_0}{L_0 + L'_0} \times 100\% \tag{3-5}$$

式中：E 为断裂伸长率；ΔL 为预张力夹持试样时的断裂伸长（图 3-5）（mm）；L_0 为隔距长度（mm）；E_t 为断脱伸长率；ΔL_t 为预张力夹持试样时的断脱伸长（图 3-5）（mm）；$\Delta L'$ 为松式夹持试样时的断裂伸长（图 3-6）（mm）；L'_0 为松式夹持试样时的伸长（图 3-6）（mm）；$\Delta L'_t$ 为松式夹持试样时的断脱伸长（图 3-6）（mm）。

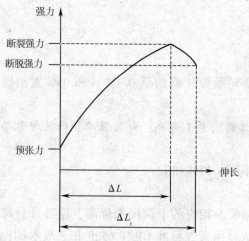

图3-5　预张力夹持试样的拉伸曲线

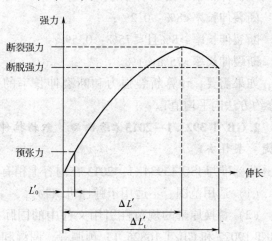

图3-6　松式夹持试样的拉伸曲线

　　使用电子拉伸试验仪进行试验时，软件程序自动计算出断裂伸长率和断脱伸长率，所以在 ISO 13934-1 的标准里不再列出断裂伸长率和断脱伸长率的计算式。

　　（7）列出了计算断裂强力和断裂伸长率的 95% 置信区间如式（3-6）所示，以百分率表示。

$$X-S\times\frac{t}{\sqrt{n}}<\mu<X+S\times\frac{t}{\sqrt{n}} \tag{3-6}$$

式中：μ 为置信区间；X 为平均值；S 为标准差；n 为试验次数；t 为由 t 分布表查得，当 $n=5$，置信度为 95% 时，$t=2.776$。

　　3. ASTM D5035—2019《纺织品断裂强力和伸长的标准测试方法（条样法）》

　　（1）适用范围。拆纱条样法适合用于普通机织物，而剪切条样方法适用于非织造布、缩绒织物、喷胶织物和涂层织物。

　　不推荐用于针织物和其他具有高伸缩性（超过 11%）的纺织织物。

　　（2）测试方法概述。试样被拉伸测试仪的钳夹夹紧，对试样施加拉力，直到样品断裂。试样的断裂强力和伸长都可以从仪器刻度上、刻度盘上、自动记录图表上或者与拉伸测试仪相连的计算机上读出。

　　标准中描述了用四种类型的试样和三种型号的拉伸测试仪进行试验的操作步骤。为了便于报告，使用下面的系统来识别试样和机器组合。

　　试样类型：1R，25mm 拆纱条样法；2R，50mm 拆纱条样法；1C，25mm 剪切条样法；2C，50mm 剪切条样法。

　　拉伸测试仪型号：E，等速伸长型（CRE）；L，等速负载型（CRL）；T，等速牵引型（CRT）。

　　（3）测试仪器、试剂以及材料。

　　①符合 ASTM D76 要求的 CRE、CRL 或者 CRT 类型的拉伸测试仪。拉伸测试仪带有力值显示、一定的工作范围和量程以及伸长显示装置。工作速度为（300±10）mm/min，或者带有一个可以变化的速度驱动，变向齿轮或者可转换负载得到（20±3）s 的断裂时间。

　　②夹具和钳夹面。每个钳夹由金属或者其他约定材料制成，表面光滑、平整，夹面都应该相互平行，与同一个夹具中的另一个夹面相互之间中心匹配，与另一个钳夹中对应的钳夹面中心匹配。

　　对于所有的条样测试或者对于样品宽度为织物全宽度的窄幅织物和织带的测试，每个钳夹面的宽度应比试验样品的宽度至少宽 10mm，而在施加力的方向上钳夹面至少宽 25mm。

　　③金属夹钳。辅助设备，重 170g，夹面宽至少为 100mm。

　　④蒸馏水、非离子润湿剂和容器。用于湿态试验。

　　⑤标准织物。用于校准仪器。

　　⑥不锈钢销。直径为 10mm，长度为 125mm。

　　（4）测试样品。

　　①实验室用样品取自批量样品的每个织物卷轴或织物上，裁剪长度至少为 1m 的整幅宽样品。如果测试结果来自很小的手工样品或小块样品，只能是此取样样本的代表性结果，不能认为是裁取手工样品或小块样品的织物的代表性结果。

②从每个实验室用样品中，裁取 5 个经向（织造方向或纵向）的样品和 8 个纬向（横向）的样品，用于每种测试情况。具体如下。

  a. 经向或者织造方向，纺织品试验的标准条件；

  b. 经向或者织造方向，21℃湿态条件；

  c. 纬向或横向，纺织品试验的标准条件；

  d. 纬向或横向，21℃湿态条件。

③当使用等时断裂测试法和不常见织物时，需额外准备两个或者三个样品，用于确定适宜的负载（试验速度）。

（5）样品调湿。

①调湿测试。如果样品的水分含量高于样品在标准环境中处于水分平衡时的水分含量，则需按照 ASTM D1776 进行预调湿。

按照 ASTM D1776 指定的方法，使样品在纺织品试验的标准环境中达到水分平衡。如果在不少于 2h 的时间间隔内，当样品质量的连续增量不超过样品质量的 0.1% 时，则可以认为达到水分平衡。

在实际生产中，不可能频繁地称重样品以确定样品何时达到水分平衡。在测试样品之前将材料在纺织品试验的标准环境中放置一段合理的时间，这样做对于常规试验已经足够。推荐使用下面的最少调湿时间：

  a. 动物纤维（如羊毛和再生蛋白质纤维）：8h；

  b. 植物纤维（如棉花）：6h；

  c. 黏胶纤维：8h；

  d. 醋酯纤维：4h；

  e. 在相对湿度 65% 的条件下，回潮率小于 5% 的纤维：2h。

上述调湿时间比较粗略近似，仅适用于织物，织物以单层的方式展开，放置在纺织测试标准环境的自由流动空气中。厚重织物或者涂层织物所需要的调湿时间可能比推荐的时间长一些，如果织物中包含多种纤维，这种织物所要调湿的时间以纤维组成中需要调湿时间最长的纤维为准。

②湿态测试。在室温下，将试样浸入水中直到样品彻底湿透，可在水中加入不超过 0.05% 的非离子湿润剂。对湿态样品进行测试，都必须在将样品从水中取出后 2min 内完成。

材料已经彻底湿透后，再延长浸泡时间不会对测试样品的断裂强力产生任何变化。当有争议时，必须使用有关试验方法对样品进行测定。对于实验室中的常规测试，将样品浸泡 1h 已经足够了。

如果因为涂料、油脂、涂层或者防水剂的存在导致样品浸泡得不够均匀且没有被彻底湿透，那么使用本试验方法进行测试时要小心谨慎。

如果要求湿态强力在没有胶质、拒水助剂的情况下测试，制备测试试样之前，先按照试验方法 ASTM D629 说明的方法处理材料，使用合适的脱浆工艺流程而又不会影响织物的正常物理性质。

（6）试样的制备。

①以试样长度方向平行于经向（织造方向或纵向）或者纬向（横向）剪取试样，或者两个方向都需要剪取试样进行测试。较佳的选择是，对于一个指定的织物方向，每个试样沿着织物的对角线隔开分布，可代表不同经向纱线和纬向纱线或者织造方向和横向方向。如果可能，纬向试样应该包含较大间隔距离的纬向区域的纱线。除非有其他说明，取样时离织物织边或者织物边缘的距离应不少于织物宽度的十分之一。

②织带或宽度为 50mm 或更短的其他窄幅织物，需要用全宽度进行测试。

③拆纱条样测试。

a. 1R，25mm。裁取试样宽度为 35mm 或者 25mm 加 20 根纱线，长度至少 150mm，试样长度方向应与试验方向和施加力的方向平行。试样的长度取决于所用钳夹的类型。试样必须足够长以便能延伸穿过钳夹，并且在钳夹的每个末端都要多出至少 10mm，因此，样品长度至少为隔距长度、试样末端和两个施力方向夹面宽度之和，即隔距长度（75mm+计样两个末端 20mm+两倍夹面宽度）。

从试样的两边分别除去数量基本相等的纱线，或者从每一边都除去 10 根纱线，使样品的宽度为 25mm。

如果经过双方协商，一致同意可以在宽度方向的纱线少于 20 根的试样条上进行测试，则实际的纱线根数应该在报告中提及。

在有些情况下，测量含有固定数量的纱线试样比固定宽度的试样更有必要。试样的纱线数量不能少于 20 根，而宽度不能少于 15mm。这个取样方法特别有利于比较相同织物经过湿处理发生收缩后与处理前的断裂强力。

b. 2R，50mm。裁取样品使其宽度为 65mm 或者 50mm 加 20 根纱线。长度为至少 150mm，试样长度方向应与试验方向和施加力的方向平行。

从试样的两边分别除去数量基本相等的纱线，或者从每一边都除去 10 根纱线，使样品的宽度为 50mm。

④剪切条样试验。

a. 1C，25mm。剪取样品，使其宽度为（25±1）mm，长度至少 150mm，试样长度方向与试验方向和施加力的方向平行。

b. 2C，50mm。剪取样品，使其宽度为（50±1）mm，长度至少 150mm，试样长度方向与试验方向和施加力的方向平行。

⑤当湿态试样的断裂强力也需要测试时，剪取一套试样，并保证每个样品长度是调湿试样长度的两倍，给每个试样的两端进行编号，然后对半剪断试样，一套用于测定调湿试样的断裂强力，另一套用于测试湿态试样的断裂强力。因为两个试样含有相同的纱线，所以成对试样的断裂强力，可以更直接对调湿试样和湿态试样的断裂强力进行比较。

对于湿润后严重收缩的试样，湿态试样的长度可以比调湿试样长些。

（7）测试仪器的准备、校准及验证。

①设置两个钳夹的距离（隔距长度）为（75±1）mm。

②选择测试仪的力值范围，使试样断裂时强力在测试仪力值范围的 10% 和 90% 之间，并校准或者验证试验机的力值范围。

③设置测试仪速率为（300±10）mm/min，除非有其他的说明。

④钳夹系统。检查钳夹面的表面是否平整或者平行。将一张复写纸夹在两张白纸当中，在正常压力下，放入钳夹中并夹紧，然后放松钳夹取出，检查白纸上夹面留下的痕印，如果留下的痕印不完整或者超出规定尺寸，对钳夹的夹紧系统进行适当的调整，然后用白纸和复写纸重新检查钳夹系统。

⑤整个操作系统的验证包括负载、伸长、夹持和数据收集。通过测试标准织物的样品，得到的数据与已知标准织物的数据进行比较，以此来验证仪器的整个操作系统。对系统的验证至少一周一次。此外，当负载系统或者钳夹装置出现变化时，整个操作系统应该进行验证。

选择的标准织物，其断裂强力和伸长度应在相关范围内，并按试样准备要求准备试样。

固定样品并在钳夹与织物接触的内表面进行标记，以此来检查钳夹压力是否合适。若样品断裂，则观察标记线的移动情况，以判断其滑移性。如果试验过程中出现试样滑移，调节气压钳夹的空气压力或者手动钳夹进一步拧紧。如果为了避免钳夹断裂，钳夹压力不能再增加，那么有必要选择其他的方法来减少滑移，如钳夹缓冲或者在样品上挂个调整片。

按照试样测试步骤测试标准织物试样。计算出断裂强力和伸长的平均值和标准偏差，将得到的数据与已知的数据进行比较。如果平均值超出了规定的允差，需重新检查整个系统以找出引起偏差的原因。

（8）测试步骤。

①将试样固定在测试机钳夹上。固定样品时，需要注意的是要从样品的中间位置夹紧，且试样的长度方向要与施加力的方向尽可能平行，并保证在夹持宽度的方向上，试样受到的张力均匀一致。

对于高强力织物，在试样不能被钳夹很好地夹紧时，可以在试样两端放置不锈钢销，如果有必要还可以使用钳夹垫。拧紧钳夹，让夹紧压力沿着上钳夹的表面分布。如果钳夹太紧，试样就会在钳夹前面出现断裂；如果钳夹太松，就会出现滑移现象或者在钳夹后面出现断裂。

②伸长取决于最初试样的长度，但也会受到测试机在固定时施加的任何预张力的影响。如果需要对样品的伸长进行测量，将试样固定在试验机的上钳夹上，并在用下钳夹夹紧试样之前，对试样的底端均匀地施加预张力，这个预张力的大小不能超过负载总量的0.5%。

为了能够得到一个均匀并且相等的张力，将一个辅助金属夹钳夹持在试样的底部，并且夹持点需在下钳夹的下面，然后拧紧下钳夹并移走辅助夹钳。

③在每个钳夹前面的内部边缘，横穿试样的方向上对试样进行标记。如果出现滑移现象，标记线会远离钳夹边缘。

④启动机器直到试样断裂。

⑤读取断裂强力，如果需要，读取伸长。分别记录经向结果和纬向结果（织造方向和横向）。

对于一些试验机，可以在与测试机连接的计算机上取得数据。

⑥如果样品在钳夹上出现了滑动或者样品在钳夹的边缘或里面出现了断裂，又或者由于一些原因得到的结果明显低于整套试样的平均值，需舍弃这些数据，并另取试样进行测试，直到得到可接受的断裂强力。在没有弃用钳口断裂的其他情况下，任何出现在钳夹边缘5mm范围之内的断裂，力值低于所有其他试样断裂平均值的50%时应该弃用。除非发现会有缺陷，否则其他断裂都不应当被弃用。断裂的弃用应基于测试中对试样的观测以及织物内在的可

变性。

⑦如果织物在钳夹中出现了滑移，或者有25%的试样在钳口边缘5mm之内出现断裂，可以通过在钳夹里添加衬垫，对钳夹面区域内试样进行涂层处理或者改变钳夹表面的方法进行调整。如果使用了这些调整方法，需要在报告中对调整方法进行叙述。

（9）结果计算。

①计算出所有可接受的试样断裂强力的平均值。

②伸长可以从拉伸曲线上的读取或自动记录显示得到。在试样隔距长度的基础上（试样的原始测试长度），以长度增加百分数的形式计算出断裂伸长率。

（二）抓样法

1. ISO 13934-2：2014《纺织品 织物拉伸性能 第2部分：抓样法断裂强力的测定》

（1）ISO 13934-2：2014的适用范围、原理和术语定义。

接触使用等速伸长测试仪用规定尺寸的钳夹夹持试样的中央部位，以恒定的速度拉伸试样至断脱并记录断裂强力，包括在试验用标准大气中平衡和湿态两种状态的试验。适用范围和ISO 13934-1相同。

抓样试验是指试样宽度方向的中央部位被夹持器夹持的一种织物拉伸试验。等速伸长试验仪、隔距长度、断裂强力的定义与条样法ISO 13934-1相同。

（2）测试仪器和试验用大气要求。

①等速伸长试验仪的精度要求和条样法ISO 13934-1相同，但是设备参数要求不同，拉伸速度为50mm/min（精度为±10%），隔距长度为100mm或75mm（精度为±1mm）。

对于钳夹装置的要求和条样法ISO 13934-1相同，但钳夹的尺寸要求不同。夹持试样面积的尺寸应为（25±1）mm×（25±1）mm，可以有两种方法达到该尺寸。

a. 两个夹片尺寸均为25mm×40mm（最好50mm），一个夹片的长度方向与拉力线垂直，另一个夹片的长度方向与拉力线平行装置，如图3-7（a）所示。

b. 一个夹片尺寸为25mm×40mm（最好50mm），夹片长度方向与拉力线垂直，另一个夹片尺寸为25mm×25mm，如图3-7（b）所示。

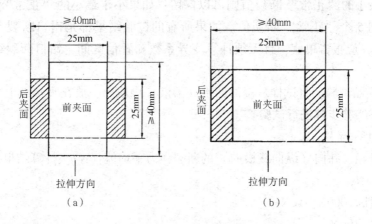

图3-7 抓样测试的夹片尺寸与位置

②裁剪试样和拆除纱线的器具，用于在水中浸湿试样的器具，三级水（ISO 3696）和非离子湿润剂。

③调湿和试验用大气要求。样品预调湿、调湿和试验用大气应按 ISO 139 的规定执行，温度为（20±2）℃，湿度为（65±4）%，推荐试样在松弛状态下至少调湿 24h。对于湿润状态下试验不要求预调湿和调湿。

（3）取样和试样准备。

①取样。从批样的每一匹中随机剪取至少 1m 长的全幅宽作为实验室样品（离匹端至少 3m），保证样品没有褶皱和明显的疵点。

②试样准备。从每一个实验室样品的经、纬向（纵、横向）分别剪取一组试样，每组试样应至少包括 5 块试样，如果有更高精度的要求，应增加试样数量，试样应具有代表性，应避开褶痕、褶皱并距布边至少 150mm，经向（纵向）试样组不应在同一纬纱上取样，纬向（横向）试样组不应在同一纬纱上取样（图 3-8）。

每块试样的宽度应为（100±2）mm，长度应能满足隔距长度 100mm。在每一块试样上沿平行于试样长度方向的纱线上画一条标记线，该标记线距试样长边 38mm，且贯通整个试样长度。

（4）测试步骤。

①设定拉伸试验仪的隔距长度为 100mm 或经有关方同意，隔距长度也可为 75mm，精度为 ±1mm。

②设定拉伸试验仪的拉伸速度为 50mm/min。

③夹持试样。夹持试样的中心部位保证试样的纵向中心线通过钳夹的中心线，并与钳夹前钳口线垂直，使试样上的标记线与夹片的一边对齐。夹紧上钳夹后，试样靠织物的自重下垂使其平置于下钳夹内，关闭下钳夹。

④启动试验仪。使可移动的夹持器移动，拉伸试样至断脱，记录断裂强力（N），每个方向至少试验 5 块试样。

如果试样在距钳口线 5mm 以内断裂，则记为钳口断裂。当 5 块试样试验完毕，若钳口断裂的数值大于最小的"正常"断裂值则可以保留；如果小于最小的"正常"断裂值应舍弃。另加试验以得到 5 个"正常"断裂值。如果所有的试验结果都是钳口断裂，或得不到 5 个"正常"断裂值，应报告单值，且无须计算变异系数和置信区间，钳口断裂结果应在试验报告中说明。

（5）湿态样品试验。将试样从浸渍的水（溶液）中取出，放在吸水纸上吸去多余的水分后，立即按上述实验步骤进行试验。

（6）结果计算与表示。

①分别计算经、纬向（纵向或横向）的断裂强力平均值（N）。计算结果按如下修约。

a. <100N：1N；

b. ≥100N 且 <1000N：10N；

c. ≥1000N：100N。

②如果需要，计算断裂强力和断裂伸长率的变异系数（修约至 0.1%）和 95% 置信区间（修约方法同平均值）。

2. GB/T 3923.2—2013《纺织品织物拉伸性能 第1部分：断裂强力的测定 抓样法》

此标准与 ISO 13934-2：2014 的主要差异如下。

（1）适用范围。不适用于弹性机织物。

（2）替换原来的规范性引用文件中的国际标准为相应的中国国家标准，设备计量标准 GB/T 19022 和 GB/T 16825.1、预调湿、调湿和试验用大气标准 GB/T 6529 和三级水的标准 GB/T 6682，参数要求与 ISO 标准相同。

（3）列出了计算断裂强力和断裂伸长率的95%置信区间计算式（3-8），以百分率表示。

3. ASTM D5034—2017《纺织品断裂强力和伸长的标准测试方法（抓样法）》

（1）适用范围。此测试方法涵盖了抓样法或改进抓样法测定纺织品断裂强度及伸长率的测试程序，也可以对湿态试样进行测试。可用来测试机织物、非织造布或毡类织物，而改进抓样法主要用来测试机织物。对于玻璃纤维织物、针织物或其他高弹织物（超过11%）不建议采用本方法。

（2）测试方法概述。一个宽为100mm 的试样，中央部位被夹在拉伸测试仪的钳夹上，启动仪器直至试样断裂为止，测试结果（断裂强力和断裂伸长）可从测试仪器上直接读数，也可以从拉伸曲线上或连接的计算机上读数。

此方法采用两种类型的样品（G——抓样法和 MG——改进抓样法）和三种型号的拉伸仪（CRE、CRL 和 CRT）进行试验。

（3）测试仪器、试剂以及材料。

①符合 ASTM D76 要求的 CRE、CRL 或者 CRT 类型的拉伸测试仪。带有力值显示、一定的工作范围和量程以及伸长显示装置。工作速度为（300±10）mm/min，或者带有一个可以变化的速度驱动，变向齿轮或者可转换负载得到（20±3）s 的断裂时间。

②夹具和钳夹面。每个钳夹面由金属或者其他约定材料制成，表面光滑、平整，夹面都应该相互平行，与同一个夹具中的另一个夹面以及另一个钳夹中对应的钳夹面中心对应。

对于抓样法，每个钳夹前夹面在垂直力的方向的长度为（25±1）mm，在平行于力的方向上的长度大于25mm 而小于50mm。每个后夹面至少与它对应的前夹面一样大。如果后夹面具有较大面积，则可以减少前后夹面对准偏离的问题。

夹面使用尺寸为 25mm×50mm 与 25mm×25mm，两种不同前钳夹面所测试样得到的结果是不一样的。对于许多的面料，采用尺寸为 25mm×50mm 的前夹头，能有效地减少试样的滑动，使试样夹持得更紧固，不论采用何种的钳夹面尺寸，在报告中都必须注明。

改进抓样法前钳夹的尺寸为 25mm×50mm 或者更大，并且钳夹的长边平行于力的方向，后钳夹的尺寸为 50mm×50mm 或者更大（图3-8）。

③金属夹钳。金属夹钳为辅助设备，重170g，夹面宽至少为100mm。

④蒸馏水、非离子湿润剂和容器。用于湿态试验。

⑤标准织物。用于校准仪器（参考附录A1）。

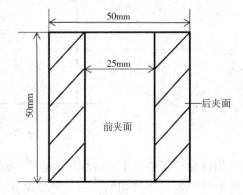

图 3-8 改进抓样法夹面图

⑥不锈钢销。直径为 10mm，长度为 125mm。

（4）测试样品。

①实验室用样品取自批量样品的每个织物卷轴或织物上，裁剪长度至少为 1m 的整幅宽样品。如果测试结果来自很小的手工样品或小块样品，只能是此取样样本的代表性结果，不能认为其是裁取手工样品或小块样品织物的代表性结果。

②从每个实验室用样品中，裁取 5 个经向（织造方向）的样品和 8 个纬向（横向）的试样，用于每种测试情况，包括：经向或织造方向，纺织品测试的标准条件；经向或者织造方向，21℃湿态条件；纬向或横向，纺织品测试的标准条件；纬向或横向，21℃湿态条件。

③当使用等时断裂测试法和不常见织物时，需额外准备 2 个或者 3 个样品，用于确定适宜的负载（试验速度）。

（5）样品调湿。对于调湿测试，样品调湿平衡要求及预处理步骤和要求同 ASTM D5035。

（6）试样的制备。

①剪取试样。以长边平行于测试方向（经向或纬向）剪取试样，如果需要的话在两个方向上均取样，在实际中一般经向、纬向均需取样测试。取样时，要求沿样品的对角线，保证所有试样不含有相同经纱或相同纬纱；另外，纬向取样应尽可能隔开距离大一点。如果无特别说明，取样时离织物织边或者织物边缘的距离应不少于织物宽度的十分之一。

②抓样法（G）。剪取试样的宽度为（100±1）mm，长度至少为 150mm，并平行于测试时施加拉力的方向。

试样的长度应根据使用的钳夹的类型而定。另外，试样应足够长，以保证试样两端露于钳夹外端至少 10mm。

在试样上离长边（37±1）mm 处画一条平行于长边的标记线（沿着机织物的纱线方向），作为夹持试样的基准线。

③修正抓样法（GM）。按上述抓样法描述剪取修正抓样法试样并在 37mm 处做好标记线。对于高强力的织物，试样长边长度不少于 400mm。

将每个试样两边沿中央剪取 2 个缺口，垂直于测试的纱线，保证中心（25±1）mm 的纱线不被剪开（图3-9）。

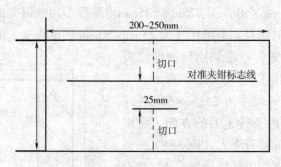

图 3-9　改进抓样法试样图

当试样纱线数少于 25 根/25mm 时，剪切口时应尽量保证 25mm 距离内的纱线（通过物理计算纱线根数）未被切断，并且测试结果应调整到按 25mm 距离内的纱线根数计算。

④除了需要测试标准条件调湿下的强力以外，还需测试湿态条件下强力时，测试要多取

一倍的试样。为了便于结果对比，可先取正常试样长度 2 倍，然后沿长度方向一分为二，一半做标准条件调湿下强力的测试，另一半用来测定湿态下的强力。

（7）仪器的准备、校正和验证。

①设置两个钳夹的距离（隔距长度）为（75±1）mm。

②选择测试仪的力值范围，使试样断裂时强力在测试仪力值范围的 10% 和 90% 之间，并校准或者验证试验机的这个力值范围。

③设置拉力测试仪的速率为（300±10）mm/min，除非有其他方面的说明。

④钳夹系统。检查钳夹面的表面是否平直或者平行。将一张复写纸夹在两张白纸当中，在正常压力下，放入钳夹中并夹紧，然后放松钳夹取出，检查白纸上夹面留下的痕印，如果留下的痕印不完整或者超出了规定尺寸，对钳夹的夹紧系统进行适当的调整，然后用白纸和复写纸的重新检查钳夹系统。

⑤拉力测试仪整个操作系统的验证。方法同 ASTM D5035。

（8）测试步骤。

①放置试样时，前夹面边缘与试样上的基准线对齐，试样上下超出夹头的长度尽可能一致。这条平行线可以确保每个夹头夹持了相同的长度方向的纱线，并且能确保非织造布织物测试时，力的施加在测试方向上没有偏角，沿着试样宽度方向受到的张力应该均匀一致。

对于高强力织物，在试样不能被钳夹很好地夹持紧固时，可以在试样两端放置不锈钢销，如果有必要还可以使用钳夹垫。拧紧钳夹，使夹紧压力沿着上钳夹的表面分布。

②伸长取决于最初试样的长度，但也会受到测试机在固定时施加的任何预张力的影响。如果需要对样品的伸长进行测量，将试样固定在试验机的上部钳夹内，并在用下部钳夹夹紧试样之前，对试样的底端均匀地施加预张力，这个预张力的大小不能超过负载总量的 0.5%。

为了能够得到一个均匀并且相等的张力，将一个辅助金属夹钳夹持在试样的底部，并且夹持点需在下钳夹的下面。然后拧紧下钳夹并移走辅助夹钳。

③在每个钳夹前面的内部边缘，横穿试样的方向上对试样进行标记。如果出现滑移现象，标记线会远离钳夹边缘。

④启动机器直到试样断裂。

⑤读取断裂强力，如果需要，读取伸长。分别记录经向结果和纬向结果（织造方向和横向）。一些试验机，可以在与测试机连接的计算机上取得数据。

⑥如果样品在钳夹上出现了滑动或者样品在钳夹的边缘或里面出现了断裂，又或者由于一些原因得到的结果明显低于整套试样的平均值，需舍弃这些数据，并另取试样进行测试，直到得到可接受的断裂强力。在没有弃用钳口断裂的其他情况下，任何出现在钳夹边缘 5mm 范围之内的断裂，力值低于所有其他试样断裂平均值的 50% 的，应该弃用。除非发现会有缺陷，否则其他断裂都不应当被弃用。断裂的弃用应基于测试中对试样的观测以及织物内在的可变性。

⑦如果织物在钳夹中出现了滑移，或者有 25% 的试样在钳口边缘 5mm 之内出现断裂，可以通过在钳夹里添加衬垫，对钳夹面区域内试样进行涂层处理，或者改变钳夹表面的方法进行调整。如果使用了这些调整方法，需要在报告中对修整方法进行叙述。

⑧如果需要修正试样缩水对湿态断裂强力的影响，采用 ASTM D1059 测定其调湿状态下

纱线支数和湿态纱线干燥和调湿后的支数。

（9）结果计算。

①计算出所有可接受的试样断裂强力的平均值，断裂强力即在试样上施加的最大力值。

②伸长可以从拉伸曲线上读取或自动记录显示得到。在试样隔距长度的基础上（试样的原始测试长度），以长度增加百分数的形式计算断裂伸长率，并计算断裂伸长率的平均值。

③湿态试样断裂强力的修正。抓样法试样缩水引起对试样湿态断裂强力的补偿是必然的，可运用下式来计算修正的湿态强力。

$$S = (L \times C) / W \qquad (3-7)$$

式中：S 为修正后的湿态断裂强力；L 为调湿试样断裂强力；C 为调湿试样纱线支数；W 为湿态试样纱线支数。

当比较织物经过后整理前后的断裂强力时，如果织物经过后整理会引起缩水，也需要用上述方法来修正织物后整理后的断裂强力。

（三）条样法和抓样法的适用性和相关性

使用条样法测试时，样品被全部夹持在夹具中进行拉伸，考核的是全部纱线的强力集合，不受其他因素的影响，测试结果的离散性小，可以获得织物中纱线与同等数量的非织造纱线相比较的有效强力，也可以用此方法来比较纱线印染或其他后整理前后的强力变化，适合在产品开发时采用。

使用抓样法测试时，只是样品中间的一部分纱线被夹持进行拉伸作用，其断裂强力会受到两边没有被夹持的部分的协同效应，因此，同等夹持宽度下抓样法的断裂强力会大于条样法的断裂强力，离散性会也比条样法大，其协同效应的大小与织物的组织结构、织物的密度等因素密切相关，基于这种协同效应，抓样法可以更好地模拟织物在实际使用过程中的拉伸情况，如实反映织物的拉伸质量指标，因此，在国际贸易时抓样法被普遍采用。

基于上述情况，条样法和抓样法得到的测试结果不适合进行相互比较，25mm 抓样法和 50mm 条样法的测试结果没有 2 倍的转换关系。

对于美国标准，拉伸测试仪涉及三种类型。等速牵引（CRT-constant rate of traverse）型测试仪拉伸时下夹具等速下降，通过试样拖动上夹具下降，使试样产生应力应变，直至试样断裂，如摆锤式拉伸仪。等速加载（CRL-constant rate of load）型测试仪拉伸时单位时间内加载负荷的增量相同，如杠杆式拉伸仪。这两种类型的拉伸仪都属于机械式拉伸仪，存在机械惯性和机械摩擦，容易造成测量误差且测量精度也不够高；同时操作劳动强度较高，工作效率较低，且不能适应高速的自动连续测量和高速重复拉伸试验的要求。随着电量电测技术的发展而出现了电子式拉伸测试仪，大规模集成电路技术的发展和成熟以及微型计算机的普及，使电子拉伸测试仪跨入了新的计算机时代。目前的电子拉伸测试仪，均采用等速伸长（CRE-constant rate of extension）的拉伸方式，又称 CRE 型拉伸仪，工作时，测试仪一个夹具不动，另一个夹具作匀速上升（或下降），试样的伸长是匀速变化的，夹具上升（或下降）的位移量即为试样的伸长量。由于工作原理的不同，不同类型的拉伸测试仪会得到不同的测试结果，这些结果不具有可比性，如果必须进行比较，可以用等时断裂（20s±3s）法测试结果，即使如此，数据也可能有显著不同。万一出现争议，等速伸长（CRE）测试仪是优选方法，除非买卖双方另有协议，否则选择等时断裂（20s±3s）测试。同时在现代检测中，CRL 和 CRT 机型已经逐渐淡出，电子式 CRE 机型已成为主流。

第二节 织物的撕破性能检测

织物边缘受到集中负荷作用而被撕开的现象称为撕破。撕破经常发生在军服、篷帆、降落伞、帐篷、篷布、膜结构建筑布、吊床布等织物的使用过程中。当衣服被锐物钩住或切割，使纱线受力断裂而形成裂缝，或织物局部被拉伸，致使织物被撕开等为典型的撕破。织物抵抗这种撕破破坏的能力即为织物的撕破性能。

生产上广泛采用撕破性能来评定后整理产品的耐用性，如经过树脂、助剂或涂料整理的织物，采用撕破强力来评定比采用拉伸断裂强力更能反映织物整理后的脆化程度。撕破强力与断裂功有着密切关系，因此撕破强力还可以用来反映织物的坚韧程度。在实际质量控制过程中，对于帐篷、雨伞、篷布等特殊使用条件下的耐用性能，会用织物老化处理前后的撕裂强力损失来判断织物的抗老化能力和耐用性。

一、织物撕破曲线及有关指标

1. 撕破曲线

织物撕破曲线表明了撕破过程中负荷与伸长的变化关系，在附有绘图装置的强力测定仪上，可记录撕破曲线。图 3-10（a）所示为单缝法的撕破曲线，图 3-10（b）所示为梯形法的撕破曲线。

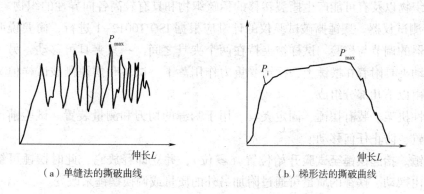

（a）单缝法的撕破曲线　　　　　　（b）梯形法的撕破曲线

图 3-10 两种不同类型的撕破曲线

2. 撕破性能的指标

表示撕破性能的指标较多，不同的撕破方法采用的指标不完全相同，大致可归纳为下列几种。

（1）最大撕破强力。指撕破过程中出现的最高负荷峰值（N）。通常为单舌法和梯形法所采用。

（2）五个最高峰值平均值。在撕裂曲线图上（梯形法除外），出现第一个峰值后，每隔一规定撕破长度分为一个区，将连续五个区中的最高负荷峰值加以平均就得到五个最高峰值的平均值（N）。

（3）平均撕裂强力。该指标为摆锤法所采用，其物理意义是撕破过程中所做的功除以 2 倍撕破长度，也就是从最初受力开始到织物连续不断地被撕破所需的平均值（N）。

（4）撕裂破坏点的强力。它是指梯形法测试时，织物纱线开始断裂时的强力，如图 3-10 (b) 所示 P_i 点。

（5）撕裂功。它是指撕破一定长度织物时所需的能量，单位为焦（J）。

二、织物撕破性能的检测方法和标准

机织物的撕破强力的测试，国际通行的方法有舌形法，包括摆锤法、裤形单缝法、翼形单缝法和双缝法。在中国国家标准中，把国际标准中针对非织造布的梯形法测试方法也引入纺织品，但在实际测试中运用比较少。

（一）摆锤法

1. ISO 13937-1：2000《纺织品　织物撕破性能　第 1 部分：冲击摆锤法撕破强力的测定》

（1）适用范围和测试原理。此标准采用冲击摆法测定织物撕破强力，通过突然施加一定大小的力来测量从织物上切口单缝隙撕破到规定长度所需要的力。即试样固定在测试仪夹具上，将试样切开一个切口，释放处于最大势能位置的摆锤，可动夹具离开固定夹具时，试样沿切口方向被撕裂，把撕破织物一定长度（又称撕破长度）所做的功换算成撕破力。织物经纱被撕断的强力称为经向撕破强力，纬纱被撕断的强力称为纬向撕破强力。

主要适用于机织物，也可适用于其他技术生产的织物，如非织造布，但不适用于针织物、机织弹性织物以及有可能产生撕裂转移的稀疏织物和具有较高各向异性的织物。

（2）测试仪器。摆锤撕破试验仪的计量应根据 ISO 10012-1 进行，简要说明参见第 7 部分——仪器的调节与校验。试样被夹持在两个夹具之间，一只夹具可移动，另一只固定在机架上，移动夹具附着在摆锤上，摆锤受重力作用落下。试验时摆锤撕破试样但又不与试样接触。设备由以下几部分组成。

①刚性机架。装有摆锤、固定夹具、用于割缝的切刀和测量装置。试验前调节仪器水平和固定位置，防止任何移动。

②摆锤。抬起摆锤至试验开始位置（零位），并立即释放它，此时摆锤可绕装有轴承的水平轴自由摆动。摆锤的质量可通过附加另外的质量或调换摆锤来改变。

③机械或电子测量设备。测量第一次摆动的最大振幅，其能量作用于撕裂试样，撕破力的读数可直接得到，仪器提供设零装置。

④夹具。移动夹具装在摆锤上面，固定夹具装在机架上，为了允许切刀通过，两夹具间必须距离（3±0.5）mm，校准两只夹具的夹持面，使被夹持的试样位于平行轴的平面内，该平面与连接轴垂直线的角度为 27.5°±0.5°，夹具顶部边缘形成水平线，轴与夹具顶部边缘之间距离为（104±1）mm。

夹持面尺寸不作规定，宽度在 30~40mm，高度最好选 20mm，但不少于 15mm。

当摆锤自由悬挂时，两只夹具面必须在同一平面内，而且垂直于摆锤的摆动面，夹持面的状态和加于夹具的力要使试样被夹持而不打滑。

⑤切刀。撕破开始时，锋利刀口将两夹具中间的试样切开长为（20±0.5）mm 的切口。

（3）调湿和试验用大气要求。样品预调湿、调湿和试验用大气应按 ISO 139 的规定执行，温度为（20±2）℃，湿度为（65±4）%。

（4）取样和试样准备。

①取样。从批样的每一匹中随机剪取至少 1m 长的全幅宽作为实验室样品（离匹端至少 3m）。保证样品没有褶皱和明显的疵点。

②试样准备。每个实验室样品应裁取两组试验试样，一组为经向，另一组为纬向，试样的短边应与经向或纬向平行以保证撕裂沿切口进行，除机织物外的样品采用相应的名称来表示方向，如纵向和横向。

每组至少包含 5 块试样或合同规定的更多试样，每两块试样不能包含同一长度或宽度方向的纱线，距布边 150mm 内不能取样。

试样的形状与尺寸按如图 3-11 所示裁取，试样形状可略有不同，但撕裂长度保持（43±0.5）mm，也可采用冲模或样板裁取样品。对于机织物，每块试样裁取时应使短边平行于织物的经纱或纬纱，试样短边平行于经向的试样为纬向撕破强力试样；试样短边平行于纬向的试样为经向撕破强力试样。

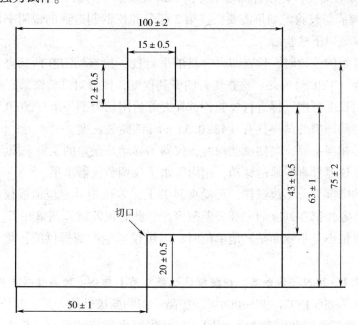

图 3-11 试样尺寸图（单位：mm）

（5）测试步骤。

①选择适当摆锤的质量。使试样的测试结果落在相应标尺满量程的 15%~85%。并校正仪器的零位，将摆锤升到起始位置。

②安装试样。试样夹在夹具中，使试样长边与夹具的顶边平行。将试样夹在中心位，轻轻地将其底边放至夹具的底部，在凹槽对边用切刀切一个（20±0.5）mm 的切口，余下的撕裂长度为（43±0.5）mm。

③按下摆锤停止键，放开摆锤，当摆锤回摆时握住它，以免破坏指针的位置，从测量装置整数分度或数字显示器读出撕破强力，单位为牛顿（N）。根据使用仪器的种类，读到的数据需要乘上由生产商指定的相应系数以转化为以牛顿（N）为单位的表示结果。测试结果应落在所用标尺的15%~85%范围内，每个方向至少重复试验5次。

观察撕破是否沿力的方向进行以及纱线是否从织物上滑移而被撕裂。满足以下条件的试验为有效试验：纱线未从织物中滑移；试样未从夹具中滑移；撕裂完全且撕破一直在15mm宽的凹槽内。

不满足以上条件的实验结果应剔除，如果5块试样中有3块或3块以上被剔除，则此方法不适用于该样品。如果协议要求另外增加试样，最好使试样数量加倍，同时有关各方应协议测试结果的报告方式。

（6）结果计算。冲击摆锤法直接测量试验结果，通常以力值来表示织物的抗撕破性能，单位为牛顿（N），其他单位的表示结果应转化为牛顿。以牛顿为单位计算每个试验方向撕破强力的算术平均值，保留两位有效数字。

如有需要，计算变异系数（精确至0.1%）和95%的置信区间，保留两位有效数字，单位为牛顿（N）。如有需要，记录样品每个方向的最大及最小的撕破强力。

（7）仪器的调节与校验。如果需要，按第2部分和仪器制造商的说明书调节仪器的功能部分，试验前建议做以下检验。

①摆锤升到开始的位置时，检查两只夹具的平行度，检查切刀在两只夹具的中心位置并与夹具之间距离为（3±0.5）mm，检查切刀的锋利程度，钝刀对试验结果有不利的影响。

②试样的撕裂长度可用纸样进行校验，试样夹好后用切刀割一个（20±0.5）mm的切口，刀的安装高度正好使凹槽的试样具有（43±0.5）mm的撕裂长度。

③仪器的水平相当重要，当摆锤摆动时，仪器的移动是误差的主要来源，仔细固定仪器，使摆锤摆动过程中仪器没有明显的移动，用内置水平仪调节仪器水平。

④检查轴承的摩擦力，不放试样，可动夹具关上，零位指针定位值或仪表显示为零，连续操作三次试验，零位都在刻度的±1%公差范围内，此时仪器就算调整好了。

⑤仪器刻度单位不是牛顿而是其他单位时，需用仪器生产商提供的转化系数将试验结果转化为牛顿。

2. GB/T 3917.1—2009《纺织品　织物撕破性能　第1部分：冲击摆锤法撕破强力的测定》

此标准等同采用ISO 13937-1：2000《纺织品　织物撕破性能　第1部分：冲击摆锤法撕破强力的测定》，测试要求和测试参数相同，只是将原来规范性引用文件中的国际标准替换为相应中国国家标准，包括预调湿、调湿和试验用大气标准GB/T 6529和仪器计量标准GB/T 19022，参数要求与相应的ISO标准相同。

3. ASTM D1424—2019《落锤法织物撕破强力的标准测试方法（埃尔门道夫型仪器）》

（1）适用范围。此测试方法涵盖使用落锤（埃尔门道夫型）仪器测定纺织品从一切口开始持续单缝撕破所需要的力。适用于大多数不会在力的横向上撕破的织物，包括机织物、起绒织物、毯子和气囊织物。织物可以是未经处理的、涂层的、树脂处理的或其他处理过的。为准备湿态或干态的测试试样提供了指导说明。

此测试方法仅适用于经编针织物的经向测试，不适用于经编针织物的纬向测试或大多数其他针织物的任何方向测试。

（2）测试方法。在试样夹持在两个钳夹之间，在中间位置预切一个切口，并通过此切口将试样撕开固定的距离。撕裂阻力被部分地分解到仪器的刻度上，并根据该读数和摆锤量程来进行计算。

（3）测试仪器。

①落锤（埃尔门道夫型）测试仪包括：一个固定夹具；一个固定在可以在轴承上自由摆动的摆锤上的夹具，适用于调水平的装置、摆锤升起时的支架，摆锤可瞬间释放的装置，用于测量试样的撕裂力的装置。

固定支柱上安装了一把小切刀，用于初始切割夹具中心的试样，可调整高度，使切口距离为（43.0±0.15）mm，即试样上边缘到切口终点之间的距离为（43.0±0.15）mm，底边剩下的部分夹持在夹具中。

当摆锤处于准备测试的初始位置时，两个夹具之间距离为（2.5±0.25）mm，并且对齐使得夹持的样品位于平行于摆锤轴线的平面内。该平面与连接轴的垂直线的角度为0.480rad（27.5°±0.5°），夹具顶部边缘形成水平线，轴和夹具顶部边缘之间的距离为（103±0.1）mm，钳口表面至少宽25mm，深（15.9±0.1）mm。

测试仪可能有一个指针与摆锤安装在同一轴上，用于记录撕裂力，或者用数字显示和计算机驱动来代替指针。优选启动夹具，但手动夹具也可以使用。

测试仪应配备可互换的满量程范围。典型的满量程范围有标准容量（1600g、3200g和6400g）和重型容量（6400g、12800g和25600g）。

②校准重锤。用于50%的满刻度力范围，或者由测试设备制造商描述的其他方法。

③取样模具。基本的取样模具均为长（100±2）mm，宽（63±0.15）mm的矩形试样，在试样顶部边缘的附加部分，以帮助确保测试中试样的底部能被撕裂。试样临界尺寸是测试过程中撕裂的距离（43.0±0.15）mm。

④空气压力调节阀（适用于空气夹具）。控制启动夹具的压力在410~620kPa。

⑤设置弯曲刀片的位置。使试样被切开后，在（63±0.15）mm宽的样本上留下（43±0.15）mm的撕破距离或等效物。

⑥夹具间隙距离为（2.5±0.25）mm。

⑦非时钟类型轻油。

⑧硅油润滑脂。需要时用于气动夹具。

⑨吸尘器。需要时用于清洁灰尘和布屑。

（4）取样和试样准备。

①实验室样品。在卷状或块状纺织品中，沿着织造方向取大约1m长的样品。对于卷状织物，取样时，既不要剪取卷轴外层的织物，也不要剪取靠近卷轴的内层织物。

②试验试样。在样品上，从经向（织造方向）取5块试样，再从纬向（垂直于织造方向）取5块试样。试样的长边的方向为测试方向。

③使用刀模或模板。测量经向的试样长边与经向平行，测量纬向的试样长边与纬向平行。需要进行湿态测试时，试样应在干燥试样临近的区域裁取，并标记样品。

裁取试样时，注意其短边方向的纱线应与刀模对齐平行，可以在切开裂口后，使随后的撕裂发生在纱线之间，而不是横穿这些纱线。在测试弓纬织物时采用预防措施尤为重要。

应该在测试样品的长度方向和宽度方向的不同部分裁取样品，最好沿着样品的对角线方向剪取并且不得在距离布边样品幅宽十分之一的范围内取样，确保试样没有折叠、折痕或褶皱。在处理试样时，避免试样被油、水和油脂沾污。

（5）测试仪器的准备和校准。

①选择测试仪器的力值范围，使得撕裂力发生在满量程的 20%~80%（标准容量）或 20%~60%（重型容量），并确保夹具间隔。

②当配置记录传感器时，小心使用并且不要接触传感器，吸去任何松散的纤维和灰尘。

③检查切刀刀刃的锋利度、磨损和中心位置。

④对于空气夹具，将夹具的气压计压力设置为 550kPa。

⑤夹具压力最大不超过 620kPa 且最小不低于 410kPa。

⑥验证所选摆锤的量程范围。

（6）样品调湿。

①标准测试调湿。试样需在 ASTM D1776 规定的标准大气中进行预调湿、调湿和测试。对于高弹织物，准备试样前需松弛放置 24h 再进行调湿。

②湿态试样。当规定在湿态测试之前需要进行脱浆处理时，按照测试方法 ASTM D629 的规定，使用不会影响织物正常物理特性的脱浆处理方法。

在室温下，将试样浸入装有蒸馏水或去离子水的容器中，直到完全浸透。为了浸透试样，浸泡的时间必须充足。对于大多数织物，浸泡的时间大约是 1h。对于不容易用水湿透的织物，比如经过防水性或耐水性材料处理过的织物，可以在水浴里添加浓度为 0.1% 的非离子湿润剂溶液。

（7）测试步骤。

①调湿后的试样需在纺织品测试标准大气中进行测试，温度为（21±1）℃，相对湿度为（65±2）%。另有规定除外。

②将摆锤放置在开始的位置，读数装置归零。

③将试样的长边放置在夹具中，试样底边小心地放置在挡块上，上边缘平行于夹具顶部。闭合夹具，在两个夹具上以大致相同的力固定样品。试样上部区域应该是自由的，并指向摆锤以确保剪切。

④使用内置刀片在试样底边切割一个 20mm 长的切口，并留下（43.0±0.15）mm 用来撕破。

⑤将摆锤停止片向下压至极限并保持到撕破完成，摆锤完成向前摆动，抓住摆锤向后摆动并返回锁定在起始位置。此过程中注意不要干扰指针的位置，记录完全撕破试样所需的刻度读数。

测试结果的舍弃取决于材料固有的可变性和测试中试样的现象。在没有其他标准的情况下（如材料说明），如果有不正常的情况出现，力值可以考虑舍弃，另外取样再测。

当试样在钳口中滑动或撕裂偏离初始切口延长线 6mm 以上时，拒绝读数，注意在试验过程中避免发生起皱。

用微处理器系统处理数据时，按供应商指示从存储器中移去需丢弃撕裂值。否则对于有些设备，需手动计算结果。

如果在测试期间，刻度读数未达到满量程范围20%或超过80%（60%适用时），更换下一个更低或更高的满量程范围。

记录撕裂是否与正常（平行）撕裂方向交叉，并报告该样本是否适用此方法。

取出撕裂的试样并继续测试，直到每个测试方向记录5个撕裂值。

⑥对于湿态测试，将试样从水中取出，并立刻将它安装在测试机器上。从水中取出试样需在2min内进行测试。如果测试没有在两分钟内进行，则放弃该试样，另外取样再测。

（8）结果计算。

①单个试样的撕破力。使用标准测试仪器可以用下式计算，精确到全量程的1%。

$$F_t = R_S \times C_S/100 \tag{3-8}$$

式中：F_t为撕破力（cN）；R_S为刻度读数；C_S为满量程容量（cN）。

使用重型测试仪器测试以用下式计算，精确到全量程的1%。

$$F_t = R_S \times 100 \tag{3-9}$$

式中：F_t为撕破力（cN）；R_S为刻度读数。

②撕破强度。计算每个测试方向撕破力的平均值作为撕裂强度。

③如果要求，计算标准偏差和变异系数。

④计算机处理的数据。如果数据是由计算机自动处理的，计算通常在软件包里完成。记录直接读取的数值，并精确到1mN。在任何情况下，建议将计算机处理的数据与已知的性能值进行验证，并在报告中描述其所使用的软件。

（二）单缝法

1. ISO 13937-2：2000《纺织品 织物撕破性能 第2部分：裤形试样撕破强力的测定（单缝法）》

（1）适用范围和测试原理。此标准用裤形试样单缝法测定织物撕破强力。在撕破强力的方向上测量织物从初始的单缝切口撕破到规定长度所需的力。即使用等速伸长试验仪，夹具夹持裤形试样的两条腿，使试样切口线在上下夹具之间成直线；启动仪器将拉力施加于切口方向，记录直至撕破到定长度内的撕破强力，并根据自动绘图装置绘出的曲线上的峰值或通过电子装置计算出撕破强力。

此标准适用于机织物，也可适用于其他技术方法织造的织物，如非织造布等。但不适用于针织物、机织弹性织物以及有可能产生撕破转移的稀疏织物和具有较高各向异性的织物。

（2）测试仪器和试验用大气要求。

①等速伸长试验仪的计量确认应按ISO 10012进行。在使用条件下，仪器精度应符合ISO 7500规定的1级要求。在仪器全量程内的任意点，指示或记录最大撕破强力的误差应不超过±1%，指示或记录钳夹间距的误差应不超过±1mm，如果采用ISO 7500中2级精度的拉伸试验仪，应在试验报告中说明。

如果使用数据采集电路和软件获得强力和伸长的数值，数据采集的频率应不小于8次/s。

同时，等速伸长试验仪还应满足以下技术要求：拉伸速度为（100±10）mm/min；隔距长度为（100±1）mm；能够记录撕破过程中的撕破强力。

测试仪器两只夹具的中心点应在拉伸直线内，夹具端线应与拉伸直线成直角，夹持面应在同一平面内。夹具应保证既能夹持住试样而不使其滑移，又不会割破或损坏试样。夹具钳夹有效宽度适宜采用75mm，但还应不小于测试试样的宽度。

②调湿和试验用大气。样品预调湿、调湿和试验用大气应按ISO 139的规定执行［温度为（20±2）℃，湿度为（65±4）%］。

（3）取样和样品制备。

①取样。从批样的每一匹中随机剪取至少1m长的全幅宽作为实验室样品（离匹端至少3m），保证样品没有褶皱和明显的疵点。

②试样准备。每块样品裁取两组试样，一组为经向，另一组为纬向，机织物以外的样品采用相应的名称来表示方向，如纵向和横向。

每组至少包含5块试样或协议规定的更多试样，每两块试样不能包含同一长度或宽度方向的纱线，不能在距布边150mm内取样。

试样的形状为裤形试样，即按规定长度从矩形试样短边中心剪开形成可供夹持的两个裤腿状的织物撕破试验试样。对于机织物，每个试样平行于织物的经向或纬向作为长边裁取。试样长边平行于经向的试样为纬向撕破试样；试样长边平行于纬向的试样为经向撕破试样。50mm宽窄幅试样（图3-12）为矩形长条，长（200±2）mm，宽（50±1）mm，每个试样应从宽度方向的正中剪开一道长为（100±1）mm的平行于长度方向的裂口，并在条样中间距未切割端（25±1）mm处标出撕破终点。

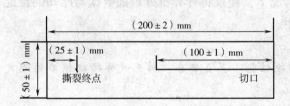

图3-12　裤形试样尺寸图

（4）测试步骤。

①隔距长度设置。将拉伸试验仪的隔距长度设定为100mm。

②拉伸速率设置。将拉伸试验仪的拉伸速率设定为100mm/min。

③安装试样。将试样的每条裤腿各夹入一只钳夹中，切割线与夹具的中心线对齐，试样的未剪切端处于自由状态，整个试样的夹持状态如图3-13所示，注意保证每条裤腿固定于夹具中使撕裂开始时是平行于切口且在撕破力所施加的方向上，试验不用预加张力。

④启动仪器。以100mm/min的拉伸速率将试样持续撕破至试样的终点标记处。

⑤记录撕破强力。如果想要得到试样的撕破轨迹，可用记录仪或电子记录装置记录每一块织物方向的每个试样的长度和撕破曲线。

如果人工读取高密度织物的峰值，曲线记录纸的走纸速率与拉伸速率比值应设定为2∶1。

观察撕破是否沿施加力的方向进行以及是否有纱线从织物中滑移而不是被撕裂，满足以下条件的试样为有效试验：纱线未从织物中滑移；试样未从夹具中滑移；撕破完全且撕裂是沿着施力方向进行的。

不满足以上条件的实验结果应剔除。如果5个试样中有3个或更多个试样的试验结果被剔除，则可认为此方法不适于该样品。如

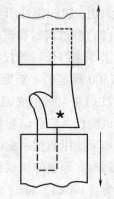

图3-13　试样的夹持状态

果有协议增加试样，则最好使试样数量加倍，同时应协议确定测试结果的报告方式。

当窄幅试样不适用或测定特殊抗撕破强力时，可以使用此标准第 7 部分中描述的宽幅试样测定撕破强力的方法。

如果窄幅试样和宽幅试样都不能满足测试需求时，可以考虑应用其他的方法，如双缝舌形试样法或翼形试样法。

（5）结果计算和表示。一般指定人工计算和电子软件计算两种计算方法。两种方法也许不会得到相同的计算结果，不同方法得到的试验结果不具有可比性。

①人工计算撕破强力。分割峰值曲线，从第一峰开始至最后峰结束等分成四个区域（图 3-14），第一区域舍去不用，其余三个区域每个区域选出并标出两个最高峰和两个最低峰，用于计算的峰值两端的上升力值和下降力值至少为前一个峰下降值或后一个峰上升值的 10%。

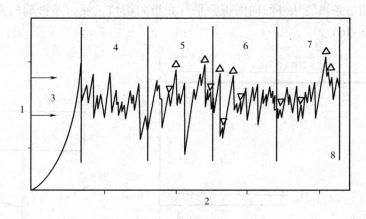

图 3-14　撕破强力计算实例
1—撕破强力　2—撕裂方向（记录长度）　3—中间峰值大概范围
4—舍去区域　5—第一区域　6—第二区域　7—第三区域　8—撕裂终点

根据标记出的峰值计算每个试样 12 个峰值的算术平均值，单位为（N）。人工计算只能取有限数目的峰值进行计算以节约时间，建议使用电子软件对所有峰值进行计算。

根据每个试样峰值的算术平均值计算同方向试样撕破强力的算术平均值，用 N 表示，保留两位有效数字。

如果需要，计算变异系数，精确至 0.1%，并用每个试样平均值计算 95% 置信区间，保留两位有效数字。

如果需要，计算每块试样 6 个最大峰值的平均值，单位为 N。

如果需要，记录每块试样的最大和最小峰值（极差）。

②电子软件计算撕破强力。将第一个峰和最后一个峰之间等分成四个区域（图 3-14），舍去第一个区域，记录余下三个区域内的所有峰值。用于计算的峰值两端的上升力值和下降力值至少为前一个峰下降值或后一个峰上升值的 10%。

用记录的所有峰值计算出试样撕破强力的算术平均值，单位为牛顿（N）。

以每个试样的平均值计算出所有同方向的试样撕破强力的算术平均值，以牛顿（N）表示，保留两位有效数字。

如果需要，计算变异系数，精确至 0.1%，并用每个试样平均值计算 95% 置信区间，保留两位有效数字。

（6）宽幅裤形试样测试。

①根据上述测试步骤的要求，撕破时纱线是从织物中滑移而不是被撕破、撕破不完全或撕破不是沿着施力的方向进行的，则试样应去除。如果 5 个试样中有 3 个或更多个试样的试验结果被剔除，则可认为此方法不适用于该样品。在这种情况下推荐使用宽幅裤形试样（图 3-15）进行测试。

②对于某些特殊的抗撕破织物，如松散织物、抗裂缝织物和用于技术应用方面的人造纤维抗撕破织物（涂层或气袋），以上提到的测试方法是不适用，在这种情况下推荐使用宽幅裤形试样（图 3-15）进行测试。根据有关方的协议也可以选择其他宽度范围。

③用于夹持的每条裤腿从外面向内折叠平行并指向切口，使每条裤腿的夹持宽度是切口宽度的一半（图 3-16）。

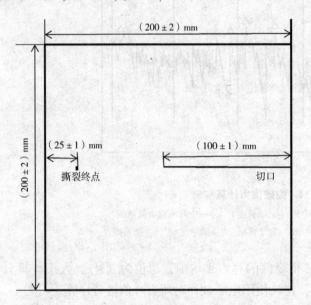

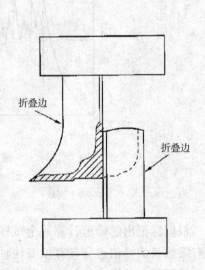

图 3-15　宽幅裤形试样　　　　　　　　　　　图 3-16　试样夹持图

所有其他的试验条件均与此标准的规定一致，但钳夹宽度至少为试样宽度的一半。

对于特殊抗撕破织物的所有峰值的计算应与用电子装置计算一致。特殊设计的抗撕破织物也许会形成一条异常的撕破轨迹，这通常是这些织物的特性，建议按相关协定进行记录，记录中包含试样的撕破轨迹。

2. GB/T 3917.2—2009《纺织品　织物撕破性能　第 2 部分：裤形试样撕破强力的测定（单缝法）》

此标准等同采用 ISO 13937-2：2000，测试要求和测试参数没有变化，只是将原来规范性引用文件中的国际标准替换为相应中国国家标准，包括预调湿、调湿和试验用大气标准 GB/T 6529 以及仪器计量标准 GB/T 19022 和 GB/T 16825.1，参数要求与相应的 ISO 标准相同。

3. ASTM D2261—2017《舌形单缝法织物撕破强力的标准测试方法（CRE 拉伸测试仪）》

（1）适用范围。此方法使用等速伸长拉伸测试仪通过舌形单缝法测量织物撕破强力。

此方法适用于大多数纺织品，包括机织物、气囊织物、毯子、毡化织物、起绒织物、针织物、分层织物、起毛织物和非织造布。这些纺织品可以是未经后整理的、涂层的、树脂处理的，或者其他方式处理过的。为准备湿态或干态的测试试样提供了指导说明。

此测试方法中测量的撕破强力要求在测试前进行初始撕切。测试获得的报告值与初始撕切所需要的力没有直接关系。

两种计算舌形撕破强力的方法分别为单峰值法和 5 个最高峰值的平均值法。

（2）测试方法。在矩形试样的短边沿中心线剪开，形成一块有两条舌头（裤子形状）的试样。将样品的一个切条夹在拉伸测试仪的上钳夹中，另一切条夹在拉伸测试仪的下钳夹中。随着两个钳夹不断地分开，机器对试样施加连续的拉力来延伸这个裂缝。同时，记录力的发展过程。

（3）测试仪器。

①CRE 拉伸测试仪需符合 ASTM D76 中的要求，带有自动图表记录器或者计算机数据收集系统。

②夹具。所有钳夹表面需平行、平整，在测试中能够防止试样滑出，钳夹尺寸至少为 25mm×75mm，长尺寸方向应该垂直于力的方向。

推荐使用液压、气动夹具系统，根据试样的类型，选择使用橡胶面钳夹或呈锯齿状钳夹。在测试中，夹具压力需足够防止试样滑移。如果没有可见的滑移的话，也可以手工夹持。

对于许多材料，为了防止滑移，除了使用锯齿夹面，还可以使用橡胶夹面，可在钳夹面上覆盖 No. 80 到 No. 120 的粗砂金刚砂纸。用压敏胶粘带将金刚砂纸在钳夹表面粘牢。

③刀模或模板。基本形状和尺寸如图 3-17 所示。

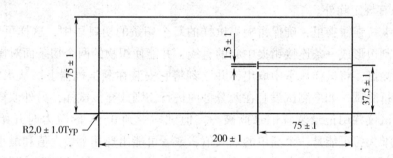

图 3-17　制备试样的模板尺寸（单位：mm）

（4）取样和试样准备。

①实验室样品。在卷状或块状纺织品中，沿着织造方向取约 1m 长的样品。对于卷状织物，取样时，既不要剪取卷轴外层的织物，也不要剪取靠近卷轴的内层织物。

②试验试样。在样品上，从经向（织造方向）取五块试样，再从纬向（垂直于织造方向）取五块试样。试样的短边的方向为测试方向。

③使用刀模或模板将试样剪成矩形，尺寸为（75±1）mm×（20±1）mm（图 3-17）。测量经向的试样短边与经向平行，测量纬向的试样短边与纬向平行。在短边的中心，剪开 75mm。需要进行湿态测试时，试样应在干燥试样临近的区域裁取，并标记样品。

在裁取试样时，注意其长边方向的纱线应与刀模平行对齐，可以在剪开裂缝后，使随后的撕裂发生在纱线之间，而不是横穿这些纱线。在测试弓纬织物时这个预防措施尤为重要。

应该在测试样品的长度方向和宽度方向的不同部分裁取样品，最好是沿着样品的对角线方向剪取并且不得在距离布边样品幅宽十分之一的范围内取样。确保试样没有折叠、折痕或褶皱。在处理试样时，避免试样被油、水和油脂沾污。

（5）测试仪器的准备和校准。

①开始测试时，将钳夹之间的距离设置为（75±1）mm。

②选择测试仪器的力值范围，使撕破强力在测试仪力值范围的10%~90%。

③将测试速度设置在（50±2）mm/min。当买方和供应商协商一致时，测试速度也可以设置为（300±10）mm/min。

（6）样品调湿。

①标准测试调湿。试样需在 ASTM D1776 规定的标准大气中进行预调湿、调湿和测试。对于高弹织物，准备试样前需松弛放置 24h 再进行调湿。

②湿态试样。当规定在湿态测试之前需要进行脱浆处理时，按照测试方法 ASTM D629 所述，使用不会影响织物正常物理特性的脱浆处理方法。

在室温下，将试样浸入装有蒸馏水或去离子水的容器中，直到完全浸透。为了浸透试样，浸泡的时间必须充足，因为经验表明：经过长时间的浸泡后，试样的撕破强力不会有明显的变化。对于大多数织物，浸泡的时间约是 1h。对于不容易用水湿透的织物，比如经过防水性或耐水性材料处理过的织物，可以在水浴里添加浓度为 0.1%的非离子湿润剂溶液。

（7）测试步骤。

①调湿后的试样需在纺织品测试标准大气中进行测试，温度为（21±1）℃，相对湿度为（65±2）%。另有规定除外。

②将试样夹持在钳夹里，确保钳夹里试样的每个切条的切口居中，这样可以使初始切口的相邻两条切割边形成一条连接钳夹中心的直线，并能使织物的两个切条面对操作人员。

对于湿态测试，将试样从水中取出，并立刻将它安装在测试机器上。从水中取出试样需在两分钟内进行测试。如果测试没有在两分钟内进行，则放弃该试样，另外取样再测。

③启动测试仪并用记录装置记录撕破力。但试样受到 0.5N 的拉力时开始记录撕破力。随着撕破力的增大，可能是一个简单的最大值，或者可能出现几个最大值和最小值。

④当机器横梁位移至少 150mm 使试样撕破约 75mm 长时，或试样完全被撕开后，停止测试仪，并让横梁回到开始位置。

⑤如果织物在钳夹处发生滑移，或 25%或更多的试样在距离钳夹的边缘 5mm 内断开，则可以将织物钳夹面区域内的织物进行涂层或者调整钳夹面。如果使用了前述的调整方法，则需在测试报告里陈述该调整方法。

⑥如果 25%或更多的试样在距离钳夹边缘 5mm 内断开，或者经过调整后不能沿试样长度方向充分撕裂，则认为此方法不能撕开该织物。

⑦如果撕裂沿着拉力横向方向进行，需记录这种情况。

⑧取下测试完的试样，重复上述步骤继续测试，直到样品每个方向五个试样都完成测试。

（8）结果计算。

①单个试样撕破力。用数据收集系统直接读取的数据，按选项 1 或选项 2 来计算单个试

样的撕破力，精确到 0.5N。另有协议除外。

a. 选项 1，五个最高峰的平均值。对于出现五个或更多峰的织物，第一个峰值之后，取五个最高峰力值，精确到 0.5N，计算这五个最高峰力值的平均值。

b. 选项 2，单峰力值。对于出现少于五个峰的织物，记录最高峰力值作为单峰力值，精确到 0.5N。

②分别计算每个方向的试样撕破力的平均值作为样品的撕裂强力。

③如果要求，计算标准偏差和变异系数。

④如果数据是由计算机自动处理的，计算通常在软件包里完成。记录直接读取的数值，并精确到 0.5N。在任何情况下，建议将计算机处理的数据与已知的性能值进行验证，并在报告中描述其所使用的软件。

4. ISO 13937-3：2000《纺织品 织物撕破性能 第 3 部分：翼形试样撕破强力的测定（单缝法）》

（1）适用范围和测试原理。此标准用单缝翼形试样法测定织物撕破强力。将具有两翼的试样，按与纱线成规定的角度夹持，测量由初始切口扩展而产生的撕破强力。即使用等速伸长试验仪，将一端剪成两翼特定形状的试样，按两翼倾斜于被撕破纱线的方向进行夹持，施加机械拉力使拉力集中在切口处以使撕破沿着预想的方向进行。记录直至撕破到规定长度的撕破强力，并根据自动绘图装置绘出的曲线上的峰值或通过电子软件计算撕破强力。

此标准主要适用于机织物，也适用于一些其他技术生产的织物。试验时由于夹持试样的两翼倾斜于被撕裂纱线的方向，所以试验过程中多数织物不会产生力的转移，而且与其他撕破方法相比，本方法更不容易发生纱线滑脱。但此方法不适用于针织物、机织弹性织物及非织造类产品，这类织物一般用梯形法进行测试。

（2）测试仪器和试验用大气要求。此标准使用的等速伸长测试仪的要求与 ISO 13937-2：2000 相同，但夹具钳夹的有效宽度适宜采用 100mm，不应小于 75mm。

预调湿、调湿和测试用大气要求也与 ISO 13937-2：2000 相同，温度为（20±2）℃，湿度为（65±4）%。

（3）取样和试样准备。

①取样要求同 ISO 13937-2：2000。

②试样准备的要求同 ISO 13937-2：2000。试样的形状为翼形试样，即一端按规定角度呈三角形的条形试样；另一端按规定长度沿三角形顶角等分线剪开形成翼状的织物撕破试验试样。对于机织物，每个试样平行于织物的经向或纬向作为长边裁取。试样长边平行于经向的试样为纬向撕破试样；试样长边平行于纬向的试样为经向撕破试样。按图 3-18 标明的尺寸和形状裁取试样，在每块试样上标记直线 ab 和 cd，并在条样中间距未切割端（25±1）mm 处标出撕破终点。

（4）测试步骤。

①将拉伸试验仪的隔距长度设定为 100mm，拉伸速率设定为 100mm/min。

②安装试样。将试样夹在钳夹中心，沿着钳夹端线使标记 55°的直线 ab 和 cd 刚好可见，并使试样两翼相同表面面向同一方向，如图 3-19 所示。沿着夹钳端线调整直线 ab 和 cd，试验不用预加张力。

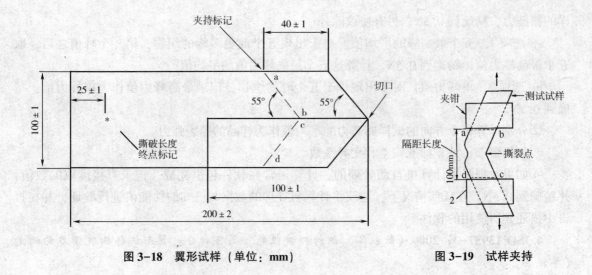

图 3-18 翼形试样（单位：mm）　　　　图 3-19 试样夹持

③启动仪器。以 100mm/min 的拉伸速率，将试样持续撕破至试样的终点标记处。

④记录撕破强力。记录方法和要求与 ISO 13937-2：2000 相同。

（5）结果计算和表示。一般指定人工计算和电子软件计算两种方法，计算方法和结果表示要求与 ISO 13937-2：2000 相同。

5. GB/T 3917.5—2009《纺织品　织物撕破性能　第 5 部分：翼形试样撕破强力的测定（单缝法）》

此标准等同采用 ISO 13937-3：2000《纺织品　织物撕破性能　第 3 部分：翼形试样撕破强力的测定》，测试要求和测试参数没有变化，只是将原来规范性引用文件中的国际标准替换为相应中国国家标准，包括预调湿、调湿和试验用大气标准 GB/T 6529 以及仪器计量标准 GB/T 19022 和 GB/T 16825.1，参数要求与相应的 ISO 标准相同。

（三）双缝法

1. ISO 13937-4：2000《纺织品　织物撕破性能　第 4 部分：舌形试样撕破强力的测定（双缝法）》

（1）适用范围和测试原理。此标准用双缝舌形试样法测定织物撕破强力。在撕破强力的方向上测量织物从初始的双缝切口撕破到规定长度所需要的力，即使用等速伸长试验仪，将舌形试样夹入拉伸试验仪的一个钳夹中，试样的其余部分对称地夹入另一个钳夹，保持两个切口线的顺直平行，在切口方向施加拉力模拟两个平行撕破强力。记录直至撕破到规定长度的撕破强力，并根据自动绘图装置绘出的曲线上的峰值或通过自动电子软件计算撕破强力。

此标准主要适用于机织物，也可适用于其他技术方法制造的织物，如非织造布等。但不适用于针织物、机织弹性织物。

（2）测试仪器和试验用大气要求。此标准使用的等速伸长测试仪的要求与 ISO 13937-2：2000 相同，但夹具钳夹的有效宽度适宜采用 200mm，但不应小于测试试样的宽度。

样品预调湿、调湿和测试用大气要求也与 ISO 13937-2：2000 相同，温度为（20±2）℃，湿度为（65±4）%。

（3）取样和试样准备。

①取样要求同 ISO 13937-2：2000。

②试样准备的要求同 ISO 13937-2：2000。试样形状为舌形试样，即按规定的宽度及长度在条形试样规定的位置上切割出一块便于夹持的舌状切口的织物撕裂试验试样［图 3-20(a)］，按图 3-20（b）形状和标明的尺寸裁取试样，在每块试样的两边标记直线 a、b、c、d，在条样中间距未切割端（25±1）mm 处标出撕破终点。对于机织物，每个试样平行于织物的经向或纬向作为长边裁取。试样长边平行于经向的试样为纬向撕破试样；试样长边平行于纬向的试样为经向撕破试样。

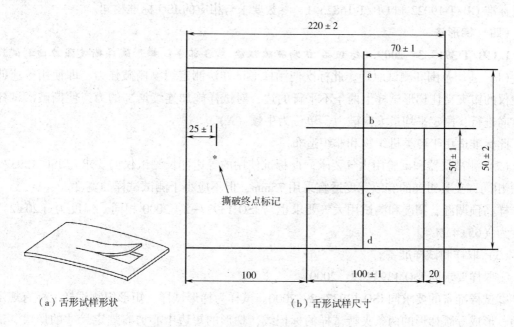

（a）舌形试样形状 　　　　　　　　　　（b）舌形试样尺寸

图 3-20　舌形试样形状和尺寸（单位：mm）

（4）测试步骤。

①将拉伸试验仪的隔距长度设定为 100mm，拉伸速率设定为 100mm/min。

②安装试样。将试样的舌形部分夹在固定钳夹的中心且对称，使直线 bc 刚好可见（图 3-21）。将试样的两条腿对称地夹入仪器的移动夹钳中，使直线 ab 和 cd 刚好可见，并使试样的两条腿平行于撕破力方向。保证每条舌形被固定于钳夹中能使撕破开始时是平行于撕破力所施加的方向。试验不用预加张力。

③启动仪器。以 100mm/min 的拉伸速率，将试样持续撕破至试样的终点标记处。

④记录撕破强力。记录方法和要求与 ISO

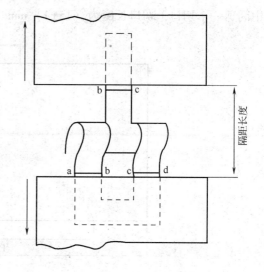

图 3-21　试样夹持

13937-2：2000 相同。

（5）结果计算和表示。一般指定人工计算和电子软件计算两种方法，计算方法和结果表示要求与 ISO 13937-2：2000 相同。

2. GB/T 3917.4—2009《纺织品 织物撕破性能 第 4 部分：舌形试样撕破强力的测定（双缝法）》

此标准等同采用 ISO 13937-4：2000《纺织品 织物撕破性能 第 4 部分：舌形试样撕破强力的测定（双缝法）》，测试要求和测试参数没有变化，只是将原来规范性引用文件中的国际标准替换为相应中国国家标准，包括预调湿、调湿和试验用大气标准 GB/T 6529 以及仪器计量标准 GB/T 19022 和 GB/T 16825.1，参数要求与相应的 ISO 标准相同。

（四）梯形法

1. GB/T 3917.3—2009《纺织品 织物撕破性能 第 3 部分：梯形试样撕破强力的测试》

（1）适用范围和测试原理。此标准使用梯形试样法测定织物撕破强力，即使用等速伸长试验仪的钳夹夹住梯形试样上两条不平行的边，对试样施加连续增加的力，使撕破沿试样宽度方向进行，测定平均最大撕破力，单位为牛顿（N）。

此标准适用于各类机织物和非织造布。

（2）测试仪器和试验用大气要求。此标准使用的等速伸长测试仪的要求与 ISO 13937-2：2000 相同，夹具钳夹的有效宽度适宜采用 75mm，但不应小于测试试样的宽度。

样品预调湿、调湿和测试用大气要求也与 ISO 13937-2：2000 相同，温度为（20±2）℃，湿度为（65±4）%。

（3）取样和试样准备。

①取样要求同 ISO 13937-2：2000。

②试样准备的要求同 ISO 13937-2：2000。试样为梯形试样，矩形织物试样上标有规定尺寸的、形成等腰梯形的两条夹持试样的标记线，梯形的短边中心剪有规定尺寸的切口。试样尺寸（75±1）mm×（150±2）mm，如图 3-22 所示，在每个试样上画一个等腰梯形，在条样中间剪一个切口，切口长度为（15±1）mm。

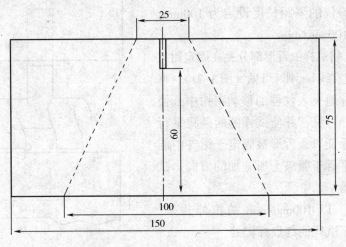

图 3-22 梯形试样（单位：mm）

对于机织物，每个试样平行于织物的经向或纬向作为长边裁取。试样长边平行于经向的试样为经向撕破试样；试样长边平行于纬向的试样为纬向撕破试样。

如果经有关各方同意可以根据原始样品比例选择其他尺寸，尤其是样品是非织造布制成的产品时，但尺寸数值应被记录在试验报告中。不同尺寸试样测定出的撕破强力不具有可比性。

（4）测试步骤。

①将拉伸试验仪的隔距长度设定为（25±1）mm，拉伸速率设定为100mm/min。选择适宜的负荷范围，使撕破强力落在满量程的10%~90%。

②安装试样。沿梯形不平行的两边夹住试样，使切口位于两钳夹中间，梯形短边保持拉紧，长边处于褶皱状态。

③启动仪器。如有条件用自动记录仪记录撕破强力，单位为牛顿（N），如果撕裂不是沿切口线进行，不做记录。撕破强力通常不是一个单值，而是一系列峰值。

（5）结果的计算和表示。自动计算记录仪上经向（纵向）和纬向（横向）每块试样一系列有效峰值的平均值。当记录仪上只有一个有效峰值时，这个值应当被认定为样品的测试结果。

从钳夹起始距离25mm处开始测量直至试样完全撕破，测试结果的有效值仅为钳夹位移达到64mm前的值。当钳夹位移超过该值时，随着撕破接近试样边缘，撕破强力会减小，因此，有效峰值是指出现在钳夹位移低于64mm时的峰值。

使用电子记录器可获得每块试样的平均撕破强力，平均撕破强力由从钳夹位移对应的首个强力峰值开始到钳夹位移等于64mm处结束的区域内的有效峰值计算出。

计算经向（纵向）与纬向（横向）五块试样结果的平均值，保留两位有效数字，并计算变异系数，精确至0.1%。

2. ASTM D5587—2015《梯形法织物撕破强力的标准测试方法》

（1）适用范围。此测试方法涉及使用等速伸长拉伸测试仪通过梯形试样测量织物撕破强力的测试程序。适用于大多数纺织品，包括机织物、气囊织物、毯子、毡化织物、起绒织物、针织物、分层织物、起毛织物和非织造布。这些纺织品可以是未经后整理的、涂层的、树脂处理的，或者其他方式处理过的。为准备湿态或干态的测试试样提供了指导说明。

测量的撕破强力要求在测试前进行初始撕切，测试获得的报告值与初始撕切所需要的力没有直接关系。

两种计算梯形法撕破强力的方法分别为单峰值和五个最高峰值的平均值。

（2）测试方法。在矩形试样上标示出等腰梯形，在梯形短的底边沿中心线剪开作为初始切口。试样沿不平行的梯形腰边夹持在两个相互平行的钳夹中，随着两个钳夹不断地分开，机器对试样施加连续的拉力来延伸这个裂缝。同时记录力的发展过程，使撕裂持续的力由自动图表记录器或者计算机数据收集系统计算得来。

（3）测试仪器。

①CRE拉伸测试仪需符合ASTM D76中的要求，带有自动图表记录器或者计算机数据收集系统。

②夹具。所有钳夹表面需平行、平整，在测试中能够防止试样滑出，并且测量尺寸至少为50mm×75mm，长尺寸方向应该垂直于力的方向。

推荐使用液压、气动夹具系统，钳夹最小尺寸为：50mm×75mm，根据试样的类型，选择使用橡胶面钳夹或呈锯齿状钳夹。在测试中，夹具压力需足够防止试样滑移，同时夹紧试样而不会损伤试样。对于工业用布的测试，钳夹的加持力推荐为 13~14kN。如果没有可见的滑移的话，也可以手工夹持。

对于许多材料，为了防止滑移，除了使用锯齿夹面，还可以使用橡胶夹面，可在钳夹面上覆盖 No. 80 到 No. 120 的粗砂金刚砂纸。用压敏胶粘带将金刚砂纸在钳夹表面粘牢。

③刀模或模板。基本形状和尺寸如图 3-23 所示。

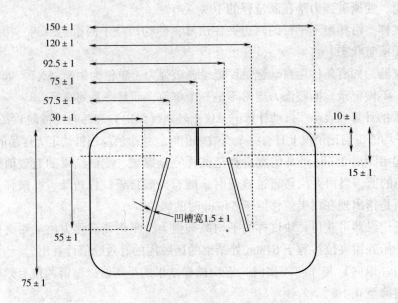

图 3-23　制备试样的模板（单位：mm）

（4）取样和试样准备。

①实验室样品，同 ASTM D2261—2017。

②试验试样。在样品上，从经向（织造方向）取五块试样，再从纬向（垂直于织造方向）取五块试样。试样的长边方向为测试的方向。

③使用刀模或模板（图 3-23）剪取试样，测量经向的试样长边与经向平行，测量纬向的试样长边与纬向平行。每个试样上标示出等腰梯形，在 25mm 的底边中间剪一条长 15mm 的裂口。需要进行湿态测试时，试样应在干燥试样临近的区域裁取，并标记样品。

在裁取试样时，注意其长边方向的纱线应与刀模平行对齐，这样可以在剪开裂口后，使随后的撕裂发生在纱线之间，而不是横穿这些纱线。在测试弓纬织物时这个预防措施尤为重要。应该在测试样品的长度和宽度方向的不同部分裁取样品，最好沿着样品的对角线方向剪取并且不得在距离布边样品幅宽十分之一的范围内取样。确保试样没有折叠、折痕或褶皱。在处理试样时，避免试样被油、水和油脂沾污。

（5）测试仪器的准备和校准。

①开始测试时，将钳夹之间的距离设置为（25±1）mm。

②选择测试仪器的力值范围，使撕破强力在测试仪力值范围的 15%~85%。

③将测试速度设置在（300±10）mm/min。

（6）样品调湿。标准测试试样调湿要求和湿态试样的准备方法同 ASTM D2261。

（7）测试步骤。

①调湿后的试样需在纺织品测试标准大气中进行测试，温度为（21±1）℃，相对湿度为（65±2）%。另有规定除外。

②将试样夹持在钳夹里，仔细将上钳夹下部边缘与试样上的一条斜线对齐，下钳夹上部边缘与试样上的另一条斜线对齐，整理好钳夹之间多余的织物，保证切口在两个钳夹的中间。

对于湿态测试，将试样从水中取出，并立刻将它安装在测试机器上。从水中取出试样需在两分钟内进行测试。如果测试没有在两分钟内进行，则放弃该试样，另外取样再测。

③启动测试仪并用记录装置记录撕破力。在试样受到 0.5N 的拉力时开始记录撕破力。随着撕破力的增长，可能是一个简单的最大值，或者可能出现几个最大值和最小值。

④当试样撕破约 75mm 长时，或完全被撕开后，停止测试仪，并让横梁回到开始位置。

⑤如果织物在钳夹处发生滑移，或 25% 或更多的试样在距离钳夹的边缘 5mm 内断开，则可以将织物钳夹面区域内的织物进行涂层或者调整钳夹面。如果使用了前述的调整方法，则需在测试报告里陈述该调整方法。

⑥如果 25% 或更多的试样在距离钳夹边缘 5mm 之内断开，或者经过调整后不能沿试样长度方向充分撕裂，则认为此方法不能撕开该织物。

⑦如果撕裂沿着拉力横向方向进行，需记录这种情况。

⑧取下测试完的试样，重复上述步骤继续测试，直到样品每个方向五个试样都完成测试。

（8）结果计算。单个试样撕破力和撕破强力的计算同 ASTM D2261。

三、不同撕破强力测试方法的适用性以及其测试条件对检测结果的影响

1. 不同测试方法的适用性

不同测试方法由于撕破机理和测试原理的不同，其测试结果也不相同，相互之间不能转换和比较。摆锤测试方法比较方便，但会受到量程的限制，对于常规服用纺织品，撕破强力相对比较小，因此被普遍采用；而家纺产品或厚重织物，撕破强力要求相对比较大，由于摆锤测试仪量程的限制，通常会使用裤形单缝法进行测试。

翼形法是裤形单缝法的扩展。用裤形单缝法测试时，当织物经纬密相差过大时，在测试过程中会产生不沿着切口而沿着被撕试样横向断裂，或对于密度较稀疏的织物，由于试样舌形尾部的拉伸断裂强力小于撕破强力，测试过程中，试样会在被夹持的试样尾部发生断裂，从而无法获得织物的断裂强力。而使用翼形单缝法，由于试样呈一定倾斜角度夹持则可以避免这一情况的发生。

梯形法测试的是由拉伸作用引起的撕破强力，而工业用布（如土工布、非织造布）的撕破往往是由于承载较大拉力而引起的，因此，工业用布通常会采用梯形法进行测试。

2. 测试条件对测试结果的影响

（1）测试速度的影响。织物是具有抱合力的纤维集合体，当受拉伸力作用时纤维间、纱线间会产生滑移，而滑移的程度与作用时间有关，因此，试样的撕破强力受拉伸速度的影响十分明显。舌形法是由于剪切作用引起的撕破强力测试，当拉伸速度较快时，受力三角区会减小，其中受力作用的纱线也会减少，因此，织物的撕破强力会随着拉伸速度的降低而减小。

而对于梯形法测试，撕破强力是由于拉伸作用引起的撕破强力，撕破强力会随着拉伸速度的增加而增大。

（2）试样尺寸的影响。当试样的宽度越大时，其受力三角区越大，受力纱线根数越多，撕裂强力也越大。

第三节　织物的胀破性能检测

织物在一垂直于织物平面的负荷作用下鼓起扩张而破裂的现象称为胀破，又称顶破。胀破与服装在人体肘部、膝部的受力，手套、袜子、鞋面在手指或脚趾处的受力相近。胀破测试可提供织物的多向强力伸长性能特征的信息，特别适用于针织物、三向织物、非织造布等织物的坚牢度测试。

测定织物胀破强力的方法根据胀压方式的不同分为有膜片（液压/气压）胀破和钢球胀破两类。

一、膜片法

（一）ISO 13938-1：1999《纺织品　织物胀破性能　第 1 部分：液压法胀破强力和胀破扩张度的测定》

1. 适用范围与测试原理

此标准规定了测定织物胀破强力和胀破扩张度的液压方法，包括测定调湿和湿态两种试样胀破性能的程序。即使用恒速泵装置施加液压的胀破仪，将试样放在可延伸的膜片上，并用圆环夹持环夹持住，在膜片下面施加以恒定速度增加液体体积而获得的液体压力，使膜片和试样膨胀，直到试样破裂测得胀破强力和胀破扩张度。

此标准适用于针织物、机织物、非织造布和压层织物，也适用于由其他工艺制造的各种织物。

2. 测试仪器

液压胀破仪的计量确认应根据 ISO 10012 进行，应符合以下要求。

（1）胀破仪应具有在 $100 \sim 500 cm^3/min$ 范围内的恒定液体体积增加速率，精度为 $\pm 10\%$，如果仪器没有配备调节液体体积的装置，可采用胀破时间 $(20 \pm 5)s$，这种情况应在试验报告中注明。

（2）胀破压力应大于满量程的 20%，其精度为满量程的 $\pm 2\%$。

（3）胀破高度小于 70mm 时，其精度为 $\pm 1mm$，试验开始时，测量隔距的零点应可调节，以适应试样厚度。

（4）如果可显示胀破体积，其精度应不超过示值的 $\pm 2\%$。

（5）试验面积应使用 $50 cm^2$（直径 79.8mm）。如果优先的试验面积在现有设备上不适用，或由于织物具有较大或较小的延伸性能，或有多方协议的其他要求，也可使用 $100 cm^2$（直径 112.8mm）、$10 cm^2$（直径 35.7mm）和 $7.3 cm^2$（直径 30.5mm）等其他试验面积。

（6）夹持装置应当提供可靠的试样夹持。试样在试验过程中没有损伤、变形和滑移，夹持环应使高延伸织物的膨胀圆拱不受阻碍（如其胀破高度大于试样直径的一半）。试样夹持环的内径精确至±0.2mm，为避免试样损坏，建议夹持环与试样接触的内径边缘呈圆角。

（7）在试验过程中，安全罩应能包围夹持装置，并能清楚地观察试验过程中试样的延伸情况。

（8）膜片应符合下列要求：厚度小于2mm；具有高延伸性；膜片使用数次后，在胀破高度范围内应具有弹性（在试验过程中观察）；膜片具有抵抗加压液体的老化腐蚀性能。

3. 调湿和试验用大气要求

样品预调温、调湿和试验用大气应按ISO 139规定进行，温度为（20±2）℃，湿度为（65±4）%。湿态试验不要求预调湿和调湿。

4. 取样和试样准备

根据产品标准规定，或根据有关各方协议进行取样，如果产品标准中没有规定，取样时应避免折叠、褶皱、布边及织物的非代表性区域，使用的夹持系统一般不需要裁剪试样，可直接在样品上进行试验。每两个测试区域不能包含同一长度或宽度方向的纱线。

5. 测试步骤

（1）试验面积设定为50cm²。对于大多数织物，特别是针织物，试验面积宜取50cm²，对于具有低延伸的织物（根据经验或预试验），如工业用织物，推荐试验面积至少100cm²，当该条件不能满足或者不适合的情况下，如果双方协议，可使用其他的试验面积。

如果要求在相同试验面积和相同的体积增长速率下进行比较试验，试验面积宜取50cm²。

（2）在100~500cm³/min设定匀速体积增长速率，或进行预试验，调整试验的胀破时间为（20±5）s。

（3）将试样放置在膜片上，使其处于平整无张力状态，避免在其平面内的变形。用夹持环夹紧试样，避免损伤，防止在试验中滑移。将扩张度记录装置调整至零位，根据仪器的要求拧紧安全罩，对试样施加压力，直到其破坏。

试样破坏后，立即将仪器复位，记录胀破压力、胀破高度或胀破体积。如果试样的胀破接近夹持环的边缘，应记录该情况。如果胀破发生在距夹持环边缘2mm之内，应舍弃该次测试结果。

在织物的不同部位重复试验，达到至少五个试验数量，如果双方同意，也可增加试验数量。

（4）膜片压力的测定。采用与上述试验相同的试验面积、液体体积增长速率或胀破时间，在没有试样的条件下，膨胀膜片直至达到有试样时的平均胀破高度或平均胀破体积。以此胀破压力作为膜片压力。

（5）湿态试验。试样放在温度（20±2）℃、符合ISO 3696要求的三级水中浸渍1h，热带地区可使用ISO 139中规定的温度。也可用每升不超过1g的非离子湿润剂的水溶液代替三级水。

将试样从液体中取出，放在吸水纸上吸去多余的水后，立即按上述测试步骤进行试验。

6. 结果计算和表示

（1）计算胀破压力的平均值，以千帕（kPa）为单位，用该值减去膜片压力，得到胀破强力，结果修约至三位有效数字。

（2）计算胀破高度的平均值，以毫米（mm）为单位，结果修约至两位有效数字。

（3）如果需要，计算胀破体积的平均值，以立方厘米（cm³）为单位，结果修约至三位有效数字。

（4）如果需要，计算胀破压力和胀破高度的变异系数值和95%的置信区间。修约变异系数值至最接近的0.1%，置信区间与平均值的有效数字相同。

（二）GB/T 7742.1—2005《纺织品　织物胀破性能　第1部分：胀破强力和胀破扩张度的测定　液压法》

此标准修改采用了ISO 13938-1：1999《纺织品　织物胀破性能　第1部分：液压法胀破强力和胀破扩张度的测定》，测试要求和测试参数没有变化，只是将原来规范性引用文件中的国际标准替换为相应中国国家标准，预调湿、调湿和试验用大气标准GB/T 6529、三级水GB/T 6682以及仪器计量标准GB/T 19022，参数要求与相应的ISO标准相同。

（三）ISO 13938-2：1999《纺织品　织物胀破性能　第2部分：气压法胀破强力和胀破扩张度的测定》

此标准规定了测定织物胀破强力和胀破扩张度的气压方法，包括测定调湿和湿态两种试样胀破性能的程序。即将试样夹持在可延伸的膜片上，在膜片下面施加压缩气压，使膜片和试样膨胀。平稳地增加气压直到试样破裂，测得胀破强力和胀破扩张度。

此标准适用于针织物、机织物、非织造布和层压织物，也适用于由其他工艺制造的各种织物。

测试仪器为气压胀破仪，参数要求同液压胀破仪。调湿和试验用大气要求、取样和试样准备、测试步骤以及结果的计算和表示同ISO 13938-1：1999的规定。

（四）GB/T 7742.2—2015《纺织品　织物胀破性能　第2部分：胀破强力和胀破扩张度的测定　气压法》

此标准修改采用了ISO 13938-2：1999《纺织品　织物胀破性能　第2部分：气压法胀破强力和胀破扩张度的测定》，测试要求和测试参数没有变化，只是将原来规范性引用文件中的国际标准替换为相应中国国家标准，预调湿、调湿和试验用大气标准GB/T 6529、三级水GB/T 6682以及仪器计量标准GB/T 19022，参数要求与相应的ISO标准相同。

（五）ASTM D3786/3786（M）—2018《纺织品　织物胀破强力　膜片胀破强力测试仪法》

1. 适用范围和测试原理

此标准适用于使用液压或气压胀破强力测试仪来测试的纺织品的胀破强度。一般来说这个方法适用于各种纺织产品，包括针织物和非织造布，也适用于弹性机织物或工业用机织物，如安全气囊。

样品被夹在可膨胀的膜片上被液压或气压推动膨胀，直到样品断裂。胀破样品所需要的总压与膜片膨胀所需要的压力（皮重压力）之间的差值就是胀破强度。

2. 测试仪器

膨胀膜片测试仪需符合以下要求。

（1）夹具。两块环形不锈钢夹具表面水平且平行，能确保试样被牢固、稳定地夹持在夹具之间，且测试过程中无滑移。上下夹具同轴孔径为（31±0.75）mm，任何可能引起切削作用的边缘应有半径不超过0.4mm的圆角。下夹具与使橡胶膜片膨胀的压力介质的压力阀室连成整体。

（2）膜片。由合成或天然橡胶压膜而成，膜片夹在下夹具和介质腔体之间，使得膜片上表面中心在受压膨胀前与夹具夹紧面齐平。膜片应该时常进行检查是否出现永久性变形，必要时进行更换。

（3）压力表。应与压力系统匹配，精度为最大量程的 1%。对于波尔登式压力计，测量的读数在总量程的 25%～75% 的范围内。

（4）压力系统。在膜片下侧施加受控的压力，直至试样破裂。压力增加可以通过液压和气压两种方法实现。

液压是由以（95±5）mL/min 流速移动的流体产生。流体的流动由一个在压力调节室内的活塞控制，阀室流体推荐使用 USP 化学纯 96% 的甘油。

气压是通过阀门控制干净的干燥空气而产生的气动压力。

（5）压力记录要求。液压测试仪，应具有在试样胀破的瞬间停止加载压力的装置，并能保持此时压力室的液体容量不变，直到记录下压力表上显示的总的胀破压力和使膜片膨胀的压力；气压测试仪，应可以记录试样胀破时的压力和膜片校正。膜片校正（皮重压力）为空载样品时，膜片膨胀到试样胀破时的高度所需的压力。

（6）检查测试仪性能的铝箔片，已知胀破强力在 70～790kPa 范围内的铝箔片，可用来检查测试仪的整体性能。

3. 测试仪器的校准

（1）常规验证。通过胀破 5 个标准铝箔片，定期检查测试仪的日常操作（如每个月一次）。5 个标准铝箔片胀破强力的平均值应在铝箔片包装上所标注值的 ±5% 的范围内。使用的铝箔片可能不适用于所有胀破测试仪，需要根据仪器说明书来进行常规验证。

（2）压力计校准。按照压力计使用时所处的角度，通过活塞类型的固定负载测试仪来进行。用电子压力计或其他设备供应商推荐的校准器具进行校准时，优先放在测试仪的正常位置上进行。

4. 取样和试样准备

从批次样品中的每卷织物的最末端剪去 1m 后，取全幅样品 1m。对于圆筒针织物，取不少于 305mm 宽的带状样品。

从样品上取 10 个试样，每个试样至少为边长 125mm 的正方形或直径为 125mm 的圆形。样品测试时不需要剪切，两个样品不能含有相同纵列和横列的纱线。不得在距布边布幅宽十分之一的范围内取样，这一要求不适用于圆筒针织物样品。

5. 调湿和试验用大气要求

样品或试样需要在 ASTM D1776 规定的纺织品测试标准大气环境中［温度（21±2）℃，湿度（65±5）%］进行调湿平衡，并在此环境下进行测试。

6. 测试步骤

（1）调湿后的样品需在要求的标准大气环境中进行测试。

（2）手动液压测试仪。将样品嵌在三脚架下，使样品紧贴在夹具平板上，使夹紧把手尽量向右以夹紧放在平板上的样品。对于伸展性较大的样品，在夹紧之前，可以均匀地伸展试样去除部分伸展。顺时针匀速转动手轮直到样品顶破为止。一经发现样品断裂立即停止手轮转动，然后松开夹在样品上的夹紧把手。并立刻将轮子逆时针转到初始位置松开膜片上的张力，记录下使膜片膨胀所需要的压力（皮重压力）和使样品断裂的总压力。

（3）电动液压测试仪。将样品平整的放入上、下夹具之间并夹紧样品，将操作手柄扳到左侧启动加压直到试样胀破为止。样品一旦胀破，立即将操作手柄扳到空（中间的）挡位上，记录试样的胀破总压力。松开夹在样品上的夹紧把手，并将操作手柄扳到右侧，松开薄膜上的张力，记录下使薄膜膨胀所需要的压力（皮重压力）。

（4）气压测试仪。调整测试仪的压力控制阀，使试样的平均胀破时间在（20±5）s的范围内，可能需要进行预测试以确定控制阀的正确设置。试样开始拱起到胀破时所需的时间即为胀破时间。牢固夹紧样品，确保样品不会有滑移。将胀破记录装置放入测量位置，并调整到零位，紧固安全罩。对试样施加压力，直至试样胀破。记录试样胀破总压力。膜片校正（皮重压力），使用试验中相同的控制阀设置，在无试样的情况下膨胀膜片，使其膨胀高度等于试样胀破时的平均高度，此时膜片的膨胀压力即为膜片压力。

7. 结果计算

（1）计算每个样品的胀破压力，即试样胀破总压力减去使膜片膨胀的皮重压力。

（2）记录每个样品的胀破强力的平均值。

（3）记录所使用的胀破测试仪的型号。

二、钢球法

（一）GB/T 19976—2005《纺织品　顶破强力的测定　钢球法》

1. 适用范围和测试原理

此标准规定了采用球形顶杆测定织物顶破强力的方法，包括在试验用标准大气中调湿和在水中浸湿两种状态的试样顶破强力试验，即使用等速伸长试验仪将试样夹持在固定基座的圆环试样夹内，圆球形顶杆以恒定的移动速度垂直地顶向试样，使试样变形直至破裂，测得顶破强力。此标准适用于各类织物。

2. 测试仪器和试验用大气要求

（1）等速伸长拉伸试验仪，测试精度不超过示值的±1%，包括一个试样夹持器和一个球形顶杆组件。在试验过程中，试样夹持器固定，球顶杆以恒定的速度移动。

（2）胀破装置由夹持试样的环形夹持器和钢质球形顶杆组成，环形夹持器内径为（45±0.5）mm，表面应有同心沟槽，以防止试样滑移。顶杆的头端为抛光钢球，球的直径为（25±0.02）mm或（38±0.02）mm，与试验机连接部分的尺寸应根据试验机夹具的尺寸确定（图3-24）。

（3）进行湿态试验所需的器具、三级水、非离子湿润剂。

（4）大气环境要求。预调湿、调湿和试验用大气应按GB 6529规定进行，对于湿态试验不要求预调湿和调湿。

3. 取样和试样准备

试样应具有代表性，试验区域应避免折叠、褶皱，并避开布边。如果使用的夹持系统不需要裁剪试样即可进行试验，则可不裁成小试样。进行湿润试验的试样，需裁剪试样，试样尺寸应满足大于环形夹持装置面积。试样数量至少五块，每两个试样不能包含同一长度或宽

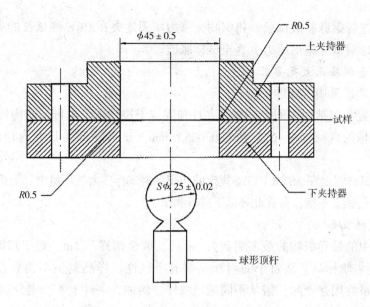

图 3-24　胀破装置示意图（单位：mm）

度方向的纱线。

用于进行湿态试验的试样应浸入温度（20±2）℃［（23±2）℃或（27℃±2）℃］的三级水中，使试样完全润湿。为使试样完全湿润，也可以在水中加入不超过 0.05% 的非离子中性湿润剂。

4. 测试步骤

（1）安装顶破装置。选择直径为 25mm 或 38mm 的球形顶杆，将球形顶杆和夹持器安装在试验机上，保证环形夹持器的中心在顶杆的轴心线上。如果双方另有协议，可使用其他尺寸的球形顶杆和环形夹持器内径，但应在试验报告中说明。比较试验需在相同直径球形顶杆的条件下进行。

（2）设定仪器。选择力的量程使输出力值在满量程的 10%~90%，设定试验机的速度为（300±10）mm/min。

（3）夹持试样。将试样反面朝向顶杆，夹持在夹持器上，保证试样平整、无张力、无褶皱。

（4）启动仪器。直至试样被顶破，记录其最大值作为该试验的顶破强力，以牛顿（N）为单位。如果测试过程中出现纱线从环形夹持器中滑出或试样滑脱，应舍弃该试验结果。在样品的不同部位进行试验，至少获得五个试验值。

（5）湿态试验。将试样从溶液中取出，放在吸水纸上吸去多余的水后，立即进行试验。

5. 结果计算和表示

计算顶破强力的平均值，以牛顿（N）为单位，结果修约至整数位。如果需要，计算顶破强力的变异系数值，修约至 0.1%。

（二）ASTM D6797—2015《织物胀破强力 等速伸长（CRE）钢球顶破测试标准》

1. 适用范围和测试原理

此测试方法描述了机织和针织面料或从服装上取下的面料的胀破强力的测量。按要求设置拉伸试验机，进行钢球胀破试验。将织物无张力牢固地夹在 CRE 测试仪的夹具上，通过一个抛光的硬化钢球对试样施加压力，直至试样胀破。

2. 测试仪器和试验用大气要求

（1）拉伸试验机采用等速伸长型。

（2）胀破装置，包括用于固定试样的夹具和固定于拉伸试验机可移动构件上的钢球。

（3）抛光钢球的直径应为（25.400±0.005）mm。试样环形夹具的内径应为（44.450±0.025）mm。

（4）样品或试样需要在 ASTM D1776 规定的纺织品测试标准大气环境中［温度（21±2)℃，湿度（65±5)%］进行调湿平衡，并在此环境下进行测试。

3. 取样和试样准备

从批次样品中的每卷织物的最末端剪去 1m 后，取全幅样品 1m。对于圆筒针织物，取不少于 300mm 宽的带状样品。从每个面料样品取五个试样。样品制备不需要在标准大气中进行。如果样品是最终用途产品，需从不同区域取样。例如，一件上衣，则分别从肩部、下摆、后片和前片以及袖子上取样。

对于宽度等于或大于 125mm 的织物样品，不得在距布边 25mm 范围内取样；对于宽度小于 125mm 的织物样品，则在试样的整个宽度内取样。

在样品的宽度对角线上均匀分布裁取样品。沿织物宽度的不同位置裁取纵向试样，沿着织物长度的不同位置裁取宽度试样。确保试样没有折痕、褶皱和皱纹，处理时避免试样被油、水沾污等。

如果织物有图案，确保裁取的试样可以代表每个不同的图案。对于面料样品，裁取五个尺寸至少为 125mm×125mm 的样品；对于成衣样品，如果可以直接将衣服夹在夹具中，则可以不裁取试样，但每件衣服都要做五次测试。

4. 测试步骤

除非另有说明，所有测试都需要在标准大气环境中进行。

将试样在无张力条件下放入圆环夹具中，并夹持牢固。启动拉伸测试仪，速度为（305±13）mm/min，保持此速度直到试样胀破，记录试样的钢球胀破强力，圆整到 0.5N。

5. 结果计算

计算五个试样胀破强力的平均值为该样品的胀破强力，结果圆整到 0.5N。

三、膜片法和钢球法的适用性和相关性

1. 膜片法和钢球法的适用性

在上述胀破测试标准中，适用范围都包括机织物，但机织物的拉伸是单向的，而胀破强力是多向的，所以在实际的测试运用中，机织物不适用于测定胀破强力；胀破强力只适用于针织物和非织造物的坚牢度测试。

对于纺织品服装的测试，国外几乎都要求采用膜片法进行测试，但对于高弹性织物，即当织物胀破强力或胀破高度超过膜片胀破测试仪量程时，才会使用钢球法进行测试。

早期由于膜片胀破仪的缺乏，GB/T 19976 被普遍使用，即国标测试中更多使用钢球法进行测试。现在随着膜片胀破仪在国内日趋普及，膜片胀破方法也开始被引入到产品标准中。

2. 膜片法和钢球法的相关性

有研究表明，使用膜片胀破方法时，相同测试面积条件下，当压力不超过 800kPa 时，采用液压和气压两种胀破仪得到的胀破强力结果没有明显差异，这个压力范围包括了大多数织物的胀破性能水平。对于要求胀破强力较高的特殊纺织品，液压仪更为适用。

膜片胀破和钢球胀破两种测试方法相比较，钢球法胀破不如膜片法的试验结果稳定。部分原因在于钢球法胀破时，圆形试样近中心部位与钢球球面直接相压，会产生局部摩擦，使部分负荷由摩擦时的滑动阻力所承担，造成顶破强力受两者的表面摩擦性状影响。而膜片法胀破时，作用力在试样上均匀分布。同时这两种方法由于测试面积不同，测试结果也不同，没有可比性，也不能相互转换。

第四节 织物的接缝滑移性能检测

织物在使用过程中受外力作用后，垂直于受力方向的纱线沿受力方向发生滑移，造成织物出现裂缝的现象称为纱线滑移，又称织物纰裂。纬纱受力，经纱沿着纬纱方向的滑移，称为经纱滑移或经纰裂；经纱受力，纬纱沿着经纱方向的滑移，称为纬纱滑移或纬纰裂。

纱线滑移主要是由于织物的经、纬纱线交织啮合不够紧密牢固而引起的，仅发生于机织物和部分编织物。

纱线滑移多数容易发生在服装和其他缝纫制品的接缝处，因此，接缝缝合处受力发生的纱线滑移，又称为织物的接缝滑移，通常发生后不可逆转，具有破坏性。织物的接缝抗滑移性能直接关系到服装等产品的缝纫加工性能、外观和使用性能。

评价接缝滑移的常用指标为织物纱线的滑移阻力和滑移量。

一、定滑移量法测定织物接缝处纱线抗滑移性能

（一）ISO 13936-1：2004（E）《纺织品　机织物接缝处纱线抗滑移的测定　第 1 部分：定滑移量法》

1. 适用范围和测试原理

此标准采用定滑移量法测定机织物中接缝处纱线抗滑移性的方法，不适用于弹性织物或产业用织物，如织带。

用夹持器夹持试样，用等速拉伸试验仪分别拉伸同一试样的缝合及未缝合部分，在同一横坐标的同一起点上记录缝合及未缝合试样的拉伸力—伸长曲线，找出两曲线平行于伸长轴的距离等于规定滑移量的点，读取该点对应的力值，即为滑移阻力。

2. 测试仪器

（1）等速拉伸试验仪。精度和配置要求与 ISO 13934-2 相同。

试验仪应能设定 50mm/min 的拉伸速度（精度为±10%）和 100mm 的隔距长度。试验仪两夹钳的中心点应在拉力轴线上，夹持线应与拉力线垂直，夹持面在同一平面上。夹面应能夹持试样而不使其打滑，夹面应平整，不剪切试样或破坏试样。如果使用平滑夹面而不能防止试样滑移时，可使用波纹面或沟槽面钳夹防止打滑；也可在平面或波纹面钳夹上垫衬其他

辅助材料（如纸张、皮革、塑料和橡胶）提高试样夹持能力。

抓样测试夹持试样面积的尺寸应为（25±1）mm×（25±1）mm，可以有两种方法达到该尺寸：

①两个夹片尺寸均为 25mm×40mm（最好 50mm），一个夹片的长度方向与拉力线垂直，另一个夹片的长度方向与拉力线平行，如第一节图 3-7（a）所示。

②一个夹片尺寸为 25mm×40mm（最好 50mm），夹片长度方向与拉力线垂直，另一个夹片尺寸为 25mm×25mm，如第一节图 3-7（b）所示。

（2）缝纫机。能够缝纫 301 型缝迹型式（图 3-25）。301 型缝迹由两根缝线组成，一根针线与一根底线，针线圈从机针一面穿入缝料，露出在另一面与底线进行交织，收紧线使交织的线圈处于缝料层的中间部位。

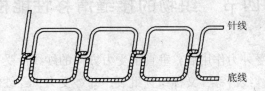

图 3-25　301 型缝迹型式

该缝迹有时用一根线形成，在这种情况下，第一个缝迹与其后依次连续的缝迹有所差异。至少要用两个缝迹来描绘这种缝迹型式。

（3）缝纫机针和缝纫线。按表 3-2 规定。

表 3-2　缝纫要求

织物	缝纫线	机针规格		针迹密度
	100%涤纶包芯纱 （长丝芯，短纤包覆）线密度（tex）	机针公制号数	直径（mm）	（针迹数/100mm）
服用织物	45±5	90	0.90	50±2

注　用放大装置检查缝针，确保其完好无损。

（4）测量尺或游标卡尺。分度值为 0.5mm。

3. 调湿和试验用大气要求

试样预调湿、调湿和试验用标准大气执行 ISO 139 的规定。

4. 预处理

如果样品需要进行水洗或干洗预处理，可与有关方商定采用的方法。可采用 ISO 6330 或 ISO 3175-2 中给出的程序。

5. 试样准备

（1）调节缝纫机。缝合双层测试织物时，缝针穿过针板与送料牙，调试机器使其对试样的缝迹密度符合表 3-4 的规定。

将梭心套从缝纫机的针板下面取出，捏住从梭心套露出的线头，使底线慢慢地从梭心上退绕下一段长度，调节梭心套上的弹簧片，以致缝合时底线能以均衡的速度从梭心上退绕下来。将梭心套重新安装在缝纫机上，并调节穿过机针针线的张力，缝合时使针线与梭线交织在一起，收缩后使交织的线环处于缝料层的中间部位（图3-25）。

（2）裁样与缝样。

①裁取经纱滑移试样与纬纱滑移试样各五块，每块试样尺寸为400mm×100mm。经纱滑移试样的长度方向平行于纬纱，用于测定经纱滑移；纬纱滑移试样的长度方向平行于经纱，用于测定纬纱滑移。

在距实验室样品布边至少150mm的区域裁取试样。每两块试样不应包含相同的经纱或纬纱。

②将试样正面朝内折叠110mm，折痕平行于宽度方向。在距折痕20mm处缝一条301型缝迹的接缝，距试样一边38mm处作一条与试样长边平行的标记线，以保证对缝合试样和未缝合试样进行测试时夹持对齐同一纱线。

③在折痕端距接缝12mm处剪开双层缝合好的试样（图3-26），接缝两边的缝合余量应相同。

④再将缝合好的试样平行于接缝，在距折痕110mm处剪成两段，一段包含接缝，另一段不含接缝。不含接缝的试样部分长度为180mm。

6. 测试步骤

（1）按调湿平衡要求调湿试样。

（2）设定拉伸测试仪的隔距长度（100±1）mm，注意两夹持线在同一个平面且相互平行。

（3）设定拉伸测试仪的拉伸速度为（50±5）mm/min。

（4）夹持不含接缝的试样，使试样长度方向的中心线与夹钳的中心线重合。启动仪器进行抓样测试直至达到终止负荷（200N）。如果拉伸测试仪不是计算机控制，设定记录

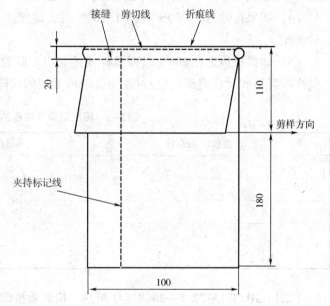

图3-26 试样准备（单位：mm）

图纸与测试仪的速度比不低于5:1，以满足所测得的拉伸力—伸长曲线达到要求的测试精度。

（5）夹持缝合试样，保证试样的接缝位于两夹钳中间且平行于夹面。再次启动仪器进行抓样测试直至达到终止负荷（200N）。如果拉伸测试仪不是计算机控制，设置此记录曲线的起点与织物试样的相同（图3-27）。

（6）重复上述测试步骤完成剩余试样的测试，得到5对经纱滑移曲线和5对纬纱滑移曲线。

7. 结果计算和表示

（1）如果使用图纸获得规定滑移量时，滑移阻力的测试结果按如下方法对每对拉伸曲线进行计算（图3-27）。

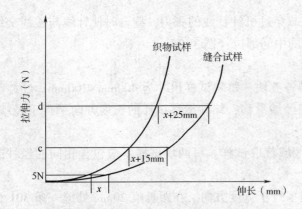

图 3-27　在记录曲线上计算滑移量示例

c—滑移量为 3mm 时的拉伸力　d—滑移量为 5mm 时的拉伸力

①量取两条曲线拉力为 5N 处的伸长差 x，修约至 0.5mm，作为试样初始松弛伸直的补偿。

②将表 3-3 中给出的滑移量的测量值加上 x，得到所需的滑移量 x'。

③在曲线上寻找一点，使两曲线平行于伸长轴的距离等于 x'，读取该点所对应的力值，修约至 1N。

（2）如果使用数据采集电路或计算机软件获得规定滑移量时，则直接记录滑移阻力的结果。

（3）由测量结果分别计算出试样的经纱平均滑移阻力和纬纱平均滑移阻力，修约至 1N。

（4）如果拉伸力在 200N 或低于 200N 时，试样未产生规定的滑移量，记录测试结果为"＞200N"。

（5）如果拉伸力在 200N 以内试样或接缝出现断裂，从而导致无法测定滑移量，则报告"织物断裂"或"接缝断裂"，并报告此时所施加的拉伸力值。

表 3-3　图纸记录滑移量的测量值

滑移量（mm）	滑移量的测量值（图纸与拉伸速度比为 5∶1）
2	10
3	15
4	20
5	25
6	30

（二）GB/T 13772.1—2008《纺织品　机织物接缝处纱线抗滑移的测定　第 1 部分：定滑移量法》

此标准等同采用了 ISO 13936-1：2004（E），技术内容完全相同，但在缝纫要求表 3-4 中增加了"注 2　公制机针号 90 相当于习惯称谓的 14 号"，这主要是为了对应中国的机针号，便于测试人员理解。另外，对于结果计算增加了滑移量的测定的备注"规定滑移量由有关各方商定，一般织物采用 6mm，对缝隙很小不能满足使用要求的织物可采用 3mm"。这主要是根据接缝滑移量在服装使用过程中的可接受度给出的建议，便于有关各方统一测试。

（三）ASTM D1683/D1683M—2018《机织物接缝失效的标准测试方法》

1. 适用范围和使用说明

该测试方法是通过施加垂直于缝合接缝的力来测量机织物接缝缝合强度。测试样品可以是缝纫制品或用织物按表 3-4 要求缝制而成的。此方法可用来测定机织物接缝最大断裂强力和接缝效率，也可以测定当接缝缝纫线出现断裂而织物没有破坏时的强力，此情况下缝纫制品可以进行修复，还可以测定接缝滑移的强力。该测试方法不能预测实际的磨损性能。

表 3-4　接缝缝制说明

克重（g/m²）	缝纫针型号	缝纫线规格	针迹密度（针/2.54cm）
≤130（4oz/yd²）	90（0.036 英寸）（尖头）	40tex（涤纶股线或涤纶包芯线）	(4.7±1/2)／(12±1/2)
>130（4oz/yd²）且 ≤270（8oz/yd²）.	110（0.044 英寸）（尖头）	60tex（涤纶股线或涤纶包芯线）	(3.1±1/2)／(8±1/2)
>270（8oz/yd²）且 ≤405（12oz/yd²）	120（尖头）	80tex（涤纶股线或涤纶包芯线）	(3.1±1/2)／(8±1/2)

　注　1. 接缝余量为 13mm；
　　　2. 缝迹类型：301；
　　　3. 接缝类型：平缝。

　　将缝制的织物接缝部分放置在测试机上，并对其施加垂直于接缝的拉力，直到出现以下现象：缝纫线断裂而织物没有破坏，即接缝强力（接缝效率）；接缝处拉紧，纱线发生滑移，出现开口导致织物破坏。

　　纺织产品缝纫制造时采用缝纫线、针迹类型、接缝类型和针迹密度的最佳组合作为最终使用结构。这四个缝纫要素决定了纺织品接缝强度的性能和结构。

　　使用此方法比较不同织物的接缝强力和接缝效率时，需按表 3-6 规定的缝纫规格缝制接缝。

2. 测试仪器

　　（1）拉伸测试仪 CRE 型和夹具的要求同 ASTM D5034，测试参数设置同 ASTM D5034，详见 ASTM D5034。

　　（2）缝纫机。按表 3-6 规定缝制接缝。

　　（3）缝纫线。见表 3-6 规定。

　　（4）两脚规和金属尺（最小分度 1mm）。

3. 取样和试样准备

　　（1）试样可以从已缝制好的接缝组合样品上取出，也可以用面料按表 3-6 所述的接缝缝制规定或有关各方约定的缝制要求缝制而成。

　　（2）对于预制接缝样品（已缝制好的接缝组合样品），每个接缝样品上裁取 5 个试样，尺寸长度为（350±3）mm，宽度为（100±3）mm，长度方向垂直于接缝，一端距接缝（250±3）mm，另一端距接缝（100±3）mm，宽度方向平行于接缝缝迹，如图 3-28 所示。

　　如果无法提供足够长度的样品来满足试样的长度进行接缝强力测试和织物强度测试，有

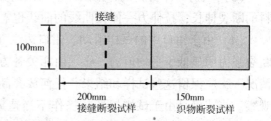

图 3-28　预制接缝试样尺寸

关各方可以约定并改进方法，通过由 ASTM D5034 测得的接缝中使用的两个织物样品的断裂强力，与接缝样品的接缝强力进行比较而获得指示接缝效率的值。

（3）采用织物制备缝合试样。裁取 5 块试样，尺寸为（350±3）mm×（100±3）mm，长度方向平行于经向或纬向。如果需要，两个方向都裁取试样进行测试。取样时，沿着织物的对角线间分布，使每个试样中含有不同的经纱和纬纱，或经向和横向区域。纬向取样应沿纬纱方向尽可能隔开距离大一点。无特别说明，取样时距织物织边或者织物边缘应不少于织物宽度的十分之一。

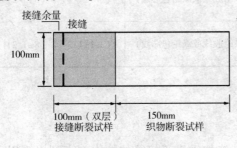

图 3-29 缝合试样准备

距一端（100±3）mm 处折叠试样，折痕平行于短边，按表 3-6 或有关各方约定的缝纫要求在试样上缝制一条标准缝（图 3-29）。接缝完成后，剪开折叠处，使得试样接缝距一端距离为（100±3）mm，并包含一个织物和一个接缝测试的部分。在试样上离长边（37.5±1）mm 处画一条平行于长边的标记线（沿着机织物的纱线方向），作为夹持试样的基准线。

在测试时，纱线平行于力的方向并垂直于接缝为接缝强度测试方向。接缝缝制时，缝纫线的线密度，接缝类型和针脚密度的变化，需在报告中显示。

4. 样品调湿

按照 ASTM D1776 指定的方法，使样品在纺织品试验的标准环境中达到水分平衡。如果在不少于 2h 的时间间隔内，当样品质量的连续增量不超过样品质量的 0.1% 时，则可以认为达到水分平衡。

5. 测试步骤

（1）拉伸测试仪的设置。隔距长度为（75±3）mm，速度为（305±10）mm/min，选择测试仪器的力值范围，使得断裂发生在满量程的 10%~90%。

（2）接缝强力和接缝滑移。接缝滑移是通过接缝和织物的拉伸力—伸长曲线进行对比获得的，可以通过计算机软件直接获得。将试样接缝一端沿夹持线夹持于夹钳中，接缝置于上下夹钳之间，与力的方向垂直。启动仪器，试样加载直到接缝断裂，观察和记录接缝断裂的原因，如织物纱线断裂、缝线断裂、接缝处纱线滑移或前述两种及以上的组合。测试时，确保试样在夹钳处没有滑移发生。通过拉伸力—伸长曲线，测量接缝的伸长。曲线需从坐标原点开始。

（3）织物的伸长测试。用试样未测试的另一端面料部分，按 ASTM D5034 的方法测试面料的断裂伸长，拉伸力—伸长曲线的曲线也需要从坐标原点开始。

（4）由于钳口中的试样滑动、钳口边缘（或中）的断裂以及测试设备误操作等原因导致断裂强力明显低于平均值的，必须由相关各方约定是否废弃该数据，在没有任何此类协议的情况下，应保留这些试样和结果。任何放弃断裂力测试结果的决定应基于测试期间对试样的观察。当明确是由于试样损坏或操作不当造成的，则废弃该测试值并测试另一个试样替代，同时必须报告废弃的原因。

（5）当织物在夹钳处出现任何滑动，或在夹钳边缘（5±1）mm 处（内）断裂时，可以采用对钳口进行垫衬、对钳口面区域里的织物涂层或改变钳口面的表面状态等方法来改善。

如果使用了改善方法，需在报告中说明。

（6）重复上述步骤，完成剩余试样的测试。

6. 结果计算和表示

（1）接缝强力。计算单个缝合试样的最大接缝强力，可以直接从测试仪器读取，并计算样品的接缝强力的平均值，单位为牛顿（N）。

（2）按下式计算接缝效率。

$$E = 100S_s / F_b \tag{3-10}$$

式中：E 为接缝效率（%）；S_s 为接缝强力（N）；F_b 为织物断裂强力（N）。

（3）接缝滑移的测量。测量（6±1）mm 接缝滑移阻力，即采用典型的 6mm 接缝开口计算由于接缝滑移导致接缝失效的力。有些织物可能使用低于 6mm 接缝开口进行计算，但需在报告中注明。

设定两脚规距离时，需增加补偿距离，即在 4.5N 处，成对地缝合试样和织物试样的拉伸力—伸长曲线之间的距离（点 BC，图 3-30），用于所有的缝合试样的测量。测量时，两脚规的设定距离为接缝开口与补偿距离之和。

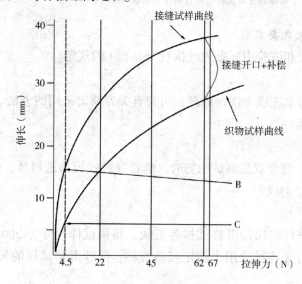

图 3-30 接缝滑移测量

将设定好距离的两脚规，在曲线上寻找一点，使两曲线平行于伸长轴的距离等于设定的距离，读取该点所对应的力值，修约至（2±0.1）N。

将读取的力值减去 4.5N 补偿力得到的结果作为接缝滑移阻力。并计算出样品接缝滑移阻力的平均值。

二、定负荷法测定织物接缝处纱线抗滑移性能

（一）ISO 13936-2：2004（E）《纺织品 机织物接缝处纱线抗滑移的测定 第 2 部分：定负荷法》

1. 适用范围和测试原理

本标准采用定负荷法测定机织物中接缝处纱线抗滑移性。适用于所有的服用和装饰用机

织物和弹性机织物（包括含有弹性纱的织物），但不适用于产业用织物，如织带。

将矩形试样折叠后沿宽度方向缝合，然后再沿折痕开剪，使用等速伸长测试仪，用夹钳夹持试样，并垂直于接缝方向施以拉伸负荷，测定在施加规定负荷时接缝处产生的滑移量。

2. 测试仪器

（1）等速伸长测试仪、缝纫机和测量尺的要求同 ISO 13936-1。

（2）缝纫机针和缝纫线，按表 3-5 规定。

表 3-5　缝纫要求

织物	缝纫线	机针规格		针迹密度（针迹数/100mm）
	100%涤纶包芯纱（长丝芯，短纤包覆）线密度（tex）	机针公制号数	直径（mm）	
服用织物	45±5	90	0.90	50±2
装饰用织物	74±5	110	1.10[a]	32±2

注　用放大装置检查缝针，确保其完好无损；缝合装饰用织物时用圆头机针。

3. 调湿和试验用大气要求

试样预调湿、调湿和试验用标准大气执行 ISO 139 的规定。

4. 预处理

如果样品需要进行水洗或干洗预处理，可与有关方商定采用的方法。可采用 ISO 6330 或 ISO 3175-2 中给出的程序。

5. 试样准备

（1）调节缝纫机。缝合双层测试织物时，缝针穿过针板与送料牙，调试机器使其对试样的缝迹密度符合表 3-7 的规定。

（2）裁样与缝样。

①裁取经纱滑移试样与纬纱滑移试样各五块，每块试样尺寸为 200mm×100mm。经纱滑移试样的长度方向平行于纬纱，用于测定经纱滑移；纬纱滑移试样的长度方向平行于经纱，用于测定纬纱滑移。

在距实验室样品布边至少 150mm 的区域裁取试样。每两块试样不应包含相同的经纱或纬纱。

②将试样正面朝内对折，折痕平行于宽度方向。在距折痕 20mm 处缝制一条平行于折痕的接缝，尽可能地提高缝纫速度，直到缝制完成。如果必要的话，缝线的两端要打结，以防缝线滑脱。

③在折痕端距接缝 12mm 处剪开双层缝合好的试样，接缝两边的缝合余量应相同。

6. 测试步骤

（1）按调湿平衡要求调湿试样。

（2）设定拉伸测试仪的隔距长度（100±1）mm，注意两夹持线在同一个平面且相互平行。

（3）将试样对称地夹紧，保证试样的接缝位于两夹钳中间且平行于夹面。

（4）以（50±5）mm/min 的拉伸速度缓慢增加施加在试样上的负荷至规定的定负荷值（表3-6）。

表3-6 定负荷值

织物	定负荷值（N）
服用织物≤220g/m²	60
＞220g/m²	120
装饰用织物	180

（5）当达到定负荷值时，立即以（50±5）mm/min 的速度将施加在试样上的拉力减小到5N。

（6）立即测量接缝两边缝隙的最大宽度即滑移量，精确至1mm。即测量接缝两边未受到破坏的纱线之间的垂直距离 a（图3-31）。

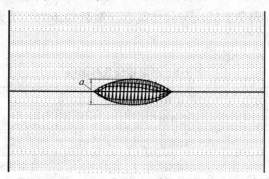

图3-31 接缝滑移量的测量

（7）重复上述测试步骤完成剩余试样的测试，得到5个经纱滑移结果和5个纬纱滑移结果。

7. 结果计算和表示

（1）由滑移量测量结果计算经纱滑移的平均值和纬纱滑移的平均值，修约至1mm。

（2）如果在达到定负荷值之前，织物或接缝发生断裂而导致无法测量滑移量，应在报告中记作"失败"。

（二）GB/T 13772.2—2018《纺织品 机织物接缝处纱线抗滑移的测定 第2部分：定负荷法》

此标准修改采用了 ISO 13936-2：2004（E）《纺织品 机织物接缝处纱线抗滑移的测定 第2部分：定负荷法》，同时替代了 GB/T 13772.2—2008。与 ISO 13936-2：2004（E）相比，技术内容略有差异，具体如下。

（1）在缝纫要求表3-7中增加了"注2：公制机针号90相当于习惯称谓的14号，110相当于习惯称谓的18号"，这主要是为了对应中国的机针号，便于测试人员理解。

（2）对单位面积质量较低的织物应采用的负荷值进行了调整，见表3-7。

表 3-7 定负荷值

织物分类		定负荷值（N）
服用织物[a]	≤55g/m²	45
	>55g/m² 且≤220g/m²	60
	>220g/m²	120
装饰用织物		180

a. 67g/m² 以上缎类丝绸织物定负荷（45±1）N。

（3）增加了测试结果和表达的内容。如果在达到定负荷值前由于织物或接缝受到破坏，或织物撕破、纱线滑脱而导致无法测定滑移量，则报告"织物断裂""接缝断裂""织物撕破"或"纱线滑脱"等，并报告此时所施加的拉伸力值。

（4）以附录的形式，增加了"服装接缝试样的取样规定与结果计算"。

①取样方法。按 GB/T 6529—2008 规定进行调湿。从一批中取 3 件（条）成品，然后从成品的各个取样部位（或缝制样）上分别截取 50mm×200mm 试样 1 块，共取 3 块，取样部位按表 3-8 规定，其长度方向中心线应与接缝垂直（接缝位于上、下夹钳中间）。必要时，对缝线部位两端进行加固。

表 3-8 服装接缝取样部位

服装种类	部位名称	取样部位规定
上装	后背缝	后领中向下 250mm
	袖窿缝	后袖窿弯处
	摆缝	袖窿底处向下 100mm
下装	裤后缝	后龙门弧线 1/2 为中心
	裤侧缝	裤侧缝上 1/3 为中心
	下档缝	下档缝上 1/3 为中心
连衣裙、裙套	后背缝	后领中向下 150mm
	袖窿缝	后袖窿弯处
	摆缝	袖窿底处向下 100mm
	裙侧缝、裙后中缝	腰头向下 200mm

②结果计算。分别计算每部位各试样测试结果的算术平均值，计算结果按 GB/T 8170—2008 修约至 1mm。若 3 块试样中仅有 1 块出现滑脱、织物断裂或缝线断裂的现象，则计算另外两块试样的平均值；若 3 块试样中有 2 块或 3 块出现滑脱、织物断裂或缝线断裂的现象，则结果报告为滑脱、织物断裂或缝线断裂。

三、定滑移量法和定负荷法的相关性

定滑移量测力法和定负荷测长法，测试条件和测试结果正好相对，由于测量和数据处理的方法不同，测试结果不能进行相互替代和转换。

1. 定滑移量测力法（ISO 13936-1）

按标准方法要求，通过缝合试样和织物试样两条负荷-拉伸曲线间接地计算出接缝在滑脱、断裂前的滑移量和对应的力值，此滑移量也可以理解为施加相同负荷条件下，缝合试样的伸长减去织物试样伸长的差值，其中缝合试样的伸长由织物受力伸长和接缝滑移导致的开口缝隙宽度组成。由于缝合试样和织物试样采自同一条样品，受力方向的纱线完全相同且所包含的纱线根数相等，所以当它们受相同负荷作用时织物所产生的伸长应该是相等的。因此本方法中的接缝滑移量不包含织物本身的伸长，只是接缝开口宽度即接缝处纱线滑移量。

2. 定负荷测长法（ISO 13936-2）

按标准方法规定直接用电子游标卡尺在织物缝合处量取开口缝隙的最大宽度即滑移量。缝合试样在受到垂直于接缝方向的外加负荷作用后变形伸长，该伸长由两个部分组成：一部分是受力后与接缝平行的横向纱线发生滑移并在接缝处形成开口缝隙产生的试样伸长；另一部分是织物受外力作用后自身产生的伸长，它只与纱线的抗拉性有关。因此用定负荷测长法测得的接缝滑移量不仅包含接缝纱线的滑移量，还包含纱线本身的伸长。

由此可以看出，在相同负荷条件下，定负荷测长法测试量取的滑移量值大于定滑移测力法测试计算的滑移量值。定负荷测长法测试的滑移量是接缝开口最大值，反映了开口缝隙的局部情况；而通过定滑移量测力法计算得到的滑移量是平均值，反映了试样被夹持宽度内缝隙的全部情况。定负荷测长法测试的纱线滑移量中包含了织物纱线本身的伸长和纱线的滑移，而定滑移量测力法测试的纱线滑移中只包含纱线的滑移，未包含织物纱线本身的伸长，所以织物纱线的抗拉性能越好，两种方法测得的结果差异也就越大。因此定负荷测长法测试结果可以更直观反映人体对服装的实际穿着情况，在实际运用中越来越多广泛。

参考文献

[1] 于伟东. 纺织材料学［M］. 北京：中国纺织出版社，2006.

[2] 朱红，邹福麟，韩丽云，等. 纺织材料学［M］. 北京：纺织工业出版社，1987.

第四章　织物的弯曲性能检测

一般的服用或家居生活纺织制品，由于美观和使用的需要，要求织物具有适当的软硬度，如内衣需要具有良好的柔软性，外衣则需要保持挺括的外型。这种织物的硬挺和柔软称为刚柔性，它对服装的设计、制作和舒适性有很大影响。织物的刚柔性是织物弯曲性能的基本内容，与织物力学性能和织物组织结构有一定的相关性，有时也被纳入织物的力学性能，通常会通过折皱回复、硬挺度和悬垂性等指标来反映。

第一节　织物的硬挺度检测

织物的刚硬和柔软程度称为硬挺度，又称刚柔性或弯曲性，常用来评价织物的柔软程度，同时也决定了织物的悬垂性和手感。不同用途的织物在硬挺度上的要求也不相同。

硬挺度的测试方法有斜面法（又称悬臂法）、心形法、马鞍法、环形弯曲法等，其中斜面法由于操作简单而被普遍使用，但是对于特别柔软、卷曲或扭转现象严重的织物，不宜用此法，而应采用心形法。斜面法和心形法都属于单向型，用经、纬向的弯曲性指标来反映织物的硬挺度，由于织物具有各向异性，不同方向的硬挺度具有很大的差异，因此，经、纬两个方向的硬挺度不能全面地反映织物的整体硬挺度。由于环形弯曲法模拟了实际使用中织物的弯曲状态，如膝盖、肘部等，测量的是织物多向硬挺度的集合，能更好地反映织物在实际使用中的硬挺度情况，因此在美国被普遍使用。

一、斜面法（悬臂法）测定织物的硬挺度

（一）GB/T 18318.1—2009《纺织品　弯曲性能测试的测定　第 1 部分：斜面法》

1. 适用范围和测试原理

此标准采用斜面法测定织物弯曲的长度，给出了根据弯曲长度计算抗弯刚度的计算式，适用于各类织物。

测试时将一矩形试样放在水平平台上，试样长轴与平台长轴平行。沿平台长轴方向推进试样，使其伸出平台并在自重下弯曲，伸出部分悬空，由尺子压住仍在平台上的另一部分试样。

当试样的头端通过平台的前缘达到与水平线呈 41.5°倾角的斜面上时，伸出长度等于试样弯曲长度的两倍，由此可计算弯曲长度。

2. 测试仪器

测试仪器为如图 4-1 所示的弯曲长度仪，需具有以下条件。

（1）平台。宽度（40±2）mm，长度不小于 250mm，支撑在高出桌面至少 150mm 的高度

上。通过平台前缘的斜面与水平台底面成 41.5°夹角。平台支撑的侧面与斜面的交线为 L_1 和 L_2。在距平台前缘（10±1）mm 处作标记 D。为避免试样黏附，平台表面宜涂有或盖有一层聚四氯乙烯（PTFE）。

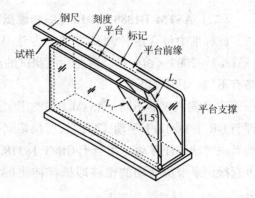

（2）钢尺。宽度（25±1）mm，长度不小于平台长度，质量为（250±10）g，刻度为毫米（mm），其下表面有橡胶层。钢尺厚度为 3.5mm，可获得准确的质量。

图 4-1　弯曲长度仪示意图

3. 取样和试样准备

（1）按产品标准的规定或有关协议取样。

（2）随机剪取 12 块试样，试样尺寸为（25±1）mm×（250±1）mm。其中 6 块试样的长边平行于织物的纵向，6 块试样的长边平行于织物的横向。试样至少距离布边 100mm，并尽可能少用手接触。有卷边或扭转趋势的织物应当在剪取试样前调湿。如果试样的卷曲或扭转现象明显，可将试样放在平面间轻压几个小时。对于特别柔软、卷曲或扭转现象严重的织物，不宜用此法（可取与纵向呈 45°方向的附加试样）。如果用于生产控制时，试样的数量可减少至每个方向 3 块。

（3）在 GB/T 6529 规定的大气中调湿和试验。

4. 测试步骤

（1）按 GB/T 4669 或 GB/T 24218.1 测定和计算试样的单位面积质量。

（2）调节仪器的水平。将试样放在平台上，试样的一端与平台的前缘重合。将钢尺放在试样上，钢尺的零点与平台上的标记 D 对准。

以一定的速度向前推动钢尺和试样，使试样伸出平台的前缘，并在其自重下弯曲，直到试样伸出端与斜面接触。记录标记 D 对应的钢尺刻度作为试样的伸出长度。

（3）按上述步骤，对同一试样的另一面进行试验。

（4）再次重复对试样的另一端的两面分别进行试验。

（说明：仪器放置要有利于观察钢尺上的零点和试样与斜面的接触，在水平方向保证读数的准确。）

5. 结果的计算和表示

（1）取伸出长度的一半作为弯曲长度，每个试样记录四个弯曲长度，以此计算每个试样的平均弯曲长度。

（2）分别计算两个方向试样的平均弯曲长度 C，单位为厘米。

（3）根据下式分别计算两个方向试样的平均单位宽度的抗弯刚度，保留三位有效数字。

$$G = m \times C^3 \times 10^3 \tag{4-1}$$

式中：G 为单位宽度的抗弯刚度（mN·cm）；m 为试样的单位面积重量（g/m²）；C 为试样的平均弯曲长度（cm）。

（4）分别计算两个方向试样的弯曲长度和抗弯刚度的平均值变异系数 CV。

（二）ASTM D1388—2018《织物硬挺度的标准测试方法》方法 A 悬臂法

此标准中包含两种测试方法，方法 A 悬臂法和方法 B 心形法。其中方法 A 与 GB/T 18318.1—2009《纺织品　弯曲性能测试的测定　第 1 部分：斜面法》原理相同，但测试参数略有不同。具体如下。

（1）测试仪器不同。ASTM D1388 使用的是电子式悬臂弯曲测试仪（图 4-2），结构和原理与 GB/T 18318.1 手动式弯曲长度仪相同，但试样推出移动的速度为匀速并可调整，配置移动滑块带动试样移动（相当于 GB/T 18318.1 中钢尺），重量为定重压块，测试仪上长度刻度可直接记录滑块移动的位移即试样伸出的长度，因此，测试操作更可控，测试数据更稳定可靠。

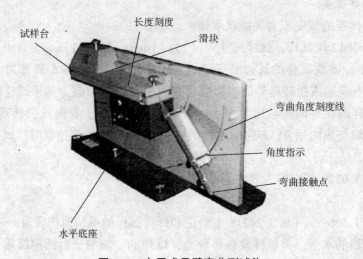

图 4-2　电子式悬臂弯曲测试仪

（2）试样不同。ASTM D1388 随机剪取 8 块试样，试样尺寸为（25±1）mm×（200±1）mm。其中 4 块试样的长边平行于织物的纵向，4 块试样的长边平行于织物的横向。

（3）测试参数不同。ASTM D1388 试样移动速度为（120±6）mm/min，移动滑块的重量为（270±5）g。

（4）结果表示不同。ASTM D1388 只要求计算出试样的弯曲长度，即测试仪记录试样伸出长度的一半（图 4-3）。

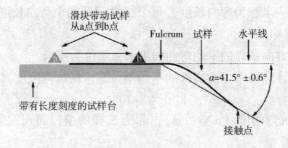

图 4-3　悬臂弯曲长度测试试样弯曲示意图

二、心形法测定织物的硬挺度

(一) GB/T 18318.2—2009《纺织品 弯曲性能测试的测定 第 2 部分：心形法》

1. 适用范围和测试原理

此标准采用心形法测定纺织品的弯曲环高度，适用于各类纺织品，尤其适用于较柔软和易卷边的织物。

把长条形试样两端反向叠合后夹到试验架上，试样呈心形悬挂，测定心形环的高度，以此衡量试样的弯曲性能。

2. 测试仪器

(1) 试样架。如图 4-4 所示，试样架高度不低于 300mm。

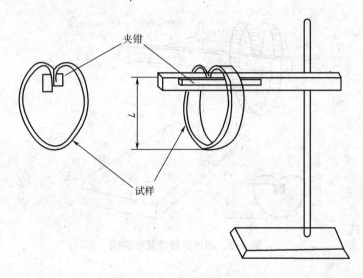

图 4-4 试样架及试样的夹持

(2) 测长计，精度不低于 1mm。

3. 调湿和试验用大气要求

调湿和试验标准大气采用 GB/T 6529 规定的标准大气。试验前样品应在松弛状态下调湿平衡，调湿的方法和要求按 GB/T 6529 的规定，公定回潮率为 0 的样品可直接测定。

4. 取样和试样准确

(1) 按产品标准或有关各方商定抽样。从每个样品中取一个实验室样品，织物类裁取 0.5m 以上的全幅样品，取样时避开匹端 2m 以上，纺织制品不少于一个独立单元。

(2) 在实验室样品上避开影响试验结果的疵点和褶皱，裁取宽 20mm、长 250mm 的试样，经、纬（或纵、横）向各 5 块。试样应距布边至少 150mm 且均匀分布在样品上，保证每块试样不在相同的纵向和横向位置上。

5. 测试步骤与结果计算

(1) 取 1 条试样将其两端反向叠合，使测试面朝外，夹到试验架夹样器上，试样形成圈状并呈心形自然悬挂，试样成圈部分的有效长度为 200mm。

(2) 试样悬挂 1min 后，测定心形圈顶端至最低点之间的距离 L（mm），以此作为试样的弯曲环高度。

（3）分别测定试样正面和反面的弯曲环高度 L。

（4）分别计算经向、纬向各 5 个试样正面、反面即 10 个测量值的平均值，结果修约至整数位。

（二）ASTM D1388—2018《织物硬挺度的标准测试方法》方法 B 心形法

ASTM D1388—2018 标准测试方法中的方法 B 心形法与 GB/T 18318.2—2009 原理相同，但测试参数和计算方法略有不同。

1. 测试仪器

支架装置如图 4-5 所示，要求配置两个铜条，尺寸为（25×75×3±0.1）mm。内表面相互平行，距离等于所选条样长度（表 4-1）。

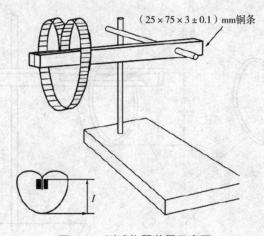

图 4-5　测试仪器装置示意图

2. 取样和试样准备

ASTM D1388 随机剪取 8 块试样，其中 4 块试样的长边平行于织物的纵向，4 块试样的长边平行于织物的横向。试样尺寸不固定，试样长度为大于所选表 4-1 中条样长度 50mm，条样长度为心形试样环的周长；试样宽度根据织物卷曲程度可为 25~75mm，对于轻微卷曲的织物，可以选宽度为（25±1）mm，随着卷曲程度加大，可相应增加样品的宽度，但最大不超过 75mm。

3. 测试步骤

（1）将两个铜条彼此平行放置在水平表面上，使其内边缘的距离等于所选的条带长度（表 4-1）。将试样放在两个杆上，外边缘距离每个铜条的一端（5±1）mm。条样的一端附着一个压敏胶带，小心地对准铜条的一个边缘。对样品施加足够的张力以保持样品平直，但不拉伸样品，以相同方式将样品另一端连接到第二个铜条上。使用两个铜条固定试样条，在标尺前面将铜条和附着的试样条夹在一个适当的垂直位置。

（2）将铜条和安装的试样翻转过来，使织物位于铜条的下侧。每只手各抓住一个铜条，提升并旋转每个铜条 270°。左手杆沿顺时针方向旋转，右手杆沿逆时针方向旋转。将两个铜条合拢在一起，使织物末端彼此接触。将自由垂直悬挂环形试样的组件插入合适的支架上。

环状试样自由悬挂（60±5）s 后，测量从铜条顶部到环底部的距离，并记录为试样环长度 I，精确至 2mm。

（3）从支架上取下铜条，小心地移去条样两端的黏附胶带，防止织物发生变形。翻转条样按上述步骤测试条样的另一边。

（4）试样单位面积重量，按照试验方法 ASTM D3776 方法 C 测定试样单位面积的质量，单位为 g/m^2。

4. 结果计算和表示

（1）弯曲长度的计算。有两种计算试样弯曲长度的方法，单位精确到 0.1cm。

①可以根据测量的试样环长度 I，对照表 4-1，直接得到试样弯曲长度。

表 4-1 弯曲长度

样环长度（cm）	弯曲长度（cm）		
	15cm 条样长度	20cm 条样长度	25cm 条样长度
4.0	2.19	—	—
4.2	2.07	—	—
4.4	1.99	—	—
4.6	1.86	3.44	5.43
4.8	1.76	3.30	5.16
5.0	1.65	3.17	4.91
5.2	1.56	3.03	4.71
5.4	1.45	2.90	4.53
5.6	1.35	2.80	4.36
5.8	1.25	2.67	4.20
6.0	1.14	2.57	4.06
6.2	1.04	2.47	3.92
6.4	0.93	2.37	3.80
6.6	0.81	2.26	3.67
6.8	0.69	2.16	3.56
7.0	0.53	2.06	3.45
7.2	—	1.96	3.34
7.4	—	1.86	3.21
7.6	—	1.76	3.12
7.8	—	1.66	3.02
8.0	—	—	2.91
8.2	—	—	2.82
8.4	—	—	2.72

②可以根据下式计算试样弯曲长度。

$$c = I_0 f(b) \qquad (4-2)$$

式中：c 为弯曲长度（cm）；I 为试样环长度（cm）；I_0 为 0.1337L；L 为条样长度，试样环周长（cm）；$f(b)$ 为 32.85d/I_0，d 为 $I-I_0$。

（2）根据下式计算每个试样的抗弯刚度，保留三位有效数字。

$$G = 1.421 \times 10^{-5} \times W \times c^3 \qquad (4-3)$$

式中：G 为抗弯刚度（μJ/m）；W 为试样的单位面积重量（g/m^2）；c 为试样的弯曲长度（mm）；1.421×10^{-5} 单位为 m/s^2。

（3）计算试样每个方向平均弯曲长度和抗弯刚度。

三、圆孔弯曲法测定织物的硬挺度

以 ASTM D4032—2016《环形弯曲法测定织物硬挺度的标准测试方法》为例。

1. 适用范围和测试原理

此试验方法通过圆孔弯曲程序测定织物的硬挺度，适用于所有类型的织物，包括各种纤维成分的机织物、针织物和非织造布。

用活塞冲击平坦折叠的织物样品穿过平台圆孔，将织物推过圆孔所需的最大力就是织物硬挺度。

圆孔弯曲法测定的是织物同一时间所有方向平均硬挺度。而斜面法和心形法测定的是织物单向的硬挺度。

2. 测试仪器

（1）圆孔弯曲硬挺度测试仪。如图 4-6 所示。

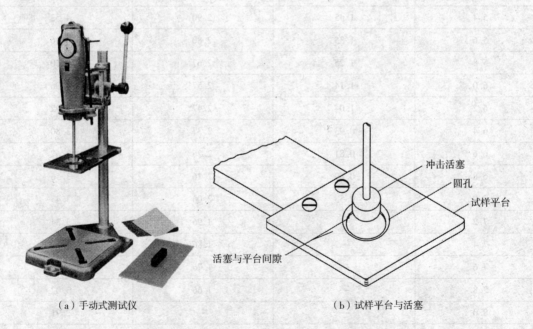

（a）手动式测试仪　　　　　　　（b）试样平台与活塞

图4-6　圆孔弯曲硬挺度测试仪

①试样平台，尺寸为 102mm×102mm×6mm 的光滑抛光镀铬钢板，中间有一直径为

38.1mm 的圆孔，孔的边缘应有倾斜 45°、深度为 4.8mm 的斜面。

②冲击活塞，直径为 25.4mm，圆孔中心对准安装，与圆孔周围的间隙为 6.4mm，活塞底部应设置在圆孔顶部上方 3.2mm 处。从此位置，向下行程长度为 57mm。

③测力仪，刻度盘或数字型。带有最大读数指针的刻度盘，量程范围为 1~50lbf、0.5~25kgf 或 5~200N，百分之一最小刻度；或具有最大读数处"保持"功能的数字量具，量程为 100lbf、50kgf 或 500N，千分之一最小刻度。

④启动器，手动或气动式。

（2）试样模板。尺寸为 102mm×204mm。

（3）秒表。用于检查行程速度。

3. 取样、试样准备和调湿

（1）试样制备。可以使用试样模板裁取试样，在实验室样本中从每个交错区域标记并裁取 5 个测试试样。试样短边与织物的机器（长度）方向平行，取样需至少距布边织物宽度的十分之一。将试样正面朝下放置并对折试样一次以形成 102mm×102mm 的正方形。折叠后，使用模板将试样压平。处理试样时必须保持在最小范围内和边缘部分，以避免试样影响织物硬挺度。

（2）平衡调湿。按 ASTM D1776（M）的要求，使样品达到水分平衡。

4. 测试步骤和结果计算

（1）测试需在纺织测试标准大气条件下进行，温度为（21±1）℃，湿度为（65±2）%。

（2）将测试仪放置在平坦的表面上，视线与测力仪表盘水平。

（3）选择适当的量程，使测试结果落在刻度表的 15%~100% 或数显表的 1.5%~100%。

（4）检查测试仪完整行程中活塞速度。

①气动启动器。将空气压力设置为 324kPa。使用秒表，调节气流使其活塞空载速度为（1.7±0.15）s。

②手动启动器。使用秒表，设立并确认活塞速度为（1.7±0.3）s。

（5）将一个双层试样放置在活塞的下方平台圆孔的中央位置。

如果试样太厚，活塞下方 3.2mm 间隙不能使样品顺利地推送过圆孔，可将间隙调整到 6.3mm，但需在报告中注明。

（6）测力仪清零。

（7）启动活塞，完成整个冲击行程。在测试期间避免用手接触试样。

（8）记录最大力读数，精确到最小刻度。

（9）计算样品平均的最大力值，即样品的硬挺度，精确到测力仪最小刻度。

第二节　织物的折皱回复性能测试

织物经受折皱变形、外力消除后能回复原来状态至一定程度的能力，称为折皱回复性能，又称折皱弹性。织物受力折皱时，纱线内的纤维在折皱处发生弯曲，其外侧受拉伸作用，内侧受压力作用，当外力释放后，处于弯曲状态的纤维将逐渐回复，从而使织物也逐渐回复。

折皱回复性能主要与织物的外观有关，直接影响织物的服用性能。常用的测试方法有回复角法和外观评定法。回复角法反映了织物经向和纬向的折皱回复能力，而外观评定法则反映了织物多向整体的折皱回复性。

一、折皱回复角法测定织物的折皱回复性能

（一）ISO 2313：1972《纺织品 以回复角表示的水平折叠试样的折痕回复性的测定》

1. 适用范围和测试原理

此方法适用于各种纺织物，但对于各种不同种类织物的测试结果无法进行直接比较。对于某些类型的织物，受到织物柔软度、厚度和卷曲倾向等因素的影响，会产生非常不明确的折皱回复角，影响测试数据的精度。因此，此方法不适用于特别柔软或极易起卷的织物，如羊毛和羊毛混纺织物。

折痕回复角是指织物在规定条件下，受力折叠的试样卸除负荷，经一定时间后，两个对折面形成的角度。

将一定形状和尺寸的试样，在规定条件下折叠加压并保持一定时间，卸除负荷后，让试样经过一定的回复时间，然后测量折痕回复角，以测得的角度来表示织物的折痕回复能力。

2. 测试仪器

（1）加压装置。如图4-7（a）所示，重锤压力为10N，承受压力负荷的面积为15mm×15mm，可以在1s内卸载。加压期间上下压力板相互平行，下压力板需作出面积为15mm×20mm的标记。

（2）回复角测量仪。如图4-7（b）所示，主要由量角刻度圆盘和试样夹组成。刻度盘为分度值，精度为±0.5°。角度读取需没有视觉误差。试样夹刃口边缘离刻度盘轴心2mm，并能保证试样折痕线与刻度盘轴线相重合。试样夹可绕刻度盘轴心旋转，以使试样自由翼保持垂直位置。

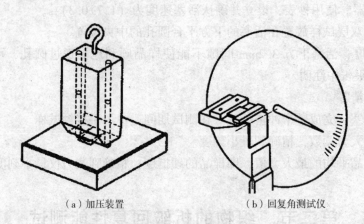

（a）加压装置　　　　　　　　（b）回复角测试仪

图4-7　回复角测试装置

（3）辅助工具。包括秒表、宽口镊子、纸片或金属箔片（厚度不超过0.02mm）。

3. 取样和试样准备

（1）按有关产品标准或有关方面的协议取样。

（2）新加工或刚经后整理的织物，在室内至少存放六天后再取样。纤维素纤维和蛋白质纤维需存放更长时间。为了消除老化影响，可将织物浸泡在 20℃ 的水中 30min，脱水并在湿态时蒸汽压烫，然后进行调湿平衡。

（3）要求样品具有代表性，确保试样没有明显的折痕及影响试验结果的疵点。

（4）试样尺寸为 40mm×15mm 的长方形。数量至少 20 个，其中 10 个试样的短边平行于织物的经向（机织物）或纵列（针织物）或长度（非织造布）方向，另外 10 个试样的短边平行于织物的纬向（机织物）或横行（针织物）或垂直于宽度（非织造布）方向。

4. 调湿和试验标准大气

试样需在 ISO 139 规定的大气条件下［温度（20±2）℃，湿度（65±2）%］至少调湿平衡 24h。

5. 测试步骤

（1）测试需在规定的大气条件下进行。

（2）测试仪应给予适当遮挡，以保证试样不受气流、操作者呼吸和灯具热辐射等环境条件的影响。

（3）每一个方向的试样正面对折和反面对折各 5 个。在试样长度方向两端对齐折叠，然后用宽口钳夹住，夹持位置离布端不超过 5mm。如果织物表面有黏着现象，可在试样对折面加入一张尺寸为 18mm×15mm 的纸片或金属箔片后一起折叠试样。将折叠好的试样放在加压装置底板上的标记区域，随即轻轻地加上压力重锤，加压 5min±5s 后，快速小心地在 1s 内移去重锤，并避免试样突然弹开。

（4）使用镊子将试样转移到测量仪的试样夹，使试样的一翼被夹住，而另一翼自由悬垂，并连续调整试样夹，使悬垂下来的自由翼始终保持垂直位置。试样卸除负荷 5min 后，读取折痕回复角，精确到 1°。如果自由翼轻微卷曲或扭转，以通过该翼中心和刻度盘轴心的垂直平面作为读取折痕回复角的基准。

6. 结果表示

分别计算样品每个方向每个折叠面的平均回复角。

（二）AATCC 66—2017《机织物折皱回复：回复角》

此方法中的方法 1，部分等同于 ISO 2313；方法 2 针对的回复测试仪已停产。此方法中方法 1 与 ISO 2313 的不同之处如下。

（1）试样加载压力不同。重锤压力为（500±5）g。

（2）试样数量不同。裁取 12 个试样，其中 6 个试样的长边平行于织物的经向，另外 6 个试样的长边平行于织物的纬向。

（3）结果表示不同。如果同一方向正面和反面的平均回复角差异不超过 15°，则分别计算每个方向的平均回复角；如果同一方向正面和反面的平均回复角差异大于 15°，分别计算样品每个方向每个折叠面的平均回复角。

（三）GB/T 3819—1997《纺织品　织物折痕回复性的测定　回复角法》

此标准包括两种方法，其中折痕水平回复法等效采用 ISO 2313：1972《纺织品　以回复角表示的水平折叠试样的折痕回复性的测定》；而折痕垂直法是根据我国目前的测试仪器的技术条件加以修订。折痕垂直法的适用范围、测试原理、回复角测试仪、需准备的试样数、调湿平衡、结果计算与折痕水平回复法均相同。但试样尺寸、试样加载和测试步骤不相同。

（1）试样尺寸和形状，如图 4-8 所示。

（2）试样加载装置，如图 4-9 所示。夹具的透明压板中心、压力重锤的重心与试样有效承压面积的中心相重合。

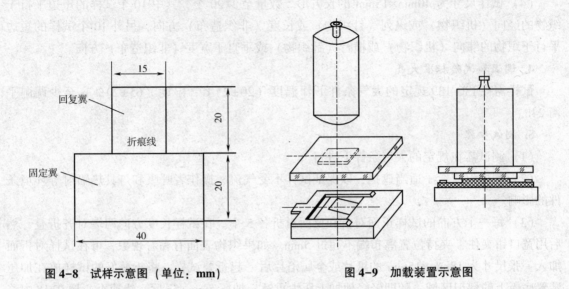

图 4-8　试样示意图（单位：mm）　　　　　图 4-9　加载装置示意图

（3）测试步骤。将试样固定翼装入试样夹内，使试样的折叠线与试样夹的折叠标记线重合，沿折叠线对折试样，不要在折叠处施加任何压力，然后在对折好的试样上放上透明压板，再加上压力重锤（图 4-9）。

试样承受压力负荷达到规定的时间后，迅速卸载压力负荷，并将试样夹连同透明压板一起翻转 90°，随即卸去透明压板，同时试样回复翼打开。

试样卸载负荷后达到 5min 时，用角度测量仪分别读取折痕回复角，精确至 1°，回复翼有轻微的卷曲或扭转，以其根部挺直部位的中心线为基准。

二、外观评定法测定织物的折皱回复性能

（一）ISO 9867：2009《纺织品 织物折痕折皱回复性能的评定 外观法》

1. 适用范围和测试原理

此标准描述了引起折皱后纺织织物外观评定的方法，适用于任何纤维或混纺织造的织物。

在特定的大气条件下，试样在预定载荷下，在起皱装置中起皱一定的时间，然后将试样放置在标准大气中进行平衡，与立体折皱回复标准样板进行比较，评估试样的平整度。

2. 测试设备

（1）折皱仪，如图 4-10 所示。

（2）立体折皱回复标准样板，如图 4-11 所示。

（3）照明和评估区域。在黑暗的房间内，使用图 4-12 所示的顶部照明装置，包括以下

描述的设备:

图 4-10 折皱仪

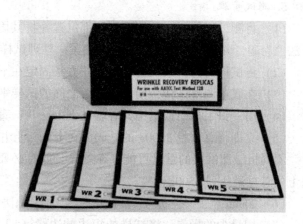

图 4-11 立体折皱回复标准样板

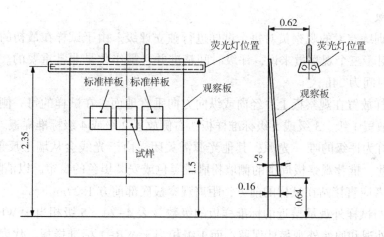

图 4-12 照明装置(单位:m)

①两个冷白色荧光灯,没有挡板或玻璃罩遮挡,每个灯管最小长度为 2m,并排放置。

②一个白色珐琅反射器,没有挡板或玻璃罩遮挡。

③一块厚胶合板观察板,油漆成 ISO 105-A03 中规定的沾色灰卡中 2 级灰色。

(4)带夹子的衣架。用于悬挂试样进行平衡和评估。

3. 调湿和试验用大气要求

如果没有特别要求,需采用 ISO 139 规定的大气条件,具体如下。

(1)预调湿,相对湿度为 10%或更低,温度为 50℃或更低。

(2)调湿和测试,相对湿度为(65±4)%,温度为(20±2)℃或(27±2)℃。

4. 试样准备

裁取三个试样,尺寸为 150mm×280mm,试样的长度沿着机织物的经向或针织物的纵行方向。裁取试样时需避开折皱区域，如果有不可避免的折痕，可以在平衡之前用蒸汽熨斗轻轻按压试样。

5. 测试步骤

（1）将测试仪的上法兰抬升到顶部位置并将其固定，试样的正面朝外，将试样长边围绕上法兰卷起，并用钢弹簧和夹具将其夹紧。整理试样的末端，使其在弹簧开口的对面。

（2）将试样的另一条长边，按上述方法固定在下法兰。

（3）在底边调整试样，使上下法兰之间的试样平整没有松弛下垂。

（4）用一只手拉出锁定销并轻轻放下上法兰，直至底部。

（5）立即将总重量3500g的砝码放在上法兰上并记录时间。

不同折皱测试仪的重量可能存在差异。如有必要，在上法兰上增加额外的重量，使上法兰上的总重量达到3500g。

（6）20min后，移去砝码、弹簧和夹具。抬升上法兰，并轻轻取下试样，避免扭曲引起折皱。

（7）用最少的操作，将试样的短边的边缘（即150mm的边）放在衣架的夹子上，将试样沿长边垂直悬挂。

（8）在标准大气条件下平衡24h后，将样品轻轻从衣架上取下来，将其转移到评估区域。

6. 试样评级

（1）三名训练有素的观察员对每个试样进行独立评级。由于试样在最初的几个小时内会发生变化，而对于三个观察员来说，评级时间精准并且最小化是非常重要的。因此，要求评级前试样回复时间为24h。

（2）将试样放置在观察板上，经向或纵向方向垂直地面。在试样的每一侧各放置一个标准样板，左侧放置1级、3级或5级标准样板，右侧放置2级或4级标准样板。

顶部荧光灯为评级的唯一光源，其他光源需关闭。由于光线会从墙上反射到观察板上，干扰评级，因此，推荐观察板周围的侧墙粉刷成黑色或安装黑色的窗帘，以消除反射的影响。

（3）观察者应直接站在试样的前方，距离观察板底部前方1.22m。

（4）给出与试样外观最接近的标准样板的级数（表4-2）。5级相当于WR-5标准样板，代表了平整的外观和原始外观最佳保留；而1级相当于WR-1标准样板，代表了最差的外观和最差的原始外观保留。

表4-2 织物平整度级数

级数	织物外观
5	外观等同于WR-5标准样板
4	外观等同于WR-4标准样板
3	外观等同于WR-3标准样板
2	外观等同于WR-2标准样板
1	外观等同于WR-1标准样板

（5）用同样的方法，观察者独立对另外两个试样进行评级；另外两名观察员按同样方法对试样进行独立评级。

7. 结果表示

计算每个样品 9 个观察值的平均值，并修约到 0.5 级。

（二）AATCC 128—2017《织物的折皱回复性：外观法》

在技术内容上等同 ISO 9867，但计算结果时，平均值修约到 0.1 级，其他都相同。

三、折皱回复性能测试与外观平整度测试的区别

外观平整度测试通常是测定经过免烫整理的织物的抗皱性能，常采用洗涤后外观评价方法，又称洗可穿测试，主要是考察经过免烫整理的织物经过多次洗涤干燥后，即经过反复摩擦和回复的过程后，对照评级标准样板评定织物的起皱情况，反映了织物的保形性，通常 5 级抗皱能力最好，1 级最差。

外观平整度测试的结果与上述折皱回复性能的测试（回复角法测试和外观法测试）的结果有一定的相关性，但不具有可比性。这是因为回复角法测试和外观法测试反映的是织物本身的抗皱能力，而外观平整度测试虽然也是考核织物的抗皱性能，但其所反映的抗皱性能实际是织物免烫整理的功效。也就是说，未经过免烫整理的织物的折皱回复性能可采用回复角法或外观评定法进行测试评价，而经过免烫整理的织物的折皱回复性能则采用外观平整度测试来进行评价。

第三节　织物的悬垂性能检测

织物受自重及刚柔程度等因素影响而呈现的下垂特性称为悬垂性。悬垂性包括悬垂程度和悬垂形态。悬垂程度是指织物在自重作用下悬垂的程度，下垂程度越大，织物的悬垂性越好。悬垂形态是指织物延伸部分能形成均匀平滑和高频波动曲面的特性。波动越平滑均匀，波动数越多，悬垂形态越好。悬垂性根据使用状态可分为静态悬垂性和动态悬垂性。静态悬垂性是指织物在自然状态下静置时的悬垂程度和悬垂形态，实质是织物在空间静置时，其重力和弯曲应力达到平衡时的自然形状。动态悬垂性是指织物在一定的运动状态下的悬垂程度、悬垂形态和飘动频率。美观的动态悬垂性在步行和微风吹拂时，衣服能与人体动作协调，而人不动时又能恢复静态悬垂特性。

GB/T 23329—2009《纺织品　织物悬垂性的测定》规定了用于测定织物悬垂性的试验方法，方法 A 为纸环法，方法 B 为图像处理法，适用于各类纺织物。

该标准附录 A 提供了一种动态织物悬垂性的测定方法可供参考。

一、方法 A 纸环法和方法 B 图像处理法

1. 测试原理

将圆形试样水平置于与圆形试样同心且较小的夹持盘之间，夹持盘外的试样沿夹持盘边缘自然悬垂下来，利用方法 A 和方法 B 测定织物的悬垂性。

（1）方法 A：纸环法。将悬垂的试样影像投射到已知质量的纸环上，纸环与试样未夹持部分的尺寸相同，在纸环上沿着投影边缘画出其整个轮廓，再沿着画出的线条剪取投影部分。

悬垂系数为投影部分的纸环质量占整个纸环质量的百分率。

（2）方法 B：图像处理法。将悬垂试样投影到白色片材上，用数码相机获取试样的悬垂图像，从图像中得到有关试样悬垂性的具体定量信息。利用计算机图像处理技术得到悬垂波数、波幅和悬垂系数等指标。

2. 测试仪器

（1）悬垂性试验仪。如图 4-13 所示仪器应有以下部件。

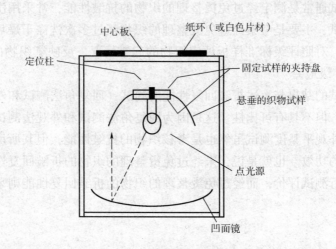

图4-13 悬垂性试验仪示意图

①带有透明盖的试验箱。

②两个水平圆形夹持盘，直径为 18cm 或 12cm，试样夹在两个夹持盘中间，下夹持盘有一个中心定位柱。

③在夹持盘下方的中心、凹面镜的焦点位置有一点光源，凹面镜反射的平行光垂直向上通过夹持盘周围的试样区照在仪器的透明盖上。

④仪器盖上有固定纸环的中心板（或白色片材）。

（2）三块圆形取样模板，直径为 24cm、30cm 和 36cm，便于剪裁画样和标注试样中心。

（3）秒表（或自动计时装置）。

（4）方法 A 中的辅助装置。①透明纸环，当内径为 18cm 时，外径分别为 24cm、30cm 或 36cm，当内径为 12cm 时，外径为 24cm。②天平，精度为 0.01g。

（5）方法 B 中的辅助装置。①相机支架，用来将数码相机固定在仪器试样中心上方合适距离的位置；②数码相机，与计算机连接，能够将数码相机获取的织物试样影像输入至计算机的评估软件；③评估软件，能够浏览数码相机获取的影像，根据影像测定轮廓，并根据影像信息计算悬垂系数、悬垂波数、最大波幅、最小波幅及平均波幅，并提供最终报告；④白色片材，应确保材料表面平整无褶皱，且能清晰地映出投影图像。

3. 试样准备和调湿

按产品标准的规定或有关协议取样。由于有褶皱和扭曲的试样会产生试验误差，因此，在样品上取样时避开褶皱和扭曲的部位。注意不要让试样接触皂类、盐及油类等污染物。每个样品上至少取三个圆形试样进行测试。

（1）仪器的夹持盘直径为 18mm 时，先使用直径 30cm 的试样进行预测试，并计算该直径时的悬垂系数 D_{30}。

如果悬垂系数在 30%~80%，则所有试验的试样直径均为 30cm；

如果悬垂系数在 30%~80% 以外，试样直径除了使用 30cm 外，还要按下面所述的条件选取对应的试样直径进行补充测试：

对于悬垂系数小于 30% 的柔软织物，所用试样直径为 24cm；

对于悬垂系数大于 80% 的硬挺织物，所用试样直径为 36cm。

将试样放在平面上，利用取样模板画出圆形试样轮廓，标出每个试样的中心并裁下。分别在每一个试样的两面标记"a"和"b"。

此外，不同直径的试样得出的试样结果没有可比性。

（2）仪器的夹持盘直径为 12cm 时，所有试验试样的直径均为 24cm。

（3）在 GB/T 6529—2008 规定的标准大气下对试样进行调湿。

4. 预测试和预评估

（1）仪器的校验。确保仪器的试样夹持盘保持水平，可通过观察水平泡位置，调节仪器底座上的底脚使其保持水平状态。

将取样模板放在下夹持盘上，其中心孔穿过定位柱，校验灯源的灯丝是否位于凹面镜焦点处。将纸环或白色片材放在仪器的投影部位，采用模板校验其影像尺寸是否与实际尺寸吻合。

（2）按以下方式进行预评估：

①取一个试样，其"a"面朝下，放在下夹持盘上。

②若试样四周形成了自然悬垂的波曲，则可以进行测量。

③若试样弯向夹持盘边缘内侧，则不进行测量，需在试验报告中记录此现象。

5. 方法 A 纸环法的测试步骤和结果计算

（1）测试步骤。

①将纸环放在仪器上，其外径与试样直径相同。

②将试样"a"面朝上，放在下夹持盘上，使定位柱穿过试样中心。立即将上夹持盘放在试样上，使定位柱穿过上夹持盘上的中心孔。

③从上夹持盘放到试样上起，开始用秒表计时。

④30s 后，打开灯源，沿纸环上的投影边缘描绘出投影轮廓线。

⑤取下纸环，放在天平上称取纸环的质量，记作 m_{pr}，精确至 0.01g。

⑥沿纸环上描绘的投影轮廓线剪取，弃去纸环上未投影的部分，用天平称量剩余纸环质量，记作 m_{sa}，精确至 0.01g。

⑦将同一试样的"b"面朝上，使用新的纸环，重复上述测试步骤。

⑧每个试样的正反两面均进行测试，由此一个样品至少需进行六次测试。

（2）结果的计算和表示。

①用下式计算试样的悬垂系数 D，以百分率表示：

$$D = \frac{m_{sa}}{m_{pr}} \times 100 \tag{4-4}$$

式中：m_{pr}为纸环的总质量（g）；m_{sa}为投影部分的纸环质量（g）。

②分别计算试样 "a" 面和 "b" 面悬垂系数平均值，以百分率表示。

③计算样品悬垂系数的总体平均值，以百分率表示。

6. 图像处理法的测试步骤和结果计算

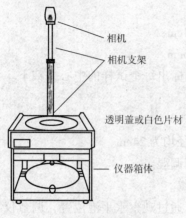

图 4-14 用于图像处理的
悬垂仪示意图

（1）测试设备如图 4-14 所示。

（2）试验步骤。

①在数码相机和计算机连接状态下，开启计算机评估软件进入检测状态，打开照明灯光源，使数码相机处于捕捉试样影像状态，必要时以夹持盘定位柱为中心调整图像于居中位置。

②将白色片材放在仪器的投影部位。

③将试样 "a" 面朝上，放在下夹持盘上，让定位柱穿过试样的中心，立即将上夹持盘放在试样上。其定位柱穿过中心孔，并迅速盖好仪器透明盖。

④从上夹持盘放到试样上起，开始用秒表计时。

⑤30s 后，即用数码相机拍下试样的投影图像。

⑥用计算机处理软件得到悬垂系数、悬垂波数、最大波幅、最小波幅及平均波幅等试验参数。

⑦对同一个试样的 "b" 面朝上进行试验，重复上述步骤。

⑧每个试样的正反两面均进行试验，由此每个样品至少进行六次上述测试。

（3）结果表示。

①用下式得出悬垂系数 D，以百分率表示：

$$D = \frac{A_s - A_d}{A_0 - A_d} \times 100 \tag{4-5}$$

式中：A_0 为未悬垂试样的初始面积（cm^2）；A_d 为夹持盘面积（cm^2）；A_s 为试样在悬垂后投影面积（cm^2）。

②通过计算机软件得到悬垂波数、最小波幅（cm）、最大波幅（cm）、平均波幅（cm）。

③分别计算 "a" 面和 "b" 面的悬垂系数的平均值，并计算样品悬垂系数的总体平均值。

二、动态法织物悬垂性的测定

1. 测试原理

将圆形试样水平置于与其同心的上下夹持盘之间，仪器以恒定速度带动试样旋转规定时间后停止，试样静置 30s 后，用数码相机拍下静态悬垂图像；再选择合适的速度旋转试样，拍下试样动态悬垂图像，利用计算机对采集到的图像进行数据处理，得出静态、动态悬垂系数和悬垂形态变化率等测试指标图。测试原理示意图如图 4-15 所示。

2. 测试仪器

（1）夹持盘、支架、秒表及数码相机，同方法 B。

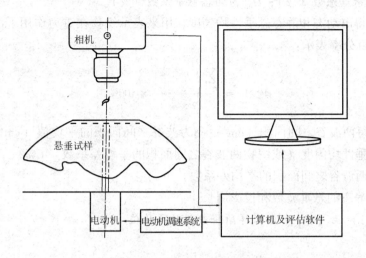

图4-15 测试原理示意图

（2）电动机，转速为 0~300r/min。

（3）计算机及评估软件，计算或测量试样动态或静态悬垂系数、悬垂性均匀度、悬垂波数、投影周长以及悬垂形态变化率，可输出表示织物悬垂性的水平投影图、波纹坐标曲线和相关指标。

3. 测试步骤

（1）在数码相机和计算机连接状态下，开启计算机使评估软件进入检测状态，打开照明光源，用数码相机捕捉试样影像，必要时以夹持盘定位柱为中心调整图像于居中位置。

（2）试样放在下夹持盘上，让定位柱穿过试样的中心，再将上夹持盘放在试样上，使定位柱穿过上夹持盘的中心孔。

（3）开启电动机开关，以 100r/min 转速旋转 45s 后停止。

（4）当试样停止旋转时，用秒表开始计时，经过 30s 后，即用数码相机拍下试样的静态悬垂图像。

（5）再次开启电动机开关，以 50~150r/min 的转速旋转试样，当试样旋转状态稳定后，用数码相机拍下其动态旋转时的图像。试样旋转转速可根据织物特性确定或由双方协议确定。

（6）用计算机及评估软件根据获得图像得出试样动态或静态悬垂系数、悬垂性均匀度、悬垂波数、投影周长以及悬垂形态变化率等指标，并输出动态或静态悬垂投影图像及波纹坐标曲线。

（7）每个样品至少取三个试样，对每个试样的正反两面均进行试验，一个样品至少进行六次上述操作。

4. 结果计算和表示

（1）按式（4-5）分别计算动态和静态悬垂系数，用百分率表示。

（2）按下式计算悬垂形态变化率 L，用来表示试样动态悬垂与静态悬垂状态差异的参数，以百分率表示：

$$L = \frac{|D_s - D_m|}{D_s} \times 100 \tag{4-6}$$

式中：D_s 为静态悬垂系数（%）；D_m 为动态悬垂系数（%）。

（3）用下式得出动态和静态悬垂性均匀度，用来表示织物在重力作用下沿圆周方向下垂的均匀程度，以百分率表示：

$$V_m/V_s = \frac{\sum\limits_{i=1}^{n} |S_i - \bar{S}|}{N \times \bar{S}} \times 100\% \qquad (4-7)$$

式中：S_i 为实测每两波谷之间面积（cm^2）；$\bar{S}$ 为波谷之间面积的平均值（cm^2）；N 为悬垂波数；V_m 为动态悬垂性均匀度（或织物两波谷之间面积的平均差系数）（%）；V_s 为静态悬垂性均匀度（或织物两波谷之间面积的平均差系数）（%）。

（4）动态和静态的悬垂波数和投影周长。

5. 计算在（1）至（4）中各试样所得数据的平均值

参考文献

[1] 于伟东. 纺织材料学 [M]. 北京：中国纺织出版社，2006.

[2] 朱红，邬福麟，韩丽云，等. 纺织材料学 [M]. 北京：纺织工业出版社，1987.

第五章 织物的耐久性检测

织物的耐久性是指与使用寿命有关的力学、热学、光学、电学、化学等性质，涉及织物的形态、颜色、外观的保持性，即织物性状的持久性与稳定性。普通的服装和生活家居制品，在日常使用中会受到摩擦、钩挂、冲击等作用，如衣服的肘部会因反复摩擦作用而引起破损，长丝织物因与其他表面碰撞而引起勾丝，或因应力疲劳引起纱线或接缝滑移，这些由织物应对外力作用所应发的耐久性能属于力学耐久性能，它影响到织物的正常使用寿命。

第一节 织物的耐磨性能检测

织物抵抗织物间或与其他物体之间反复摩擦而发生磨损的性能称为耐磨性。织物在实际使用的过程中，磨损是常见的。例如，贴身衣物、被子、床单等与人体皮肤摩擦而产生的磨损，衣服相互间或与外界的桌、椅、物件以及活动场地摩擦而产生的磨损等。

由于织物在实际使用中的运动状态不同，发生的摩擦类型也不相同，对应的测试方法也不相同，有平磨、曲磨、折边磨等方法。其中，平磨是指织物试样在平放状态下与磨料摩擦。它是模拟上衣肘部、裤子臀部、袜底、床单、沙发织物、地毯等的磨损。按对织物的摩擦方向又可分为往复式和回转式两种，其中往复式平磨（马丁代尔法）采用最普遍。

一、ISO 12947《纺织品 马丁代尔法织物耐磨性的测定》

此标准共有 4 部分，第 1 部分为马丁代尔耐磨仪的要求，第 2 部分为试样破损的测定，第 3 部分为质量损失的测定，第 4 部分为外观变化的评定。

马丁代尔耐磨仪（图 5-1）的工作原理是使圆形试样在规定负荷下，以形成李莎茹（Lissajous）图形轨迹的平面运动与磨料（标准织物）进行摩擦。装有试样或磨料的试样夹具（图 5-2）绕其与水平面垂直的轴自由转动。

图 5-1 马丁代尔耐磨仪

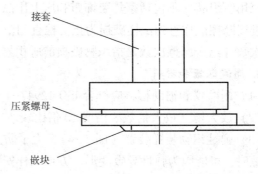

接套

压紧螺母

嵌块

图 5-2 试样夹具

马丁代尔耐磨仪由装有磨台和传动装置的基座构成。传动装置包括 2 个外轮和 1 个内轮，该装置使试样夹具导板轨迹形成李莎茹图形（图 5-3）。试样夹具导板在传动装置的驱动下做平面运动，导板的每一点描绘相同的李莎茹图形。试样夹具导板装配有轴承座和低摩擦轴承，带动试样夹具销轴运动。每个试种夹具销轴的最下端插入其对应的试样夹具接套，且在销轴的最顶端可放置加载重块。

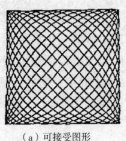 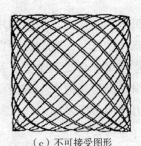

(a) 可接受图形　　　　　　(b) 不可接受图形　　　　　　(c) 不可接受图形

图 5-3　李莎茹图形

（一）织物破损的测定

1. 适用范围

此标准规定了以固定间隔检查试样破损即试验终点的耐磨性能测试方法，适用于所有织物，包括非织造布，但不适用于特别说明的磨损寿命较短的织物，同时也不适用于涂层织物和复合织物，如果需测试涂层织物的耐磨性能可采用 ISO 5470 的规定。

2. 测试原理

安装在马丁代尔耐磨试验仪试样夹具内的圆形试样，在规定的负荷下，以李莎茹图形轨迹的平面运动与磨料（即标准织物）进行摩擦，试样夹具可绕与水平面垂直的轴自由转动。用试样破损累计的检查间隔次数来评估织物的耐磨性能。

试样安装在垫有泡沫海绵衬的试样夹具内。当试样的单位面积质量大于 $500g/m^2$ 时，则不需泡沫海绵衬垫。对于不需泡沫海绵衬垫的起绒织物，应按规定的方法进行预处理。

测试规定有两种摩擦负荷参数。摩擦负荷总有效质量（即试样夹具组件的质量和加载块质量的和）为（795±7）g（名义压力为 12kPa）时，适用于工作服、家具装饰布、床上用品和产业用织物；摩擦负荷总有效质量为（595±7）g（名义压力为 9kPa）时，适用于普通服用和家用纺织品（不包括家具装饰布和床上用品）。

继续摩擦试样直到试样破损为止。检查间隔决定于试样破损，记录试样还没有破损时的摩擦次数（这个摩擦次数是指织物破损前所积累的检查间隔）。

3. 测试仪器和材料

（1）耐磨仪和辅助材料应符合 ISO 12947-1 的要求。

（2）放大镜（放大倍数 8 倍或 10 倍比较适用）。用来辨别纱线是否完全断裂。

（3）弹性织物装样装置（图 5-4），为了防止样品准备的时候圆圈黏结区域散开。试样在摩擦时，可能因为弹性导致变形。方形试样安装台的尺寸应为（45.0±0.1）mm。

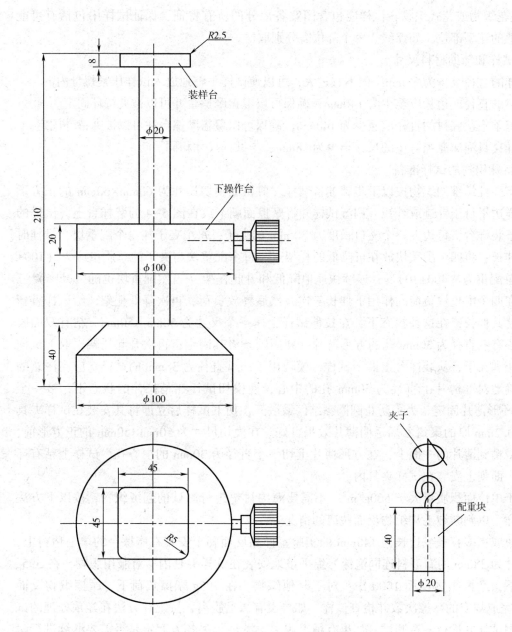

图 5-4　弹性织物试样安装装置（单位：mm）

4. 调湿和试验用大气要求

试样需在 ISO 139 规定的大气条件下进行平衡调湿和测试。

5. 试样准备

（1）从批量样品中选取有代表性的样品，如果可能，取织物的全幅宽作为实验室样品，至少包含两个花型循环。样品准备整个过程中的拉伸应力尽可能小，以防止织物发生不适当地拉伸。取样前实验室样品在松弛状态下调湿平衡至少 18h。距布边至少 100mm（如果是整幅实验室样品，距布边至少 150mm），取至少三块试样。对于提花织物或花式织物，每个不同的花型或结构至少取两个试样。所取的每块试样应包含不同的经纱（纵列）或纬纱（横行）。对提花织物或花式织物，试样应包含图案各部分的所有特征，保证试样中包括有可能对磨损敏感的花型部位，如浮线。每个部位需分别取样。

（2）试样和辅助材料尺寸。

①试样的直径至少为 38mm，但不宜过大，可以使试样平整地放入试样压紧螺母内。

②磨料的直径或边长应至少为 140mm，确保可以覆盖摩擦台并可以被夹持环固定。

③机织羊毛毡底衬的直径应至少为 140mm，确保可以覆盖摩擦台并可以被夹持环固定。

④试样夹具泡沫海绵衬垫的尺寸至少为 38mm，与试样尺寸相同。

（3）特殊织物的试样准备。

①含有弹性纤维的织物按以下步骤准备试样。剪切或模切尺寸为 60mm×60mm 的正方形试样，试样边平行于针迹或纱线；调湿试样并将摩擦面朝下放在图 5-4 的装样台上，试样的四边突出于装样台，每边夹一个夹口长度为 30 mm 的夹子，每个夹子挂一个配重块，悬挂时避免试样伸长；将四个配重块放在可降低的托架上，每个配重块与夹子的总质量应为（100±2.5）g，总配重为（400±10）g；连续快速地降低和升起托架（当然配重块也随之升降）三次，试样在四个配重块负荷的作用下伸长三次，然后释放负荷；再次降低托架，给试样重新施加负荷使其伸长，在这种状态下，在拉伸试样上压一个尺寸为 50mm×50mm、粘有双面胶带、其中心有一直径为 30mm 孔的方形薄片，并用胶条将其固定；再次升起托架，取下试样上的配重块和夹子，从装样台上取下试样，模切用于测试直径为 38mm 的试样。应当注意的是，要准确地对准薄片上直径为 30mm 孔的中心，使模切试样在稍拉伸的状态下，被一个 4mm 宽的环形薄片固定。为了防止圆圈黏结区域散开，切下试样后立即将其安装在试样夹具内。采用 0.2mm 厚的聚氯乙烯透明薄片效果良好。在模切尺寸为 50mm×50mm 的正方形前，将双面胶带粘到薄片的一面上，在方形薄片上切一个直径为 30mm 的中心孔。试样上粘有环形薄片的一面朝上安装在试样夹具内。

②对于单位面积质量大于 500g/m²，不需要海绵衬垫进行测试的起绒织物，按以下方法预处理试样，以判断绒毛从织物反面脱离的情况。

将一块或更多直径或边长为 140mm 的实验室样品反面朝上安装在摩擦台的羊毛毡衬上，将一块尺寸为 38mm 的新磨料连同泡沫海绵平整地安装在试样夹具内。对服用织物，在 595g 摩擦负荷下，摩擦织物反面 1000 次；对于其他织物，在 795g 摩擦负荷下，摩擦织物反面 4000 次。完成规定的摩擦次数并检查试样。如果没有绒毛脱离，按上述方法在经预处理的试样上裁取测试样并进行耐磨测试；如果有绒毛脱离，需经相关各方商定是否需要继续进行耐磨测试，若进行正常耐磨测试，则需在报告中记录预处理后的任何变化，若不再进行正常耐磨测试，则需报告试样不适合采用此方法进行测试。

（4）试样与辅助材料的安装。试样和辅助材料切割时，应注意切边整齐。

将试样夹具压紧螺母放在耐磨仪的安装装置上，试样摩擦面朝下，居中放在压紧螺母内，当试样的单位面积质量小于 500g/m² 时，将泡沫海绵衬垫放在试样上，将试样夹具嵌块放在压紧螺母内，再将试样夹具接套放上并拧紧。检查试样都居于夹具的中间，试样切割边缘没有暴露出来，否则需要重新安装。试样安装时，需避免织物歪斜变形。

移开试样夹具导板，将羊毛毡居中放在磨台上，再把羊毛磨料正面朝上覆盖在毛毡上。将质量为（2.5±0.5）kg，直径为（120±10）mm 的重锤居中压在磨台上的毛毡和磨料上面，拧紧夹持环。固定好毛毡和磨料，取下重锤。检查毛毡和磨料都居于夹持环的中间，试样切割边缘没有暴露出来，否则需要重新安装。

（5）辅料的有效寿命。每次测试都需更换羊毛磨料，如果一次耐磨测试摩擦超过50000次，需每50000次更换一次磨料。

每次磨损测试后，需检查毛毡上的沾污和磨损情况，如果沾污小于3级（ISO 105-A03沾色灰卡），则需更换毛毡；如果毛毡磨损后；其厚度和重量不再符合ISO 12947-1的要求，则需更换。

毛毡的两面均可使用。测试前，每批次新毛毡需按实验室内部核查程序进行检查。毛毡每面摩擦500000次需更换，即使是沾污和磨损情况在允许的范围内。

对于使用泡沫海绵的耐磨测试，每次测试都需使用新的泡沫海绵。

（6）耐磨仪的准备。安装试样和辅助材料后，将试样夹具导板放在适当的位置，准确地将试样夹具及销轴放在相应的工作台上，将耐磨试验规定的加载重块放在每个试样夹具的销轴上。

6. 测试步骤

织物需按表5-1中的测试间隔进行摩擦和评估。选择第1个测试间隔的摩擦次数，启动仪器，对试样进行连续摩擦直至达到预先设定的摩擦次数。

表5-1　耐磨测试的测试间隔

摩擦间隔数[①]	检查间隔（摩擦次数）
每1000次	1000，2000，3000，4000，5000，6000
6000次之前	
每2000次	8000，10000，12000，14000，16000，18000，20000
6001~20000次	
每5000次	25000，30000，35000，40000，45000，50000
20001~50000次	
每10000次	60000，…（+以10000递增）
≥50001次	

①相关各方可以约定间隔数，并报告。此表中的间隔随着耐磨性的增加而增大。也可以根据各方约定，接近终点时减少间隔数直到终点，但不能低于1000次。

如果需要，6000次摩擦后，根据ISO 105-A02评定试样的颜色变化，也可以按其他约定的摩擦次数进行。

在每个测试间隔后，小心地从耐磨仪上取下带有试样的样品架，轻轻地从测试样品表面和磨料上除去松散的纤维或碎屑（如用鬃毛梳轻刷），不要损伤或弄歪纱线，检查整个试样摩擦面内的破损迹象（表5-2）。如果还未出现破损，试样夹具重新放在耐磨仪上，开始进行下一个检查间隔的试验和评定，继续此测试和评定次序，不要有过度的中间延迟，直至观察到破损，可以使用放大镜查看试样。

表 5-2 试样摩擦终点破损

织物类型	断裂点 (终点)[1]	
	纱断规则	磨损区域规则
机织物 (非起绒)	两根纱线完全断裂	不适用
针织物 (非起绒)	一根纱线完全断裂	不适用
起绒织物 (割绒机织物、割绒针织物、雪尼尔纱织物、非割绒织物)	两根纱线完全断裂 (机织物) 一根纱线完全断裂 (针织物)	完全露底
起毛织物	两根纱线完全断裂 (机织物) 一根纱线完全断裂 (针织物)	不适用
植绒织物	不适用	完全露底
非织造布	孔洞[2]	

①相关各方可以约定破损终点。

②因摩擦造成的孔洞，其直径至少为 2.5mm。

如果需要，小心地使用检查针检查纱线或线圈是否完全断裂。不能拔出或损坏纱线或线圈。不得移除试样表面的毛球或其他纤维缠结。目测检查外观是否变化，如表面绒毛磨损、露底、绒簇脱落、纱线部分断裂、线圈断裂、明显的颜色变化。观察到这些外观变化时，记录变化特征及其发生的间隔，并报告。

如果测试样品安装在夹具上难以检查摩擦表面，则应小心地从夹具上取下测试样品，注意避免散边。然后将测试样品放置在背光表面（如灯台）上来检查测试样品，使用该方法可以辨别纱线的断裂或织物的变薄。从夹具上取下的试样可以放回夹具中继续摩擦，此过程中需避免试样的退化影响。

如果摩擦次数超过 50000 次，则每隔 50000 次中断试验以更换新磨料。在这种情况下，需非常小心地从耐磨仪上取下带有试样的夹具，以避免损坏。然后继续摩擦，直到所有试样达到规定的摩擦终点或破损。如果没有达到摩擦终点（最大摩擦次数也可以由相关各方约定，需报告），则可以在预先约定的最大摩擦次数或 10 万摩擦次数时停止测试，然后测试结果应报告为"耐磨≥XXX000 次摩擦，未达到摩擦终点"。

当试样破损出现，记录当时检查间隔下限为试样的测试结果。如试样在 25000 次摩擦后观察到破损，记录 20000 次摩擦作为试样破损前的最后一次检查间隔。

7. 结果计算和表示

单个测试结果用每个试样终点前的检查间隔摩擦次数来表示，所有试样中最低单个测试结果为样品的测试结果。当比较 ISO 12947-2：2016 与 ISO 12947-2：1998 的测试结果时，需关注摩擦终点定义、检查和评定间隔、结果表示的改变。

（二）质量损失的测定

此部分规定了以试样的质量损失来测定织物耐磨性的测试方法，以试样摩擦前后的质量差异表征织物的耐磨性，适用范围同 ISO 12947-2。此方法中设备要求、试样的准备（包括弹性织物和起绒织物）和调湿平衡、辅助材料等均相同，但测试步骤略有不同。

（1）试样准备完成后，需分别称重每个试样，精确到 1mg。然后安装在试样夹具中。安装磨料时，羊毛磨料的经纬纱线需与耐磨仪的框架边缘平行。安装要求同 ISO 12947-2。

（2）根据试样预计破损的摩擦次数，按表 5-3 中列出的相关试验系列，预先选择摩擦次数。启动耐磨试验仪，摩擦已知质量的试样直到达到所选择的测试系列中规定的摩擦次数。例如，测试系列 a，试样的摩擦次数分别为 100、250、500 等。

表 5-3 质量损失测试间隔

测试系列	预计试样出现破损时的摩擦次数	称重间隔数（摩擦次数）
a	≤1000	100，250，500，750，1000，（1250）
b	>1000 且 ≤5000	500，750，1000，2500，5000，（7500）
c	>5000 且 ≤10000	1000，2500，5000，7500，10000，（15000）
d	>10000 且 ≤25000	5000，7500，10000，15000，25000，（40000）
e	>25000 且 ≤50000	10000，15000，25000，40000，50000，（75000）
f	>50000 且 ≤100000	10000，25000，50000，75000，100000，（125000）
g	>100000	25000，50000，75000，100000，（125000）

注 括号里的摩擦次数需经相关各方同意。

从试样上取下加载重块，然后小心地从耐磨仪上取下试样夹具，检查试样表面的异常变化（如起毛、起球、起皱、起绒织物绒簇脱落）。出现这样的异常现象，将舍弃该试样。如果所有试样均出现这种变化，则停止测试；如果仅有个别试样有异常，重新取样试验，直至达到要求的试样数量。观察到的异常现象及异常试样的数量，均需在测试报告中报告。

小心地用镊子从试样夹具中取下试样，用软刷除去两面的织物碎屑，不要用手触摸试样。在标准大气条件下调湿平衡后，分别测量每个试样的质量，并精确到 1mg。

（3）测试结果。根据每个试样摩擦前后的质量差异，求出其质量损失。计算相同摩擦次数下试样质量损失的平均值、平均值的置信区间和标准偏差，修约至 1mg。如果需要，计算变异系数，修约到 0.1%。

如果按照表 5-3 使用几个阶段的摩擦次数进行测试，可用摩擦次数和对应的质量损失绘成织物耐磨指数曲线。

如果需要，按 ISO 105-A02 评定试样摩擦区域的颜色变化。

（三）外观变化的评定

此部分规定了以试样的外观变化来测定织物耐磨性的测试方法。将摩擦后的试样与未经摩擦的织物原样进行外观比较，以此来表征织物的耐磨性。通常有两种方法，试样摩擦协议的摩擦次数后进行外观的评定或摩擦试样到协议的表面变化所需的总摩擦次数。适用范围同 ISO 12947-2。设备的要求、试样的准备（包括弹性织物和起绒织物）和调湿平衡、辅助材料等均相同，但试样尺寸、试样安装和测试步骤等略有不同。

（1）试样和磨料尺寸。试样和毛毡的直径或边长至少为 140_0^{+5}mm，羊毛磨料和泡沫海绵的直径为 $38.0_0^{+0.5}$mm。

（2）试样安装。将试样测试面朝上放置在摩擦台的羊毛毡衬上，居中压上质量为（2.5±0.5）kg，直径为（120±10）mm 的重锤，拧紧夹持环，固定好毛毡和试样，取下重锤。将一块尺寸为 38mm 的新磨料正面朝下连同泡沫海绵平整地安装在试样夹具内。安装要求同 ISO 12947 -2。

（3）摩擦负荷为（198±2）g，即试样夹具和销轴的质量之和。

（4）测试步骤。根据表 5-4 中列出的相关测试系列，预先选择摩擦次数。启动耐磨试验仪，连续进行摩擦，直至达到预先设定的摩擦次数。

根据达到规定的试样外观变化所期望的摩擦次数，选用表 5-4 中所列的检查间隔。在每个检查间隔评定试样的外观变化。

表 5-4　表面外观试验的检查间隔

测试系列	达到规定表面外观期望的摩擦次数	检查间隔数（摩擦次数）
a	≤48	16 以后，每 8 次
b	>48 且 ≤200	48 以后，每 16 次
c	>200	100 以后，每 50 次

为了评定试样的外观，小心地取下装有磨料的夹具。从耐磨仪的摩擦台上取下试样，评定表面变化。如果还未达到规定的表面外观，重新安装试样和试样夹具，继续摩擦直到下一个检查间隔。重新安装时保证试样和试样夹具放在取下前的原位置。继续摩擦和评定，直至试样达到规定的表面状况。

分别记录每个试样的结果，以还未达到规定的表面变化时的总摩擦次数作为试验结果，即耐磨次数。

如果试样没有同时达到规定的表面外观，继续摩擦剩余的试样，直到最后一个试样达到规定的表面外观。

由于不同织物的表面状况可能不同，应在试验前就观察条件和表面外观达成协议，并记录在测试报告中。

（5）测试结果。确定每个试样达到规定的表面变化时的摩擦次数。根据单个试样结果计算平均值。如果需要，计算平均值置信区间。如果需要，按 ISO 105-A02 评定颜色变化。

二、GB/T 21196《纺织品　马丁代尔法织物耐磨性的测定》

此标准修改采用了 ISO 12947，与其对应共有 4 个部分，第 1 部分为马丁代尔耐磨仪的要求；第 2 部分为试样破损的测定；第 3 部分为质量损失的测定；第 4 部分为外观变化的评定。

（一）第 2 部分：织物破损的测定

此标准修改采用 ISO 12947-2：1998，由于此版本已经被重新修订和取代，因此，GB/T 21196.2—2007 与现行版本 ISO 12947-2：2016（E）相比较，在设备要求、试样的准备（包括弹性织物和起绒织物）、调湿平衡和辅助材料等方面均相同，但适用范围、摩擦终点定义、检查和评定间隔、结果表示等内容有所不同。

（1）适用范围。此标准包含了涂层织物，同时在标准中增加了涂层织物相关的技术参数。

（2）摩擦终点定义。当试样出现下列情形时作为摩擦终点，即为试样破损：

①机织物中至少有两根独立的纱线完全断裂；

②针织物中一根纱线断裂造成外观上的一个破洞；

③起绒或割绒织物表面绒毛被磨损至露底或有绒簇脱落；

④非织造布上因摩擦造成的孔洞，其直径至少为 0.5mm；

⑤涂层织物的涂层部分被破坏至露出基布或有片状涂层脱落。

（3）增加了服用涂层织物的测试参数要求。规定了摩擦负荷参数为（198±2）g（名义压力为 3kPa），即试样夹具和销轴的质量之和。使用 No. 600 水砂纸作为标准磨料。测试中，当摩擦次数超过 6000 次时，每 6000 次需更换一次。

（4）安装磨料时，羊毛磨料的经纬纱线需与耐磨仪的框架边缘平行。摩擦时，对于熟悉的织物，测试时根据试样预计耐磨次数的范围选择和设定检查间隔（表 5-5）。对于不熟悉的织物，建议进行预试验，每 2000 次摩擦为检查间隔，直至达到摩擦终点。

表 5-5 摩擦测试的检查间隔

测试系列	预计试样出现破损时的摩擦次数	检查间隔数（次）
0	≤2000	200
a	>2000 且 ≤5000	1000
b	>5000 且 ≤20000	2000
c	>20000 且 ≤40000	5000
d	>40000	10000

注 1. 以确定破损的确切摩擦次数为目的的试验，当测试接近终点时，可减小间隔，直到终点。

2. 选择检查间隔应经有关方面同意。

如果试样经摩擦出现起球，可继续试验或剪掉球粒继续试验，但需在报告中记录这一情况。

（5）测试结果。测定每一个试样发生破损时的总摩擦次数，以试样破损前累积的摩擦次数作为耐磨次数。如果需要，计算耐磨次数的平均值及平均值的置信区间。如果需要，按 GB 250 评定试样摩擦区域的颜色变化。

（二）第 3 部分：质量损失的测定

此部分修改采用 ISO 12947-3：1998，主要差异如下。

（1）适用范围。此标准包含了涂层织物，同时在标准中增加了涂层织物相关的技术参数。

（2）增加了服用涂层织物的测试参数要求。规定同 GB/T 21196. 2—2007。

（3）试样称重摩擦前，先将试样安装在试样夹具中，然后对装有试样的试样夹具进行称重。摩擦达到摩擦间隔时，再对装有试样的试样夹具进行称重。

（4）计算结果。根据每一个试样在试验前后的质量差异，计算出其质量损失。计算相同摩擦次数下各个试样的质量损失平均值，修约至整数。如果需要，计算平均值的置信区间、标准偏差和变异系数，修约至小数点后一位。如果需要，按 GB 250 评定试样摩擦区域的颜色变化。

当按照表 5-5 的摩擦次数完成试验后，根据各摩擦次数对应的平均质量损失（如果需要，指出平均值的置信区间）作图，按下式计算耐磨指数。

$$A_i = n/\Delta m \tag{5-1}$$

式中：A_i 为耐磨指数（次/mg）；n 为总摩擦次数（次）；Δm 为试样在总摩擦次数下的质量损失（mg）。

（三）第 4 部分：外观变化的评定

此标准修改采用 ISO 12947-4：1998，适用范围增加了服用涂层织物，并对其测试参数要求作了规定，使用 No. 600 水砂纸作为标准磨料。其他技术内容均相同。

三、ASTM D4966《纺织品耐磨性的标准测试方法（马丁代尔耐磨仪法）》

此标准采用了马丁代尔耐磨仪，因此测试原理和测试技术内容与 ISO 12947 基本相同，主要差异如下。

（1）适用范围。此标准适用于各种纺织织物，但不适用于绒毛高度超过 2mm 的起绒织物。

（2）摩擦负荷的要求。有两种摩擦负荷要求，分别是（12±0.3）kPa [（795±7）g] 适用于室内装饰织物和（9±0.2）kPa [（595g±7）g] 适用于普通服用织物纺织品。

（3）对于弹性织物和起绒织物的试样要求同普通织物，不做 ISO 12947 中的预处理。对于起绒织物的耐磨性采用 ASTM D3884 方法进行测试。

（4）测试步骤。摩擦试样直到测试终点，当接近测试终点时，可适当减少检查间隔的摩擦次数。如果试样经摩擦出现起球，需剪掉球粒后继续摩擦。测试终点为：机织物中至少两根纱线完全断裂，针织物出现一个破洞；或者试样出现协议的表面变化，如起毛、起球、光泽或颜色变化等。

（5）测试结果。记录达到测试终点时的摩擦总次数。如果需要，可用 AATCC 评级灰卡评定试样的颜色变化。记录试样摩擦前后的质量损失或损失率，损失率计算式如下。

$$质量损失率 = \left(\frac{A-B}{A}\right) \times 100\% \tag{5-2}$$

式中：A 为试样摩擦前质量（mg），B 为试样摩擦后质量（mg）。

第二节　织物的耐勾丝性能检测

织物在使用过程中，纤维或纱线被勾出、勾断而露出于织物表面的现象称为勾丝。织物的勾丝主要发生在长丝织物、针织物和部分编织物中。勾丝一般是在织物与粗糙、尖硬的物体勾挂或摩擦时发生的。此时，织物中的纤维或纱线被勾出，在织物表面形成凸起、纱圈，随着作用力的增大，纤维或纱线会不断被抽出，纤维束圈或纱圈的长度不断变长，周围的组织抽紧，直到纤维或纱线伸长达到断裂极限后，纤维束圈或纱圈断裂。勾丝破坏了织物本身的纹理和图案，同时勾丝纱圈和纤维断头露于织物表面，影响了织物的美观，而勾丝造成的断纱，严重时会使织物产生孔洞，影响织物的耐用性。

织物勾丝性测定方法比较常用的有钉锤法和旋转箱法。

一、钉锤法

（一）ASTM D3939/3939M—2017《织物抗勾丝性标准测试方法（钉锤法）》

1. 适用范围和测试原理

本标准规定了织物抗勾丝性能的测试方法。适用于大部分的机织物和针织物，包括长丝纱、短纤纱或组合使用这些纱线制成的机织物或针织物，但不适用于如网眼织物类型的孔眼结构织物，因为钉锤上的钉子会勾挂毡垫而不是试样；太厚或太硬不容易紧固在测试仪转筒和毡垫上的面料也不适用本方法；也不适用于植绒织物或非织造布。

将筒状试样套在转筒上，当转筒转动时，钉锤在试样表面随机跳动，使试样表面产生勾丝。将测试样与标准织物样或标准样照进行对比评价其勾丝程度。观测报告的抗勾丝等级分为5级（没有或无显著勾丝）到1级（非常严重勾丝）。

由于织物的勾丝性能会受到水洗和干洗过程的影响，因此，织物也可以经过水洗或干洗后再进行勾丝测试。

2. 测试仪器和材料

（1）ICI钉锤勾丝仪（图5-5）。其配套的材料如下。

①取样模板纬编针织物为（205×330）mm，经编针织物和机织物为（205×320）mm。

②毛毡筒套。全羊毛或羊毛混纺的毛毡，厚度为（3.5±0.5）mm，克重为（1400±200）g/m²。

③隔距片。用于设定钉锤位置（校准规）。

④橡胶环。用于固定试样。

（2）缝纫机或手工缝纫针，缝纫线为35~50tex的棉线或者相同粗细的涤/棉线。

（3）标准校准布。已知勾丝等级数的参考织物。

（4）目测评级标准。标准样照ICI，或标准织物样。

（5）评级灯箱，织物评级装置含一只白色荧光灯。或采用ICI评级灯箱（图5-6）。

图5-5 钉锤勾丝仪

图5-6 ICI评级灯箱

（6）如果测试前需水洗和干洗，还需配置以下设备。

①符合AATCC 135要求的洗衣机、滚筒烘干机和洗涤剂，具体见AATCC 135规定。经有

关各方同意，也可以使用不含织物柔软剂和漂白剂的洗涤剂。

②符合 ASTM D2724 规定的设备。

3. 试样准备

（1）用取样模板进行裁样，取 2 块试样用于测试经向（长度方向）的抗勾丝性能，试样短边平行于经向（长度方向）；取 2 块试样用于测试纬向（宽度方向）的抗勾丝性能，试样短边平行于纬向（宽度方向）。

取样时，试样需距离布边至少十分之一幅宽，不能包含相同的经、纬纱。需在取好的试样边缘标注测试面和试样类型（长度或宽度方向）。

（2）当需要水洗或干洗后测试抗勾丝性能时，裁取试样前需按下述方法对样品进行水洗或干洗，然后再裁取试样。

水洗要求：陪洗织物加试样的重量为 3.5kg。陪洗织物应与样品为同类面料（如相同的生产工艺、整理及前处理）或同类的测试用未经退浆柔软处理的陪洗布。使用正常程序、温水以及 1993AATCC 标准洗涤剂进行洗涤（参见 ASTM D3136 和 AATCC 135 方法），不加柔软剂，洗涤一遍后放入烘干机，选择正常程序、中等温度烘干 20min 或直至干透。烘干机中不能使用柔软剂，也不能烘干过度。

干洗程序：按照 ASTM D2724 进行。也可以使用有关各方约定的水洗和干洗程序进行洗涤。

（3）将每块试样平行于短边正面向内对折，并在短边边缘缝合试样。纬编针织物缝合余量距边缘为 30mm，机织物和经编针织物为 15mm。翻转缝合后的管状试样，并使测试面朝外。

4. 设备准备

（1）将毛毡筒套在转筒上，用热水浇湿毛毡并去除多余水分，使其干透。如有必要也可稍稍加热以加速干燥。毡缩后毛毡筒将紧紧地套在转筒上。

若毛毡损坏，如表面高低不平、出现破洞和严重磨损，则应及时更换，通常毛毡筒套使用不超过 200h。

（2）检查钉锤，看其是否有毛刺或损坏。借助放大镜检查针尖端是否完好，如有损耗或损伤应及时更换。

（3）钉锤与拉杆间距离（即钉锤与拉杆间链条长度）规定为 45mm。每次测试前都需用校准规检查距离，并检查钉锤工作是否正常。

（4）转筒的转速应满足（60±2）r/min，测试规定旋转次数为 600r。

（5）勾丝仪的校准。每天或每次测试前需用标准校准布来检查勾丝仪的工作状态。如果标准校准布的测试结果与已知结果的差异不在±0.5 级之内，则再检测另一块试样，若结果合格可继续进行测试，若不合格则按上述步骤检查测试仪，直到标准校准布测试结果在规定范围之内。

5. 调湿和测试步骤

（1）测试前，所有的试样均需在 ASTM D1776 规定的标准大气条件下平衡至少 4h，温度为（21±1）℃，相对湿度为（65±2）%，并在此大气条件下进行测试。

（2）检查试样是否有影响测试结果评定的瑕疵，如意外勾丝或起球等，若不合格应将其更换。如果无法更换试样（如水洗后织物起球），则记录该疵点，并在评定抗勾丝性能时排除此疵点。

（3）将试样正面朝外小心地套在覆有毛毡的转筒上，其缝合边缘应分向两侧展开，使接缝处平整，然后用橡胶圈固定试样两端。

（4）若仪器有多个转筒，一半转筒的试样应为长度方向的试样，另一半转筒的试样应为宽度方向的试样。

（5）将钉锤放在转筒上，并使其能自由转动。

（6）设定规定的 600r（测试约需 10min），启动测试仪。

（7）将试样取下，接缝放在试样的背面中间。

6. 测试结果

（1）在灯箱里，将试样对比评级标准样照对试样的勾丝程度进行评级，通常是对比勾丝、突出、抽丝和颜色等情况。由于样照只涉及突出物的数量，因此，测试样的外观变化（如颜色变化）也需要报告。

（2）此标准的目的是由物体拉、拔、刮织物上正常的纤维、纱线或纱段时产生勾丝。由此产生的勾丝可分为三种类型：有突出但没有抽丝的勾丝；有抽丝但没有突出的勾丝；既有突出又有抽丝的勾丝。颜色对比是指织物上勾丝的颜色不同于其周围的颜色，其颜色有明显的改变，如印花织物勾丝易发生颜色变化。

（3）试样评级时，将试样表面的勾丝密度与评级样照进行对比，其中，5 级：无勾丝；4 级：轻微勾丝；3 级：中等勾丝；2 级：严重勾丝；1 级：非常严重勾丝。由于样照没有给出中间级别，但试样的勾丝状态近似处于两个级别之间，可以评定半级，如 2~3、3~4 等。

评级时需使用遮盖套板，以保证每个试样的评级面积与标准样照相同，套板的内边尺寸为 130mm×95mm，评级人员的眼睛需距离试样表面 30mm。

（4）分别计算经向（长度方向）和纬向（宽度方向）勾丝级别的平均值，修约至 0.1。

（5）评定试样表面勾丝情况时，还要观察是否有长抽丝（大于 15mm）、长突出物（大于 4mm）和特别明显的颜色变化。如果试样有一半以上具有以上三种现象，则应在报告中指出。在标准样照中只是突出数量不同的，如果至少一半试样表面上有短抽丝（≤15mm）则需在报告中注明。

（二）GB/T 11047—2008《纺织品 织物勾丝性能评定 钉锤法》

此标准采用的设备与 ASTM D3939 相同，所以其适用范围、试样准备、测试步骤等技术要求基本相同，但对试样评级的方法有所不同，具体方法如下。

（1）试样取下后应至少放置 4h 再评级。

（2）依据试样勾丝的密度（不论勾丝长短）按表 5-6 列出的级数对每一块试样进行评级，如果介于两级之间，则记录半级，如 3.5 级。

单个人员的评级结果是对所有试样评定等级的平均值，全部人员评级的平均值作为样品的试验结果。由于评定的主观性，建议至少 2 个人对试样进行评级，可采用另一种评级方式，转动试样至一个合适的位置，使观察到的勾丝较为严重。这种评定可提供极端情况下的数据。例如，沿试样表面的平面进行观察的情况。记录表面外观变化的任何其他状况。

表 5-6　目测评级描述

级数	勾丝状态描述
5	表面无变化
4	表面轻微勾丝和（或）紧纱段
3	表面中度勾丝和（或）紧纱段，不同密度的勾丝（紧纱段）覆盖试样的部分表面
2	表面明显勾丝和（或）紧纱段，不同密度的勾丝（紧纱段）覆盖试样的大部分表面
1	表面严重勾丝和（或）紧纱段，不同密度的勾丝（紧纱段）覆盖试样的整个表面

注　紧纱段（紧条痕）是指当织物中某段纱线被勾挂形成勾丝，留在织物中的部分则被拉直并明显紧于邻近纱线，从而在勾丝的两端或一侧产生皱纹和条痕，又称为抽丝。

（3）如果试样勾丝中含有中勾丝或长勾丝，则应按表 5-7 中的规定对表 5-6 所评级别予以顺降。一块试样中、长勾丝累计顺降，最多为 1 级。

表 5-7　中、长勾丝顺降级别

勾丝类别	占全部勾丝的比例	顺降级别（级）
中勾丝（长度介于 2~10mm 间的勾丝）	≥1/2~3/4	1/4
	≥3/4	1/2
长勾丝（长度≥10mm 的勾丝）	≥1/4~1/2	1/4
	≥1/2~3/4	1/2
	≥3/4	1

（4）分别计算经（纵）向和纬（横）向试样（包括增测的试样在内）勾丝级别的平均数作为该方向最终勾丝级别，如果平均值不是整数，修约至最近的 0.5 级，并用"~"表示，如 3~4 级。

（5）如果需要，对试样的勾丝性能进行评级，≥4 级表示具有良好的抗勾丝能力；≥3~4 级表示具有抗勾丝性能；≤3 级表示抗勾丝性能差。

二、旋转箱法

BS 8479：2008《纺织品 织物勾丝性能的测试方法 旋转箱法》是由英国标准学会的纺织物理测试技术委员会制定，于 2008 年 11 月 30 日发布。

1. 适用范围和测试原理

此标准给出了一种测定织物发生勾丝和类似表面疵点倾向的方法，适用于针织物和机织物。

将试样安装在包裹毛毡的聚氨酯管上，放在内部装有数排尖针的实验箱中，以恒定的速度随机翻滚，然后检查试样是否存在勾丝和其他表面疵点。

2. 测试仪器和材料

（1）测试箱。其内表面具有规则的八边形横截面，一端封闭，另一端有一个可打开的翻盖，如图 5-7（a）所示。两个平行面内径距离为（224.5±0.3）mm，深度为（228.0±0.1）

mm。内表面需为非吸收性材料（如不锈钢或聚丙烯等），没有任何表面处理（如油漆）。测试期间试验箱围绕其水平轴以（60±2）r/min 的速度旋转。试验箱内应装有四条向内指向的针排，如图 5-7（b）所示，钉排在测试箱内应围绕内圆周均匀分布，每条针排上应有 20 根针，间距（10±0.5）mm。每根针的直径为（1±0.1）mm，每根针的上部（1.5±0.1）mm 且至尖点逐渐变细，如图 5-7（c）所示，尖端应没有钩子和毛刺。针尖到针排表面的距离为（5±0.3）mm，针应朝着箱室旋转方向与箱壁成 60°±0.5° 的角度倾斜。

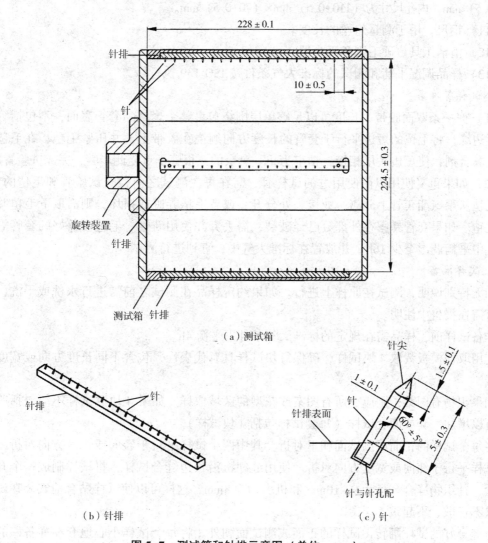

图 5-7　测试箱和针排示意图（单位：mm）

（2）4 个聚氨酯套管，长度为（70±1）mm，内径为（25±1）mm，管壁厚（3±0.5）mm。

（3）4 个羊毛毡，同 ISO 12947-1，尺寸为（70±0.5）mm×（110±0.5）mm。

（4）双面胶带。用于粘贴羊毛毡。

（5）聚氨酯或橡胶基黏合剂。

（6）固定环。放置在聚氨酯管末端内部用以在测试过程中固定测试样品，天然的黑色橡胶条或类似材料，硬度为 50，长度为（88.5±0.5）mm，宽度为（25±0.5）mm，厚度为

（2.5±0.5）mm。

（7）缝纫机。能够缝制 301 型缝纫线迹。

（8）取样模板。尺寸为（140±0.5）mm×（140±0.5）mm。

（9）评级观察箱。黑色亚光表面，配有包含白色荧光灯管或灯泡的光源，其分布可以使得在宽度上均匀照明，并使光线到试样平面之间的角度为 5°~15°。

（10）评级遮挡套板。可采用 PVC 板等硬性材料，亚光黑色表面，尺寸为（140±0.5）mm×（120±0.5）mm，内孔尺寸为（110±0.5）mm×（70±0.5）mm。

（11）钢尺。用于测量勾丝的长度。

（12）清洁工具。硬毛刷和吸尘器。

（13）样品调湿平衡和测试的标准大气条件按 ISO 139 执行。

3. 试样管准备

（1）剪一条双面胶带，长度可以足够单层围绕包裹整个聚氨酯套管表面，不包括管末端的圆形边缘。将毛毡的短边平行于套管的长度方向缠绕在胶带上，并压紧毛毡，在毛毡的短边涂上黏合剂，使短边头尾相接，粘牢为止。剩余的三根管子重复此步骤，完成试验管准备。

（2）如果重复使用以前使用过的试样管，需在每次测试之前检查试验管和毛毡的状态。如果毛毡从聚氨酯套管上分离，或接头处分开，或者毛毡弄脏或损坏，则需取下毛毡并粘覆新的毛毡。如果套管暴露在外部分已经破裂，需丢弃并使用新管。毛毡覆盖好的套管需在标准大气中平衡调湿至少 16h，并放置在标准大气中，直到进行测试。

4. 试样准备

如无特别说明，测试在原样上进行。如果约定样品在测试之前需进行水洗或干洗，则洗涤细节需在报告中注明。

准备试样前，样品需在规定的标准大气条件下平衡 4h。

使用取样模板裁取 4 块试样，确保每块试样具有代表性，包含不同长度方向或宽度方向的纱线。

如果织物有图案，则应在所有图案或花型的区域取样。如果 4 块测试样不能包括所有图案，可以增加一套或两套试样（每套试样包括 4 块试样）。

将每个试样的正面或测试面朝里对折，其中两个试样平行于经向或长度方向对折，另外两个试样平行于纬向或宽度方向对折。使用缝纫机沿长边缝合试样，将试样制成一个开口的织物管，针织物缝合余量为 9~10mm 和机织物为 8mm，这样可以使试样贴合地安装在试样管上，且不松散、不起皱。

将缝合好的试样翻转，试样的正面或测试面朝外。将每个试样小心地套在准备好的试样管上，其缝合边缘应分向两侧展开，使接缝处平整，将试样两端的多余部分分别转入试样管的末端，将固定环旋转插入试样管两端的内部，并将试样的末端固定，同时确保固定环不会伸出试样管的末端。

试样安装完成后，需在标准大气中平衡调湿至少 16h，并放置在标准大气中，直到进行测试。

5. 测试步骤

测试需在标准大气中进行。每次测试之前，需用吸尘器和刷子清洁测试箱内部和插针，并确保其中没有可见纤维和碎屑。检查针排，如有损坏需更换。注意使用吸尘器和清洁剂时，不要损坏针排。

将装有试样的试样管放入测试箱中，关紧盖子。试验箱以 60r/min 的速度旋转 2000r。测试结束后，取出测试样管，检查试样管末端的固定环是否仍然在原来的位置，如果有任何的移位出来，则丢弃该测试样本并重新测试一套新的试样。从试样管的末端拿出固定环释放试样末端，沿接缝剪开试样，将试样取下，不要修剪试样。

6. 测试结果

（1）试样评级应在黑暗的房间进行，观测者需为正常视力，与试样距离介于 300~500mm 之间。由于评估的主观性，建议多人进行评定。

（2）勾丝和疵点的评级和归类。将测试样放入评级箱中，试样的经纱或长度方向呈竖直状态，可以用双面胶将样品固定，将评级遮挡套板对准试样的评级区域并覆盖在试样上，以便评估者可以看到测试区域。按照表 5-8 中给出的评级描述对每个样品进行评级，如果评级介于两个等级之间，报告半级，如 3~4 级。

表 5-8 外观等级描述

级数	类别	外观状态描述
5	无	无勾丝或其他表面疵点
4	轻微	有个别勾丝或其他表面疵点
3	中等	勾丝或其他表面疵点覆盖部分区域
2	明显	勾丝或其他表面疵点覆盖大面积区域
1	严重	勾丝或其他表面疵点覆盖试样的整个表面

另外，根据表 5-9 对每个试样表面缺陷进行分类，对于具有两种或更多种不同表面疵点的测试样品，所有类型均需记录在报告中。

表 5-9 表面疵点分类

疵点类型	疵点描述
A	勾丝
B	突起
C	刮痕
D	抽丝，在勾丝附近发生的
E	颜色变化（经常发生在印花织物上）
F	丝化（长丝织物）
G	其他表面疵点
X	表面无疵点

（3）勾丝长度和数量的评定。如果试样表面勾丝数小于 10，测量全部；如果表面勾丝数大于 10 个，每个长度等级测量 10 个，并记录。长度等级如下：≤2mm，短型；>2mm 且

≤5mm，中型；>5mm，长型。

如果试样表面勾丝数小于10，记录每个长度等级的勾丝数量。如果表面勾丝数大于10个，检查所有勾丝，并记录每个长度等级的估计数量≤10或>10。

例1：总勾丝数为8；每个长度等级的勾丝数：≤2mm（短型）：2；>2mm且≤5mm（中型）：5；>5mm（长型）：2。

例2：总勾丝数>10（估计约50），每个长度等级的勾丝数：≤2mm（短型）：>10；>2mm且≤5mm（中型）：>10；>5mm（长型）：≤10。

第三节　织物的弹性回复性能检测

通常织物在受到一定外力拉伸时会产生伸长变形，撤去拉力后，伸长会完全回复或部分回复。织物的这种伸长变形回复能力称为弹性，具有这种能力的织物称为弹性织物。弹性织物具有舒适贴身、伸缩自如、无束缚感的特性。弹性织物缝制的外套、裤装、塑型衣等能充分显示穿着者的体形，弹性织物缝制的紧身运动衣如紧身衣运动衣、游泳衣、训练服等，可以使运动员的技能得到更好发挥。

一、机织弹性织物的弹性及回复性能检测

（一）ASTM D3107—2019《含弹性纱机织物弹性的标准试样方法》

1. 适用范围

此方法包含了全弹性纱或部分弹性纱织造的机织物经过一个定力或定伸长拉伸后的弹性、增长和回复量的测定。

适用于高弹性（大于12%）、在低拉伸状态下（360g/cm或21磅/英寸）有良好回复性的全弹性纱或部分弹性纱织造的机织物。

此方法规定了1.35kgf和1.8kgf两种拉伸状态。包括织物弹性、增长和回复的计算，当需要单独说明时，可以单独使用。不能用于测量机织物ASTM D5035中涉及的断裂伸长率。

2. 测试方法概述

（1）织物定力伸展。在试样上作已知距离的基准线，将样品拉伸到指定力下时测量基准线之间距离。计算基准线在拉力前后的距离差异来获得织物定力伸展。

（2）织物定力增长。将样品拉伸到指定力后卸载松弛不同的时间间隔后测量基准线之间距离。计算基准线在拉力前后的距离差异来获得织物定力增长。

（3）织物定伸长增长。与织物定力伸长测试的试样成对的试样，将样品拉伸到指定伸长后卸载松弛不同的时间间隔后测量基准线之间距离。计算基准线在拉力前后的距离差异来获得织物定伸长增长。

（4）织物回复。样品经过定力或定伸长拉伸松弛不同的时间间隔回复的增长的百分比。

有些拉伸织物只在纬纱方向有弹性丝，这些织物只需要测试纬纱方向即可。

3. 测试仪器

（1）测试仪器为一个支架结构，顶部有固定钳夹；另一个为分离的钳夹，或者可以在样

品底部悬挂一个已知重量的重锤装置。

销子或等效物：直径大约 6mm。

量规：基准线测量，以原来标准长度的百分数来表示，或者以 1mm±0.1% 来表示。

锁定机械装置：可以夹住试样底部以维持样品伸长。

拉伸重锤：重锤上具有挂钩，与分离钳夹和销子一起的总重量分别为 1.8kg（选项一）和 1.35kg（选项二），每个组件的允差为 ±1%。

记号笔：用于标记基准线。

计时器：增量至少为 10s。

（2）需在校准要求下进行量规和拉伸重锤的验证。

4. 试样准备

（1）从实验室样品上裁取三对试样，尺寸为 65mm×560mm，试样的长度方向与测试方向平行。试样在宽度对角线的不同位置上呈阶梯状分布。每个样品贴上识别标签。确保试样没有折痕、起皱和皱纹，处理时避免试样被油、水沾污等。

如果试样是成品或服装时，需从不同的地方取样品，如一件上衣，则分别从肩部、下摆、后片和前片以及袖子上取样。有时候，样品尺寸可能不满足试样测试方向上的长度 560mm。

对于宽度等于或大于 125mm 的织物，距样品布边 25mm 之内不得裁取样品；对于宽度小于 125mm 的织物，整个宽度作为试样宽度。

如果织物上有图案或花型，确保所取试样可以代表这些图案或花型。

在试样两边拆去大约相同数目的纱线，使试样的宽度为（50±1）mm。

（2）在样品一端折叠 32mm，并在距折叠处 25mm 缝合。在折痕中间处剪开一个长大约 10mm（3/8）的切口。

将试样放在一个光滑的平台表面，并使其松弛大约 30min。

5. 测试步骤

（1）所有测试都需要在 ASTM D1776 规定的标准大气环境中进行。另有说明除外。

（2）在试样中间作一对基准线，距离为（250±1）mm。

（3）定力伸展的测定。

①根据材料说明或者合同约定，选择一个合适的拉力 1.8kgf 或 1.35kgf。如果没有材料说明或者合同约定，选择 1.8kg。

②用测定仪顶部的钳夹夹住样品的一端，使折叠环状的一端可以自由下垂。

③测量和记录基准线之间的距离，精确至 1% 或 1mm，并记录此距离为 O_1（受力拉伸前的原长）。

④将销子穿入试样下端的环中，在中间开口处挂上重锤。

⑤对试样进行预拉伸，在 0 压力和规定的拉力之间缓慢的循环 3 次。一个完整的周期大约 5s，期间试样在规定拉力下保持约 3s。

⑥第 3 个循环之后，第 4 次在试样上施加规定的拉力。在拉力作用下，测量基准线之间的距离，精确到量规的 1%。通常有两种测量方法，分别是立即测量织物的伸长（记作距离 A）和保持拉力 30min 后测量织物的伸长（记作距离 B）。如果没有材料说明或者合同约定，选择后者。

（4）定力增长的测定。

①取下重锤，使试样卸载并回复。测量基准线之间的距离，精确到量规的1%。通常有五种测量方法，分别是：立即测量（10s内）（记作距离 C）、（30±1）s后测量（记作距离 D）、（30±1）min后测量（记作距离 E）、1h±1min后测量（记作距离 F）、2h±1s后测量（记作距离 G）。如果没有材料说明或者合同约定，选择（30±1）min后测量（记作距离 E）。

②取下试样，按以上步骤每个测试方向完成3个试样的测试。

（5）定伸长增长的测定。

①将一对试样中的另一个试样按上述步骤安装在测试仪上，测量和记录基准线之间的距离，精确至1%或1mm，并记录此距离为 O_2（受力拉伸前的原长）。

②拉伸试样，试样的伸长达到按定力伸展（30±1）min测得的平均伸展的85%，并保持（30±1）mm（记作距离 H）。

③经过（30±1）min后，释放试样下端的夹钳，并使其自由垂下。测量基准线之间的距离，精确到量规的1%。通常有四种测量方法，分别是：（30±1）s后测量（记作距离 I）、（30±1）min后测量（记作距离 J）、1h±1min后测量（记作距离 F）、2h±1s后测量（记作距离 G）。如果没有材料说明或者合同约定，选择（30±1）min后测量（记作距离 J）。

④取下试样，按以上步骤每个测试方向完成3个试样的测试。

6. 测试结果

（1）如果用量规测量，则可以从量规上直接读取织物拉伸、织物增长和织物回复的百分数，精确到1%。另外可以用下面的计算式进行计算。

①按式（5-3）和式（5-4）计算每个试样的定力伸展，精确到0.1%。

$$定力（10s后）伸展 = \frac{A-O_1}{O_1} \times 100 \tag{5-3}$$

$$定力（30min后）伸展 = \frac{B-O_1}{O_1} \times 100 \tag{5-4}$$

②按式（5-5）计算每个试样的定力增长，精确到0.1%。

$$定力增长 = \frac{a-O_1}{O_1} \times 100 \tag{5-5}$$

式中：a 为测量的距离 C、D、E、F、G（mm）。

③按式（5-6）计算每个试样的定伸长增长，精确到0.1%。

$$定伸长拉伸后织物增长 = \frac{b-O_2}{O_2} \times 100 \tag{5-6}$$

式中：b 为测量的距离 I、J、K、L（mm）。

④按式（5-7）和式（5-8）计算每个试样的定力回复和定伸长回复，精确到0.1%。

$$定力回复 = \frac{y-c}{y-O_1} \times 100 \tag{5-7}$$

式中：c 为测量的距离 C、D、E、F、G（mm）；y 为测量的距离 A 或 B（mm）。

$$定伸长回复 = \frac{H-d}{H-O_2} \times 100 \tag{5-8}$$

式中：d 为测量的距离 I、J、K、L（mm）。

（2）分别计算3个试样的定力伸展、定力增长、定伸长增长、定力回复和定伸长回复的平均值，精确到 0.2%。

（二）EN 14704-1：2005（E）《弹性织物的测定 第一部分：条样法》

此标准由欧盟委员会"纺织和纺织品"专业技术委员会 CEN/TC 248 编写，是为了满足纱线和织物结构和性能的技术发展，拓展产品的范围和研发的需求。

1. 适用范围

此标准描述了通过条形或环形试样测量织物的弹性和相关性能的测试方法，不包括窄幅织物。

2. 测试原理

将规定尺寸的试样以匀速拉伸至规定的力或伸长率，进行约定的循环次数，并通过测量某些特性确定其弹性。

3. 测试仪器

（1）等速伸长测试仪精度要求同 ISO 13934-1。

（2）仪器应能设定 20~500mm/min 的匀速拉伸速度，精度为±10%。

（3）仪器应能设定 100~250mm 的隔距长度，精度为±1mm。

（4）夹具装置的中心线应与施加的力方向一致。如果适用，应在夹具就位并且钳口面闭合的情况下校准。

钳口应能够夹持住试样，无滑移，同时不会切割或损坏试样。

（5）线形钳口（方法 A）如图 5-8 所示，由两个钳口组成，一个是钢板，另一个是 3mm 半径的凸面体。两个钳口的夹持线垂直于施力的方向，夹紧面应在同一平面中，线形钳口宽度应不小于试样宽度，优先选用（70±6）mm 的宽度。

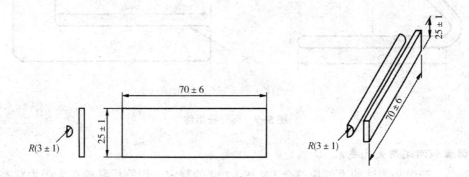

图 5-8 线形钳口（单位：mm）

对于含有弹性纤维或橡筋的织物，这种线形钳口尤为适合，可以有效地防止样品打滑。样品滑移会导致错误的伸长率结果。

建议使用气动夹具，因为手动拧紧手动夹具是会导致试样扭曲变形，空气气压应足以防止打滑，但不会切割或损坏试样。

（6）环形杆组件（方法 B）如图 5-9 所示，由两根直径在 4~8mm 之间的圆形钢杆组成。将样品环绕在钢杆上进行拉伸，钢杆的轴线应垂直于施力的方向，钢杆内侧最小宽度尺寸为 80mm。

（7）用于裁剪试样和修正所需尺寸的设备。

（8）缝纫机，可缝制 301 型缝迹，中号缝纫针（90 号）和 47tex（75 号）的涤纶包芯线，如果存在织物损坏的风险，可使用更细的针和相应的涤纶包芯线。

（9）校准的钢尺，以毫米（mm）为单位。

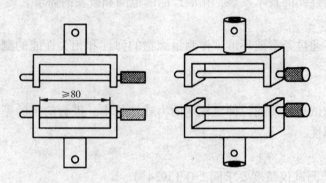

（a）圆棒直径4~8mm

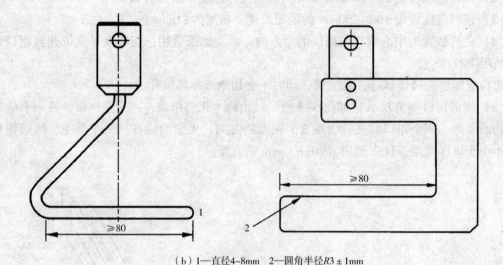

（b）1—直径4~8mm　2—圆角半径*R*3±1mm

图 5-9　环形杆组件

4. 调湿和测试用大气要求

预调湿、调湿和测试的大气应符合 EN ISO 139 的规定。织物样品应在无张力状态下调湿至少 20h。准备好的试样需在无张力状态下进一步调湿 4h，以尽量减少准备时造成的影响。

5. 试样准备

（1）实验室样品中，应在有弹性伸展的方向裁取一组试样。一组试样应至少包括五个试样。不得在距离布边 150mm 范围内取样，经向试样不得包含相同的经纱，纬向试样不得包含相同的纬纱。

（2）机织物试样准备。

①条形试样（方法 A）。每个试样的长边应平行于织物的经纱或纬纱，并且应有足够宽度保证以允许两边有必要的毛边。沿长度方向在试样两边拆去等量的纱线并形成毛边，直到试样宽度（毛边除外）为（50±1）mm 或 1 根完整纱线为止。两边的毛边宽度应使得在测试期

间没有纵向纱线逃脱出来。试样的长度应在 250~300mm。

对于大多数织物，毛边宽度约为 5mm 或 15 根纱线即可。对于非常紧密织物，毛边宽度可以窄一些；对于疏松织物，毛边宽度需增加到 10mm。

对于不能拆边的织物，试样直接裁取（50±1）mm 宽度。

如果需要测量未回复伸长率，还需平行于试样短边，在居中位置做两条距离为 100mm 的参考标记线。

②环形试样（方法 B）。先按上述条形试样准备方法准备条形试样，试样宽度（毛边除外）为（75±1）mm 或 1 根完整纱线，长度为（250±1）mm。

平行于试样短边，距一末端 25mm 处标记一条缝纫标志线，距此标志线 200mm 处再标记一条缝纫标志线，试样对折线需与缝纫标志线平行。

用 301 型缝迹，沿缝纫标记线，从中间位置开始缝纫到一边后转回，继续缝纫到另一边再转回，到中间开始的位置为止，中间不能剪断缝纫线。缝迹密度应为（3.5±0.5）针/cm。

以这种方式准备的环形试样可以确保试样圆周与环形杆组件正确配合，防止过于紧绷或过于松弛。

（3）针织物试样准备。

①条形试样（方法 A）。经编针织物，纵向测试样需长边平行于纵列，横向测试样需长边垂直于纵列；试样的长度应在 250~300mm，宽度为（50±1）mm。纬编针织物，纵向测试样需长边平行于纵列，横向测试样需长边平行于横行。试样的长度应在 250~300mm，宽度为（50±1）mm。

如果需要测量未回复伸长率，还需平行于试样短边，在居中位置做两条距离为 100mm 参考标记。

②环形试样（方法 B）。按上述针织物条形试样准备方法准备条形试样，试样的长度为（250±1）mm，宽度为（75±1）mm。

同上述机织物环形试样标记和缝纫的方法，标记和缝纫条形试样，完成针织物环形试样的制备。

（4）非织造布试样准备。

①条形试样（方法 A）。测试样需平行于机器方向或横向，试样的长度应在 250~300mm 之间，宽度为（50±1）mm。

如果需要测量未回复伸长率，还需平行于试样短边，在居中位置做两条距离为 100mm 参考标记。

②环形试样（方法 B）。按上述非织造布条形试样准备方法准备条形试样，试样的长度为（250±1）mm，宽度为（75±1）mm。

同上述机织物环形试样标记和缝纫的方法，标记和缝纫条形试样，完成非织造布环形试样的制备。

6. 测试步骤

（1）机织物和非织造布（针织物除外）。

①方法 A（条形试样）。在拉伸测试仪上安装好线形钳口，设置隔距长度为（200±1）mm。将夹有复写纸的白纸在钳口夹紧并取下，测量钳口夹痕的距离以检查隔距长度。设置试样的

拉伸和收缩速度为 100mm/min。设置试样拉伸循环限制即隔距长度位置到定力位置。根据试样宽度，定力值为 6N/cm（其他定力可按各方约定使用）。将试样松弛夹持安装在上下两组线形钳口之间。

②方法环 B（环形试样）。在拉伸测试仪上安装环形杆组件，设置隔距长度使围绕环形杆组件一圈的周长为 200mm（可以用校准的卷尺或由非拉伸材料制成的环规来测量周长）。设置试样的拉伸和收缩速度为 100mm/min。设置试样拉伸循环限制即隔距长度位置到定力位置之间，根据试样宽度，定力值为 12N/cm（其他定力可按各方约定使用）。将环形试样环绕在钢杆周围。调整试样使试样接缝位于钢杆的中间，检查试样是否过紧或过松。

（2）针织物。

①方法 A（条形试样）。同上述机织物条形试样步骤。设置线形钳口隔距长度为（100±1）mm。设置试样的拉伸和收缩速度为 500mm/min。设置试样拉伸循环限制［从隔距长度位置到定力位置之间（表 5-10）或定伸长率（50%、70%、80%或100%）或其他约定］。

②方法 B（环形试样）。同上述机织物环形试样步骤。设置试样的拉伸和收缩速度为 500mm/min。设置试样拉伸循环限制［从隔距长度到定力之间（表 5-10）］或定伸长率（50%、70%、80%或100%）或其他约定。

表 5-10　往复循环拉伸定力

纬编针织物	经编针织物	力（N/cm 试样宽度）	
		条形试样	环形试样
弹性纤维≤5%	弹性纤维≤5%	3	6
5%<弹性纤维<12%	5%<弹性纤维<12%	4	8
—	12%≤弹性纤维≤20%	5	10
—	弹性纤维>20%	7	14

（3）启动测试仪，使试样在隔距长度位置到指定拉力之间循环 5 次拉伸和回复，记录力值和伸长率。

测量的许多参数可以通过图表手动分析和软件数据收集处理。

如果需要测定应力衰减，由于时间的原因，在最后一个循环将等速伸长测试仪设置为最大力处"保持"在所选的时间，推荐保持时间为 1min。

如果需要测定未回复的伸长率，从等速伸长测试仪上小心地中取下试样，在平台上放置回复一定的时间（推荐回复时间为 1min 和 30min），再使用校准的钢尺测量参考标记线之间的距离。试样轻拿轻放，避免引起结果的变化。

（4）从测试中产生的曲线或数据中，读取和记录最大力时的伸长或伸长率、伸长率点的模量（定力加载或卸载的曲线上）。

7. 测试结果

应根据测试期间记录的数据计算出以下结果：

（1）伸长率 S，以百分比表示，见下式。

$$S = \frac{E-L}{L} \times 100 \qquad (5-9)$$

式中：E 为第 5 次循环时最大力处的伸长（mm）；L 为初始长度（mm）。

（2）时间应力衰减 A，以百分比表示，见下式。

$$A = \frac{V-W}{V} \times 100 \qquad (5-10)$$

式中：V 为最终循环时的最大力（N）；W 为经过指定保持时间后在最终循环的最大力（N）。

（3）疲劳应力衰减 B，以百分比表示，见下式。

$$B = \frac{X-Y}{X} \times 100 \qquad (5-11)$$

式中：X 为初始（指定）循环中指定伸长率下的最大力（N）；Y 为随后（指定）循环中相同指定伸长率下的最大力（N）。

（4）未回复伸长率 C，以百分比表示，见下式。

$$C = \frac{Q-P}{P} \times 100 \qquad (5-12)$$

式中：Q 为指定回复时间后参考标记线之间的距离（mm）；P 为参考标记之间的初始距离（mm）。

（5）回复伸长率 D，以百分比表示，见下式。

$$D = 100 - C \qquad (5-13)$$

（6）弹性回复率 R，以百分比表示，见下式。

$$R = \frac{D}{S} \qquad (5-14)$$

（三）FZ/T 01034—2008《纺织品　机织物拉伸弹性试验方法》

1. 适用范围和测试原理

此标准规定了机织物拉伸弹性的测定方法，适用于机织物。

测试原理为织物经定伸长或定力的拉伸，产生形变，经规定时间后释放拉伸力，使其在规定的时间回复后测量其残留伸长，据此计算弹性回复率和塑性变形率，以表征织物拉伸弹性。

2. 测试仪器和器具

（1）等速伸长测试仪，应符合 GB/T 3923.1 的要求，满足力的示值的 1%，并能进行定伸长、定力拉伸，且具有记录装置。

（2）裁剪试样的器具。

3. 取样

（1）取样应具有代表性，确保避开明显的褶皱及影响试验结果的疵点。

（2）试样的剪取按 GB/T 3923.1 规定，在距样品布边 10cm 处剪取。每块试样不应含有相同的纱线。

（3）每个样品至少剪取经向、纬向各三块试样，试样长度应满足隔距长度 200mm，宽度应满足有效宽度 50mm。

4. 调湿和测试大气环境

（1）试样的预调湿和调湿按 GB/T 6529 规定进行。

（2）测试需在 GB/T 6529 规定的二级温带标准大气中进行。

5. 测试仪器要求

（1）测试前应校准仪器及记录装置的零位、满力。

（2）设置隔距长度为 200mm，并使上下夹钳相互对齐和平行。

（3）设置拉伸速度。

①定伸长，达到指定伸长时的伸长率≤8%时，拉伸速度为 20mm/min；伸长率>8%时，拉伸速度为 100mm/min。

②定力，根据预测试，达到指定张力时的伸长率≤8%时，拉伸速度为 20mm/min；伸长率>8%时，拉伸速度为 100mm/min。

（4）试样夹持，当采用预张力夹持时，将试样夹持在钳夹中间位置，保证拉力中心线通过钳夹的中心。试样可采用表 5-11 中的预张力夹持，如果产生的伸长率大于 2%，则减小预张力值。

表 5-11 预加张力

织物种类	预加张力值		
	≤200g/m²	200~500g/m²	>500g/m²
普通机织物	2N	5N	10N
弹性机织物	0.3N 或较低值	1N	1N

注 对于弹性机织物，预张力是施加在弹性纱方向的力。

当采用松弛夹持时，计算伸长性能时所需的初始长度应为隔距长度与试样达到上述采用的预张力时的伸长量之和。

6. 测试步骤和测试结果

（1）定力伸长的测定。

①根据产品要求或双方协议确定定力值。如无协议，推荐采用 20N、25N 或 30N。

②启动仪器，拉伸试样至指定张力，读取试样长度 L_1。

③按下式计算每块试样的定力伸长率，测定结果以三块试样的平均值表示，修约至 0.1%。

$$定力伸长率 = \frac{L_1 - (L_0 + \Delta L)}{L_0 + \Delta L} \times 100 \tag{5-15}$$

式中：L_0 为隔距长度（mm）；L_1 为试样拉伸至指定张力时的长度（mm）；ΔL 为松弛夹持试样时达到预张力时的伸长（mm），预张力夹持时 ΔL 为零。

（2）定伸长张力的测定。

①根据产品要求或双方协议确定伸长。如无协议，推荐采用 3%、5% 或 10%。

②启动仪器（松式夹持试样时，从达到预张力时开始计伸长），拉伸试样至指定伸长值，读取对应张力（N）。

③测定结果以三块试样的平均值表示，修约至 0.1N。

（3）定力弹性回复率和塑性变形率的测定。

①根据产品要求或双方协议选择定力值。如无协议，推荐采用 20N、25N 或 30N。

②拉伸保持时间、回复时间根据双方协议确定。如无协议，推荐采用拉伸保持时间 1min，回复时间 3min。

③启动仪器，拉伸试样至指定张力，并保持其定力 1min 后读取试样长度 L_1，然后以相同速度使夹钳回复零位，停置 3min。

④再以相同速度拉伸试样至表 5-11 规定的预张力，读取试样长度 L_2。

⑤按下式计算每块试样的弹性回复率和塑性变形率，测定结果以三块试样的平均值表示，修约至 0.1%。

$$定力弹性回复率 = \frac{L_1 - L_2}{L_1 - (L_0 + \Delta L)} \times 100 \tag{5-16}$$

$$定力塑性变形率 = \frac{L_2 - (L_0 + \Delta L)}{L_0 + \Delta L} \times 100 \tag{5-17}$$

式中：L_0 为隔距长度（mm）；L_1 为试样拉伸至定力保持 1min 后的长度（mm）；L_2 为试样回复至零位停置 3min 后再施加预张力时的长度（mm）；ΔL 为松式夹持试样时达到预张力时的伸长（mm），预张力夹持时 ΔL 为零。

（4）定力反复拉伸弹性回复率和塑性变形率的测定。

①根据产品要求或双方协议确定循环次数。如无协议，推荐采用 3 次、5 次或 10 次。

②按上述（3）定力弹性回复率和塑性变形率的测定的①、②、③步骤，反复拉伸试样至预定循环次数后，测其长度 L_1。

③再以相同速度拉伸试样至表 5-11 规定的预张力，读取试样长度 L_2。

④按式（5-16）和式（5-17）计算每块试样的定力反复拉伸弹性回复率和塑性变形率，测定结果以三块试样的平均值表示，修约至 0.1%。

（5）定伸长弹性回复率、塑性变形率的测定。

①根据产品要求或双方协议确定伸长。如无协议，推荐采用 3%、5% 或 10 %。

②拉伸停置时间、回复时间根据产品要求或双方协议确定。如无协议，推荐采用拉伸停置时间 1min，回复时间 3min。

③启动仪器（松式夹持试样时，从达到预张力时开始计伸长），拉伸试样至定伸长 L_3，停置 1min。然后以相同速度使夹钳回复至零位，停置 3min。

④再以相同速度拉伸试样至定伸长 L_3。

⑤读取预张力对应的试样长度 L_2。

⑥按下式计算每块试样的定伸长弹性回复率和塑性变形率，测定结果以三块试样的平均值表示，修约至 0.1%。

$$定伸弹性回复率 = \frac{L_3 - L_2}{L_3 - (L_0 + \Delta L)} \times 100 \tag{5-18}$$

$$定伸塑性变形率 = \frac{L_2 - (L_0 + \Delta L)}{L_0 + \Delta L} \times 100 \tag{5-19}$$

式中：L_0 为隔距长度（mm）；L_2 为试样回复至零位停置 3min 后再施加预张力时的长度（mm）；L_3 为试样拉伸至定伸长时的长度（mm）；ΔL 为松式夹持试样时达到预张力时的伸长（mm），预张力夹持时 ΔL 为零。

（6）定伸长反复拉伸弹性回复率和塑性变形率的测定。

①根据产品要求或双方协议确定循环次数。如无协议推建采用 3 次、5 次或 10 次。

②按上述（5）中①、②、③步骤反复拉伸至预定循环次数。

③再按上述（5）中④拉伸试样至定伸长 L_3。

④读取预张力对应的试样长度 L_2。

⑤按式（5-18）和式（5-19）计算每块试样的定伸长反复拉伸弹性回复率和塑性变形率，测定结果以三块试样的平均值表示，修约至 0.1%。

（7）定伸长应力松弛率的测定。

①根据产品要求或双方协议确定伸长。如无协议，推荐采 3%、5%或 10%。

②拉伸时间根据双方协议确定。如无协议，推荐采用拉伸停置时间 10min。

③启动仪器（松式夹持试样时，从达到预张力时开始计伸长），拉伸试样至定伸长，记录此时的力值 F_0，停置 10min 后再记录力值 F_1，精确至 0.1N。

④按下式计算每块试样的应力松弛率，测定结果以三块试样的平均值表示，修约至 0.1%。

$$定伸长应力松弛率 = \frac{F_0 - F_1}{F_0} \times 100 \qquad (5\text{-}20)$$

式中：F_0 为拉伸至定伸长时的力（N）；F_1 为拉伸至定伸长并停置 10min 后的力（N）。

（8）定伸长反复拉伸应力松弛率的测定。

①根据产品要求或双方协议确定伸长。如无协议，推荐采 3%、5%或 10%。

②根据产品要求或双方协议选择反复拉伸循环次数。如无协议，推荐采用 3 次、5 次或 10 次。

③启动仪器（松式夹持试样时，从达到预张力时开始计伸长），拉伸试样至定伸长，记录此时的力值 F_0，然后以相同速度使夹钳回复至零位。如此反复拉伸至选定循环次数后，停置 10min，记录力值 F_1，精确至 0.1N。

④按式（5-20）计算每块试样的定伸长反复拉伸应力松弛率，测定结果以三块试样的平均值表示，修约至 0.1%。

二、针织弹性织物的弹性及回复性能检测

（一）ASTM D2594—2016《低弹针织物弹性性能的标准试样方法》

1. 适用范围

此测试方法涉及具有低强度拉伸性能的针织物的织物伸展和织物增长的测量，包括织物伸展和织物增长的测试程序，并且可以根据个别规格单独使用。此测试方法不适用于具有支撑的或高强度拉伸的面料。

2. 测试方法简述

（1）织物增长。在试样上标记出已知距离的基准线。对试样循环施加定力，然后卸载回复不同的时间间隔，在每个时间间隔之后测量基准线之间的距离，织物增长由施力前和回复后距离的差异计算得来。

（2）织物伸展。在试样上标记出已知距离的基准线。对试样施加定力，测量基准线之间的距离，织物伸展由施力前后距离的差异计算得来。

（3）该测试方法规定了测定用于泳装、紧身裤和塑形衣（通常也称为半支撑服装）的针织物和用于宽松服装（通常也称为舒适弹性服装）的针织物的织物增长和织物伸展的测试条件。对于测定用于休闲裤、运动服和套装的针织物的织物增长和织物拉伸的适用性尚未确定。

3. 测试设备

（1）测试仪器为可以支撑吊杆组件并可以适合在测试中施加拉伸力的支架，如图5-10所示。

轻尺：在零点处装有一个针钩，用于连接到试样上，刻度为原始标距长度125mm的1%或1mm。

拉伸重锤：可以悬挂在吊架组件的下部吊钩上。总重量为2.27kg和4.54kg，允差为±1%。

螺丝扣或等效物：长度为25~75mm。

计时器：增量至少为1min。

（2）需在校准要求下进行量规和拉伸重锤的验证。

4. 试样准备

（1）从每个实验室样品上裁取5个纵列（长度）和5个横行（宽度）试样，尺寸为（125±3）mm×（398±10）mm。纵列方向测试样的长边需平行于样品的纵列，横行方向测试样的长也需平行于样品的横行。试样在宽度对角线的不同位置上呈阶梯状分布。每个样品贴上识别标签。确保试样没有折痕、起皱和皱纹，处理时避免试样被油、水沾污等。

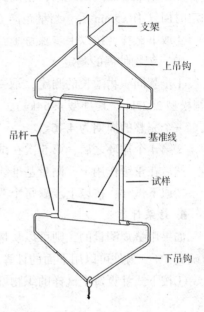

图5-10 吊杆组件

对于宽度等于或大于125mm的织物，距样品布边25mm之内不得裁取样品；对于宽度小于125mm的织物，整个宽度作为试样宽度。

如果织物上有图案，确保所取试样可以代表这些图案。

（2）将每个试样纵向对半折叠，并在距剪切端6~13mm处将两端缝合在一起使试样形成环状，接缝与试样的短边方向平行。

将试样放在平滑的表面上，在环形试样的一面上，标记一个距离为（125±3）mm的基准线，记录为测量值A。

5. 测试步骤

（1）所有测试都需要在ASTM D1776规定的标准大气环境中进行。另有说明除外。

（2）织物增长的测定。

①将试样环接缝一端套入吊杆锁紧吊钩，将吊钩悬挂在支架上横梁的凹槽中。将折叠的一端套入吊杆锁紧下吊钩。将轻尺挂在样品的基准线处。

②拉动下吊钩上链条，使试样上基准的伸长达到表5-12中要求的伸长率，并用螺丝扣将链条锁定在支架下横梁对应的凹槽中。试样需保持在此拉伸位置2h±5min。

表 5-12　试样定伸长率

服装类别	纵行方向（%）	横列方向（%）
宽松型（舒适型）	15	30
紧身型（半支撑型）	35	60

③2h±5min 之后，解锁并松开链条，将下吊杆和吊钩从试样上移去，试样经过定时回复后，测量基准线之间的距离，精确到 1%或 1mm。分别在定时回复（60±5）s 后，测量距离 B 和定时回复 1h±5min 后，测量距离 C。

④取下试样，按以上步骤每个测试方向完成 3 个试样的测试。

（3）织物伸展的测定。

①步骤同织物增长的测定，取一块新的试样放置在支架上，在下吊钩上悬挂拉伸重锤（宽松型 2.27kg，紧身型 4.54kg），对试样进行拉伸，在 0 和规定的拉力之间缓慢地循环 4 次。一个完整的周期为 4~6s。

②第 4 个循环之后，第 5 次在试样上施加规定的拉力，并保持 5~10s。

然后在重锤作用下，测量基准线之间的距离，精确到量规的 1%或 1mm，记作距离 D。

③取下试样，按以上步骤每个测试方向完成 2 个试样的测试。

6. 结果计算

如果用量规测量的，则可以从量规上直接读取织物拉伸、织物增长和织物回复的百分数，精确到 1%。另外可以用下面的计算式进行计算。

①按下式计算每个试样的织物增长和织物伸展，精确到 0.1%。

$$织物增长_{60s} = \frac{B-A}{A} \times 100 \tag{5-21}$$

$$织物增长_{1h} = \frac{C-A}{A} \times 100 \tag{5-22}$$

$$织物伸展_{1h} = \frac{D-A}{A} \times 100 \tag{5-23}$$

式中：A 为拉伸前基准标记之间的原始距离（mm）；B 为定伸长拉伸回复 60s 后基准标记之间的距离（mm）；C 为定伸长拉伸回复 1h 后基准标记之间的距离（mm）；D 为定力拉伸下基准标记之间的距离（mm）。

②分别计算 3 个试样织物增长的平均值和 2 个试样织物伸展的平均值，精确到 1%。

（二）ASTM D4964—2016《弹性织物的张力和伸长的标准试样方法（CRE 型拉伸测试仪）》

1. 适用范围

此方法涉及由单独或与其他纺织纱线组合使用的天然或人造弹性纤维制成的宽幅或窄幅弹性织物，使用等速拉伸测试仪测定其拉伸和伸长率的测试方法。

如果测试前，样品需要经过洗涤处理，则需对洗涤程序包括温度、洗涤和干燥次数进行约定。

2. 测试方法简述

（1）定长测环力。环形试样安装在等速拉伸测试仪上，在一定的速度下拉伸试样到指定的伸长，然后以一定速度返回到零位，再如此重复拉伸两次总共三个循环。在测试期间，可以通过自动记录器对所有或仅第三个循环绘制伸长—回复曲线。由第三次循环的曲线图计算出指定伸长率处的拉力。

（2）定环力测长。环形试样安装在等速拉伸测试仪上，在一定的速度下拉伸试样加载到指定的张力，然后以一定速度卸载到零位，再如此重复拉伸两次总共三个循环。在测试期间，可以通过自动记录器对所有或仅第三个循环绘制伸长—回复曲线。由第三次循环的曲线图计算出指定张力处的伸长率。

（3）弹性织物的环张力和伸长关系是判断织物适用于各种最终用途的重要标准，如紧身塑形衣、文胸和泳衣等。

（4）只有当张力试验机、伸长率、最大载荷（或伸长率）和试样规格具有可比性时，从张力回复曲线上得出的数据才有可比性。由于不同的机器设置会在同一织物上产生不同的结果，因此，在进行测试之前应指定机器设置并与测试结果一起报告。

（5）定长测力。用于测量当弹性织物伸长达到指定伸长率时的张力。此指定伸长率小于使织物破裂所需的伸长率。规定的测试点仅在拉伸循环上进行测量。

（6）定力测长。用于测量当弹性织物加载到指定张力时的伸长率。此张力小于织物断裂强力。规定的测试点仅在加载循环上进行测量。

3. 测试设备

（1）拉伸测试仪（CRE 型），符合 ASTM D76 的要求，有循环往复控制，配备自动记录装置。

（2）两个条状夹具，用于在测试过程中固定环形样品。砧骨的直径为（13±0.25）mm或（6.5±0.25）mm，砧骨的长度不小于76mm。

（3）缝纫机单针。

4. 试样准备

（1）宽幅弹性织物。如果样品只需测试一个方向，裁取 5 块试样，试样的长边平行于测试的方向。如果样品的两个方向都需要进行测试，裁取 5 块平行于长度方向的试样，5 块垂直于长度方向的试样。距离布边 1/10 布宽之内不得取样。试样沿对角线走间隔分布，每个试样代表不同的纵行和横列的区域。

试样尺寸为 350mm×100mm，对试样两侧纱线交替进行修剪或拆纱，尽可能使其宽度接近（75±2）mm。如果织物是通过拆纱达到宽度的，每块样品应包含相同数量的测试方向纱线。

（2）窄幅弹性织物。平行于样品长度方向裁取 5 块试样，长度为 350mm。对于宽度大于75mm 的窄幅弹性针织物或机织物，可以选用宽幅试样的宽度。如果夹具的宽度允许，则使用全宽试样。

（3）垂直于试样的长边，在居中的位置作两条平行的标记线，距离为（250±2）mm，折叠试样，对齐两条标记线并沿标记线缝合试样形成环状，需缝合两行以使开始和结尾的针脚不会散开。

5. 设备设置

①设置隔距长度使围绕砧骨一圈的周长为（250±2）mm。

②加载速度为（500±15）mm/min。

③卸载速度为（500±15）mm/min。

④循环控制最大为 100N 或其他约定，但必须小于织物断裂强力。对于低伸长率织物（低于 100%）。各方应同意使用较慢的加载和卸载速度，如（300±15）mm/min。

⑤夹具位置的验证。裁取一条纸条，长为（275±2）mm，宽为（10±2）mm。从纸条的一端量取（250±2）mm，垂直于轴线做一条线，剪取多余的部分，用双面胶在此处将另一端对齐黏合在一起形成环状。

将纸环套在上下夹具上，接头处置于上下夹具的中间，调整间隔距离，直到纸环和夹具紧密贴合，取下纸环。

如果砧骨直径为 13mm，设定初始间隔距离，使得从上部砧骨顶部到下部砧骨底部的距离为 118mm，如果砧骨直径为 6.5mm，设定初始间隔距离，使得从上部砧骨顶部到下部砧骨底部的距离为 121mm。

6. 调湿与测试步骤

（1）调湿。在进行测试之前，需将样品置于纺织品测试标准大气中，即温度为（20±1）℃，湿度为（65±2）%，平衡至少 16h。并在此环境下进行测试。

（2）测试步骤。将试样环绕在上下夹具上，接缝置于夹具的中间，如图 5-11 所示。拉伸试样三个循环，至少记录第三个循环的拉伸力—伸长的曲线。然后依次测试剩下的试样。

图 5-11　试样安装

7. 测试结果

（1）定伸长张力的计算。

①计算伸长率为 30%、50%、70% 时的伸长，按下式计算：

$$L = E \times C / 200 \tag{5-24}$$

式中：L 为伸长（mm）；E 为伸长率（%）；C 为试样环周长（mm）。

②使用式（5-24）计算出的伸长值，在第三个循环的拉伸力—伸长曲线上读取对应于 30%、50%、70% 的张力值，或使用其他约定的伸长率读取对应的张力值。

（2）定张力伸长的计算。

在第三个循环的拉伸力—伸长曲线上读取最大张力 100N 时试样的伸长率，或其他约定的张力的伸长率。

（3）分别计算试样每个定伸长张力的平均值和最大张力伸长率的平均值。

（4）如有需要，计算标准偏差和变异系数。

（三）FZ/T 70006—2004《针织物拉伸弹性回复率实验方法》

1. 适用范围和测试原理

此标准规定了用定伸长和定力法测定针织物的拉伸弹性变形和塑性变形的试验方法，适用于各种针织物。

测试原理为使用专用仪器设备拉伸试样，使其长度发生变形，释负后根据其变形大小，计算弹性变形和塑性变形。

2. 测试仪器

（1）测试仪器应满足下列要求（采用 CRE 型等速拉伸测试仪）。

①夹距长度：（100±1）mm。

②夹持器移动的恒定速度为 100mm/min，回程速度为 50mm/min，精确度为 ±2%。

③强力示值最大误差不超过 1%，伸长示值最大误差不超过 1%。

④仪器应能够设置预加张力。

⑤夹持试样的钳夹应防止试样拉伸时在钳口滑移。

⑥仪器具备定力保持功能。

（2）剪刀、钢尺（精确到 1mm）。

3. 调湿和测试用大气要求

调湿和试验采用 GB/T 6529 规定的二级标准大气。

样品预调湿后，应放置在调湿用大气条件下吸湿平衡，通常棉及混纺织物调湿 24h，纯化纤织物调湿 4h。

4. 取样和试样制备

样品须距离布端 1.5m 以上处裁取。试样应具有代表性，距布边 10cm 以上处裁剪，要求表面平整，不得有影响试验结果的疵点。

根据需要，确定测试项目，每项测试裁剪直向和横向试样各 3 块，试样有效尺寸为 100mm×50mm。

一般情况采用平行法裁剪［图 5-12（a）］，仲裁时可采用阶梯法裁剪［图 5-12（b）］，并使其长度方向一边与样品的纵行线圈（或横列线圈）相平行。

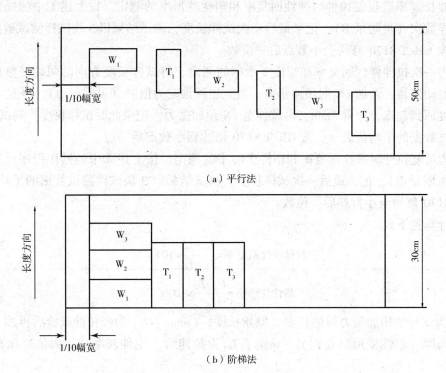

图 5-12　剪样示意图

5. 测试步骤与结果计算

（1）仪器的校正和准备。调整好钳夹隔距，检查钳口准确的对正和平行，以保证施加的力不产生角度偏移。

（2）拉伸力和伸长率的测定。

①定伸长力的测定。将试样长度方向的两端平整地紧固在钳夹内，启动仪器，施加 1N 的预加张力，然后将试样拉伸到预定伸长值（见附录 B）时止，记录拉伸力值。测试结果以 3 块试样测试数据的平均值表示，按 GB/T 8170 修约到小数点后一位数。

②定力伸长率的测定。将试样长度的两端平整地紧固在钳夹内，启动仪器，施加 1N 的预加张力，当达到预定力值时，停置 1min，记录拉伸长度，测试结果以 3 块试样测试数据的平均值表示，按 GB/T 8170 修约到小数点后一位数。定力伸长率按下式计算。

$$定力伸长率 = \frac{L_1}{L_0} \times 100\% \tag{5-25}$$

式中：L_0 为试样加预加张力后的长度（原始长度）（mm）；L_1 为拉伸长度（mm）。

（3）拉伸弹性伸长回复率和塑性变形率的测定。

①定伸长（率）一次拉伸弹性回复率和塑性变形率的测定。将试样长度方向的两端平整地紧固在钳夹内，开动仪器，施加 1N 的预加张力，拉伸到预定伸长率时，停置 1min，以回程速度回到起点，停置 3min，再拉伸至 1N 预加张力，记录此时试样长度，测试结果以 3 块试样测试数据的平均值表示，按 GB/T 8170 修约到小数点后一位数。

②定伸长（率）反复拉伸时弹性回复率和塑性变形率的测定。按上述①中的操作程序反复拉伸试样数次（见附录 B），记录最后一次试样长度，测试结果以 3 块试样测试数据的平均值表示，按 GB/T 8170 修约至小数点后一位数。

③定力一次拉伸弹性回复率和塑性变形率的测定。将试样长度方向的两端平整地紧固在钳夹内，启动仪器，施加 1N 的预加张力，当施加到预定力值时（见附录 B），停置 1min，再以回程速度回到起点，停置 3min，再拉伸至 1N 预加张力，记录此时试样长度。测试结果以 3 块试样测试数据的平均值表示，按 GB/T 8170 修约到小数点后一位。

④定力反复拉伸时弹性回复率和塑性变形率的测定。按上述③中的操作程序反复拉伸试样数次（见附录 B），记录最后一次试样长度，测试结果以 3 块试样测试数据的平均值表示，按 GB/T 8170 修约至小数点后一位数。

结果计算见下式：

$$拉伸弹性回复率 = \frac{L_{01} - L_0'}{L_{01} - L_0} \times 100\% \tag{5-26}$$

$$塑性变形率 = \frac{L_0' - L_0}{L_0} \times 100\% \tag{5-27}$$

式中：L_0 为试样加预加张力后的长度（原始长度）（mm）；L_0' 为经拉伸试验后再加上预加张力时试样长度（塑性变形量在内）（mm）；L_{01} 为拉伸后（定伸长率或定力值）试样总长度（mm）。

（4）应力松弛率的测定。按上述定伸长力测定的操作程序，将试样拉伸到预定伸长值（见附录 B）时，停置预定时间（见附录 B），记录拉伸力值，测试结果以 3 块试样测试数据的平均值表示，按 GB/T 8170 修约至小数点后一位数。

结果计算见下式：

$$应力松弛率 = \frac{T_0 - T_1}{T_0} \times 100\% \quad\quad (5-28)$$

式中：T_0为试样拉伸到预定伸长时的力值（N）；T_1为放置预定时间后的力值（N）。

6. 定伸长、定力、反复拉伸次数及松弛停留时间的规定（标准附录B）

（1）定伸长（率）根据不同针织物品种，线圈纵列方向或横行方向可选择10%、30%或50%等拉伸数值。

（2）定力根据不同针织物品种，线圈纵列方向或横行方向力值可选择试样每1厘米宽加lN、3N、5N或7N等。

（3）反复拉伸次数（定伸长或定力）根据不同针织物品种，线圈纵列方向或横行方向可选择1次、3次、5次或10次等适当次数。

（4）松弛时间（定伸长或定力）根据不同针织物品种，线圈纵列方向或横行方向可选择1min、2min或3min等。

参考文献

［1］于伟东. 纺织材料学［M］. 北京：中国纺织出版社，2006.

［2］朱红，邬福麟，韩丽云，等. 纺织材料学［M］. 北京：纺织工业出版社，1987.

第六章 纺织纤维的定性定量分析

纺织品的基本组成是纤维，每种纺织纤维都有其特有的性能，制成的纺织产品中，不同的纤维种类和含量决定了纺织产品的风格和各项服用性能，甚至价值，这是消费者购买的依据之一，也是国际贸易中必需的产品规格标识要求。各个国家和地区针对纺织产品的纤维含量标识都制定了相关的标准和法规要求，因此，纤维含量测试是纺织产品物理性能测试中的一个基本常规项目和强制项目。一般纤维含量测试包含定性和定量两个方面，定性测试主要判断纤维的种类和组成，解决的是何种纤维，单组分、双组分还是多组分的问题；对于双组分和多组分的产品，在定性测试的基础上，根据纤维的组成选择合适的定量方法，分析每种纤维的含量，一般常用的方法有手工拆分法、化学溶解法和显微镜分析法，可以单独使用一种方法，也可以多种方法联合使用。

第一节 单组分织物纤维含量定性检测方法

单组分是指织物或其他纺织产品由一种单一纤维组成，其中该单一纤维的含量为100%。单组分织物通常只要对纤维进行定性测试即可。

一、测试准备和要求

（一）取样

取样应该具有充分的代表性，即所选取的测试样品必须能够代表测试样品的整体情况。根据样品状态的不同，取样方法如下。

（1）散纤维。将散纤维平铺，然后在不同的地方分散取样，如果散纤维中含有两个及以上不同颜色、不同粗细或者不同形态的纤维，那么需要分别取样测试。

（2）纱线。在不同的纱段上取样，尽量分散不要集中在某一段，有些花色纱（如结子纱）应该包含结子在内。

（3）织物。一般距离布边至少15cm，选取方形测试样品，如果样品是色织面料、提花面料等，取样至少包含一个完整的花型循环，保证所取的样品包含所有颜色、结构的纱线。

（4）成品。在成品的不同部位或不同材质区域分别取样，例如，服装产品，即使是同种材质没有任何差别，取样也应包含前片、后片和袖子等。

（二）预处理

一般情况下，单组分纤维含量测试不需要预处理，但是如果纤维表面的非纤维物质（如染料、淀粉、油脂、蜡状物、涂层、整理剂等），影响了纤维的外观形态，使观察者难于分辨，或者表面的化学物质干扰其化学性质而影响纤维鉴别，则需要进行预处理。预处理时使用适当的溶剂和方法去除纤维表面的非纤维物质，所使用的溶剂应不会改变纤维的性质，也不会对其造成任何损害。AATCC 20—2018《纤维分析：定性》方法中使用以下预处理方法。

（1）热水浸泡处理。

（2）0.5%盐酸或者0.5%氢氧化钠萃取。酸处理会使尼龙损伤，碱处理会使蛋白质纤维损伤，因此，尼龙不能使用酸处理，蛋白质纤维不能使用碱处理。

（3）0.5%氢氧化钠处理。该方法适用于植物纤维，尤其是麻纤维，经处理后纤维成束减少，纤维分离成单根状，处理后需用水清洗并干燥。此标准没有给出具体的操作方法，根据经验一般需要沸腾10min。

二、测试方法与标准

单组分纤维含量的测试方法主要有燃烧法、显微镜外观形态观察法、化学试剂溶解法、含氯含氮呈色反应法、熔点测量法、密度梯度法、红外光谱分析法、双折射率法、干燥捻度法、着色试验法等，ISO/TR 11827：2012《纺织品 成分测定 纤维定性》、FZ/T 01057—2007《纺织纤维鉴别试验方法》和AATCC 20—2018《纤维分析：定性》这些标准中分别采用了这些常用方法中的一部分，其中ISO/TR 11827：2012目前是一个技术报告。当ISO技术委员会收集的数据与通常作为国际标准出版的数据不同时，由委员会的成员以简单多数票来决定出版技术报告，技术报告完全是信息性质。这些标准所采用的鉴别方法见表6-1。

表6-1 单组分纤维含量测试方法

鉴别方法	ISO/TR 11827	FZ/T 01057	AATCC 20
显微镜外观形态观察法	7.1.1 和 7.1.2	FZ/T 01057.3	9.2 和 9.3
双折射率法	7.1.3	FZ/T 01057.9	9.4
燃烧法	7.2.1	FZ/T 01057.2	9.5
含氯含氮呈色反应法	7.2.2 和 7.2.3	FZ/T 01057.5	—
着色试验法	7.3	—	9.9
化学试剂溶解法	7.4	FZ/T 01057.4	9.7
红外光谱分析法	7.5	FZ/T 01057.8	9.11
熔点测量法	7.6.1	FZ/T 01057.6	9.10
差示扫描量热法	7.6.2		
热重量法	7.6.3		
密度梯度法	7.7	FZ/T 01057.7	9.6
X射线能谱	7.8.1		
干燥捻度法	—		9.8

（一）显微镜外观形态观察法

1. 原理

纺织纤维尤其是天然纤维在光学显微镜下具有独一无二的外观形态特征，利用这一特点使用切片器制作纤维的纵面和横截面切片，在显微镜下观察未知纤维的纵面和横截面形态，对照已知纤维的标准照片和形态描述来鉴别未知纤维的类别，此方法由于操作便捷已经成为成分鉴别中实验室最常用的方法之一，一般用于天然纤维的鉴别。

2. 切片制作与观察

（1）纵向切片。取若干纱线退捻成为松散的纤维状，均匀平铺于载玻片上，尽量使纤维无重叠以免影响观察，加上一滴甘油或者液状石蜡，盖上盖玻片，用拆纱针将盖玻片四角压紧，尽量不要有气泡产生以免影响观察，将载玻片放在显微镜的载物台上逐根观察纤维的形态，判定纤维的种类。

（2）横截面切片。

①哈氏切片器。纤维切片的厚度为 $10 \sim 30 \mu m$，如图 6-1 所示，松开紧固螺丝，向上提起定位销同时旋转螺座大约 $90°$，拉出金属板凸舌，将一小束梳理整齐的试样，夹入哈氏切片器的金属板凹槽中，保证装上金属板凸舌后纤维束抽不出，然后用锋利的刀片切去外露的纤维，装好弹簧装置并旋紧螺丝，转动刻度螺丝，露出少量纤维并将其切去，再将刻度螺丝大约转一格，可以根据个人手势调整，用拆纱针沾一滴5%火棉胶溶液，均匀涂在试样上，等干燥后，用刀片切下切片置于载玻片上，加一滴甘油或者液状石蜡，盖上盖玻片，用拆纱针将盖玻片四角压紧，尽量不要有气泡以免影响观察。

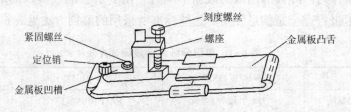

图 6-1　哈氏切片器结构图

②回转式切片机。由隐蔽式无声棘轮、曲柄滑动机及精度较高的导轨导送标准块组成，切出的纤维切片厚度均匀，在 $1 \sim 40 \mu m$ 范围内。回转式切片机的结构图如图 6-2 所示。将一束整理平直的纤维放入80%乙醇中浸润2min，取出后用手指搓捻2~3次，然后按照这个方法分别在90%乙醇、无水乙醇、乙醚乙醇（1:1）混合液和3%~5%火棉胶溶液中浸润，晾干后进行石蜡包埋制成纤维蜡块，黏合在木块上。转动蜡块并固定螺丝，将夹在标本固定架上的蜡块夹紧且与切片刀平行，使蜡块与刀口靠近。校正回转式切片机的调节器，一般纤维切片厚度在 $6 \sim 10 \mu m$ 最为适宜。顺时针摇动手轮，通过木块上下移动，切成带状的连续切片，将切片置于载玻片上，加一滴甘油或者液状石蜡，盖上盖玻片，用拆纱针将盖玻片四角压紧，尽量不要有气泡以免影响观察。

③不锈钢板切片法。AATCC 20 采用的方法是将一束平行的纤维或者纱线通过铜线引导穿过尺寸为 $2.54cm \times 7.62cm \times 0.0254cm$ 并钻有直径为 0.09cm 孔的不锈钢板，样品数量应适当，正好塞满小孔，用手牵拉不会发生滑移，同时也不能使纤维过分挤压，用锋利的刀片将金属板两面凸出的纤维或纱线切去，涂上矿物油，在显微镜下观察。

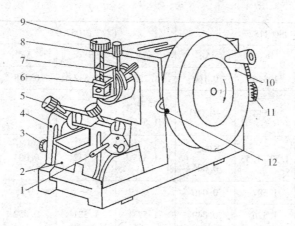

图 6-2 回转式切片机结构图

1—切片刀倾斜角度调整扳手 2—滑动刀座 3—刀座进限旋转 4—刀座锁紧杆
5—切片刀固定旋钮 6—蜡块横向调整旋钮 7—蜡块固定器缩紧扳手 8—蜡块固定螺钉
9—蜡块竖向调整旋钮 10—旋转手轮 11—切片厚度调节旋钮 12—手轮停止旋转手柄

(二)双折射率法

当光线从空气射入纺织纤维后,除了发生反射以外还会产生折射,其中折射光会分解成振动方向互相垂直、传播速度不同、折射率不等的两条偏振光,其中一条折射光垂直于纤维长轴,而另一条折射光平行于纤维长轴,两者相减,即可得到双折射率。不同种类的纤维双折射率不同,由此借助偏光显微镜测量纤维的双折射率与已知纤维的双折射率进行对照来鉴别未知纤维的成分,不同标准常用纺织纤维的双折射率见表6-2,测量纤维双折射率方法主要有浸没法和光程差法。

表 6-2 常用纺织纤维双折射率表

纤维	ISO 11827			FZ/T 01057.9			AATCC 20	
	$n_\parallel$	$n_\perp$	Δn	$n_\parallel$	$n_\perp$	Δn	$n_\parallel$	$n_\perp$
棉	1.577	1.529	0.048	1.576	1.526	0.050	1.58~1.60	1.52~1.53
麻	1.58~1.60	1.52~1.53	0.06	1.568~1.588	1.526	0.042~0.062		
桑蚕丝	1.591	1.538	0.053	1.591	1.538	0.053	1.59	1.54
柞蚕丝	—	—	—	1.572	1.528	0.044		
羊毛	1.557	1.547	0.010	1.549	1.541	0.008	1.55~1.56	1.55
黏胶纤维	1.54~1.55	1.51~1.52	0.022~0.039	1.540	1.510	0.030	1.54~1.56	1.51~1.53
富强纤维	—	—	—	1.551	1.510	0.041		
铜氨纤维	1.553	1.519	0.034	1.552	1.521	0.031		
醋酯纤维	1.476	1.473	0.003	1.478	1.473	0.005	1.47~1.48	1.47~1.48
三醋酯纤维	1.469	1.469	0	—	—	—		

纤维	ISO 11827			FZ/T 01057.9			AATCC 20	
	$n_{\parallel}$	$n_{\perp}$	Δn	$n_{\parallel}$	$n_{\perp}$	Δn	$n_{\parallel}$	$n_{\perp}$
涤纶	1.706	1.546	0.160	1.725	1.537	0.188	1.71~1.73	1.53~1.54
腈纶	1.511	1.514	−0.003	1.510~1.516	—	0	1.50~1.52	1.50~1.52
改性腈纶	1.52~1.54	1.52~1.53	0.002~0.004	1.535	1.532	0.003	1.54	1.53
锦纶 11	1.553	1.507	0.046				1.57	1.51
锦纶 6	1.575	1.526	0.049	1.573	1.521	0.052	1.57	1.51
锦纶 66	1.578	1.522	0.056				1.58	1.52
维纶	—	—	—	1.547	1.522	0.025	1.55	1.52
氯纶	1.541	1.536	0.005	1.548	1.527	0.021	1.53~1.54	1.53
乙纶	1.574	1.522	0.052	1.570	1.522	0.048	1.56	1.51
丙纶	1.530	1.496	0.034	1.523	1.491	0.032	1.56	1.51
酚醛纤维	—	—	—	1.643	1.630	0.013	1.5~1.7	
玻璃纤维	1.52~1.55	—	—	1.547	1.547	0	1.55	1.55
木棉纤维	—	—	—	1.528	1.528	0		
芳纶纤维	>2.00	—	—	—	—	—	—	—
再生蛋白质纤维	—	—	—	—	—	—	1.53~1.54	1.53~1.54
聚偏氯乙烯纤维	—	—	—	—	—	—	1.48	1.48
聚苯并咪唑纤维	—	—	—	—	—	—	>1.7	>1.7

（1）浸没法：将两种折射率不同的液体按照不同比例混合，得到不同折射率的浸没液体，选择的液体应该保证纤维在液体中不发生膨胀、液体不容易挥发，两种液体的折射率不同且可以按照任意比例进行混合。ISO/TR 11827 提供了常用浸没液体的折射率（表 6-3）。通过显微镜观察浸没在液体中的纤维与液状的状态，当纤维和浸没液体的折射率不同时，在纤维边缘会有一条明亮的细线，该细线以其发现者德国人贝克的名字命名为贝克线。物镜抬高时，贝克线出现在折射率较大的纤维或者浸没液体；物镜降低时，贝克线出现在折射率较小的纤维或者浸没液体。当纤维和浸没液体的折射率相同时，在显微镜下观察不到贝克线。使用折光仪测量该浸没液体的折射率，得到被测纤维的折射率，分别测量平行折射率和垂直折射率，按照下式计算双折射率。

$$\Delta n = n_{\parallel} - n_{\perp} \qquad (6-1)$$

式中：Δn 为纤维的双折射率；$n_{\parallel}$ 为平面偏光振动方向平行于纤维长轴的折射率；$n_{\perp}$ 为平面偏光振动方向垂直于纤维长轴的折射率。

（2）光程差法：利用两条折射光在纤维内部传播的速度不同，通过测量光程差和纤维厚度，按下式计算双折射率。

$$\Delta n = \frac{\Delta}{d} \tag{6-2}$$

式中：Δn 为纤维的双折射率；Δ 为光程差（μm）；d 为纤维的厚度（μm）。

FZ/T 01057.9 使用 α-溴代萘与液状石蜡按照不同的比例混合成不同折射率的浸没液体，将单根纤维放在载玻片上滴一滴浸没液体，盖上盖玻片，用拆纱针将盖玻片四角压紧，尽量不要有气泡以免影响观察，先使用低倍的镜头调出纤维，再用 400~500 倍的镜头观察，通过观察贝克线，调整浸没液体的折射率，直到该线消失，测量浸没液体的折射率得到待测纤维的平行折射率，将载物台转动 90°，用同样方法得到纤维的垂直折射率。

ISO/TR 11827 和 AATCC 20 方法除了测量纤维的双折射率，还在观察中将载物台转动 45°，在正交偏光镜下观察纤维的明暗程度。

表6-3 显微镜用介质折射率表

介质	折射率	介质	折射率	介质	折射率
水	1.33	正庚烷	1.39	硅油	1.406
正癸烷	1.41	硬脂酸丁酯	1.445	液状石蜡	1.47
橄榄油	1.48	香柏油	1.513~1.519	苯甲醚	1.515
水杨酸乙酯	1.525	水杨酸甲酯	1.537	邻二氯苯	1.549
溴苯	1.56	溴萘	1.658	二碘甲烷	1.74

（三）燃烧法

用镊子夹住少量经过预处理后的样品，仔细观察样品在缓慢靠近火焰、移入火焰和离开火焰时的现象以及燃烧残留物的颜色、气味、形态等现象，残留物的观察、捻触需要等样品冷却后进行，以防烫伤。根据观察到的现象参照标准中具体燃烧特征可以初步辨别纤维的大类，但不能做出准确判断。

不同的标准在燃烧现象的表达、所涵盖的纤维种类等都有差异，ISO/TR 11827 中所描述了 19 种纤维燃烧状态，FZ/T 01057.2 描述了 28 种纤维燃烧状态，AATCC 20 中描述了 25 种纤维燃烧状态。

（四）含氯含氮呈色反应法

氯和氮元素在遇火焰、酸、碱都会呈现特定的呈色反应，部分纺织纤维的分子结构中含有氯和氮元素，利用这一性质可以通过检验是否含有氮或氯元素来鉴别纤维的类别，常见含氮含氯纺织纤维的呈色反应见表6-4，从表中可以看出，该方法只能鉴别可能的纤维种类，不能准确鉴别具体的纤维。

表6-4 含氮含氯纺织纤维的呈色反应

纤维名称	氯元素	氮元素
蚕丝	无	有
动物纤维	无	有
大豆蛋白纤维	无	有

纤维名称	氯元素	氮元素
聚乳酸纤维	无	有
腈纶	无	有
锦纶	无	有
氯纶	有	无
偏氯纶	有	无
腈氯纶	有	无
氨纶	无	有

检测方法：取干净的铜丝，如果表面已经发生氧化，可以用细砂纸去除表面的氧化层，将铜丝用酒精灯烧红，然后将铜丝与试样接触，再将铜丝移入火焰中，如果火焰呈绿色说明试样含有氯元素。

将少量剪碎的纤维放在干净的试管中，用碳酸钠盖在纤维上，用酒精灯加热试管，如果放在试管口的红色石蕊试纸变成蓝色，说明试样含有氮元素。

（五）着色试验法

利用化学溶液对纺织纤维具有染色性能，根据其颜色变化来鉴别纤维种类，显而易见，该方法仅仅适用于未经染色的纤维、纱线和织物。ISO/TR 11827 中使用碘/碘化钾法和黄蛋白反应法，AATCC 20 中使用氯碘化锌法和酸性间苯三酚法，这两个方法较适用于棉和麻等纤维素纤维。

1. 碘/碘化钾法

将 20g 碘化钾溶解于 20~50mL 蒸馏水中，然后在碘化钾溶液中溶解 2.5g 碘，将溶液稀释至 100mL。试样放在碘/碘化钾的溶液中浸泡 30~60s，然后洗净，观察试样的颜色与表 6-5 所列的纤维着色试验的颜色并进行比较，从而确定纤维的种类。

表 6-5 纺织纤维颜色变化（碘/碘化钾法）

纤维名称	颜色
蚕丝、动物纤维	淡黄色
黏胶纤维、铜氨纤维、莫代尔纤维、莱赛尔纤维	黑色、蓝色、绿色
醋酯纤维、三醋酯纤维、锦纶、腈纶、改性腈纶、氨纶	深棕色
维纶	深蓝色
聚偏氯乙烯纤维、聚氯乙烯纤维、涤纶、丙纶、聚乳酸纤维	无色

2. 黄蛋白反应法

该方法主要用于检测纤维中是否含有蛋白质，主要针对蚕丝、动物纤维和蛋白质纤维。将纤维放置在载玻片上，滴一滴硝酸，然后在显微镜下观察颜色的变化，如果纤维中含有蛋白质，那么纤维会变成黄色，在氨的中和下又会变成橘色。

3. 氯碘化锌法

将 20g 氯化锌溶于 10mL 水中，加入 2.1g 碘化钾和 0.1g 溶于 5mL 水中的碘溶液，加一片碘。溶液配制完成后，将纤维放置在载玻片上，滴一滴溶液，盖上盖玻片，避免产生气泡，在显微镜下观察纤维的颜色。大麻、苎麻和棉纤维会变成紫色，亚麻会变成棕紫色，黄麻会变成棕色，包括蚕丝在内的其他许多纤维会变成黄棕色。

4. 酸性间苯三酚法

将少量纤维放置在载玻片上，滴入 2g 间苯三酚溶解于 100mL 的水中和相同体积的浓盐酸中，由于木质素的存在，纤维素木本类纤维如未漂白的黄麻等纤维会变成深洋红色。

（六）化学试剂溶解法

纺织纤维尤其是化学纤维由于其化学组成、分子结构不同，因此具有不同化学性质，可以根据不同纤维在不同温度、不同浓度、不同化学试剂中的溶解情况来鉴别纤维的种类。

检测方法：将少量未知纤维试样放置在试管或小烧杯中，每克试样至少需要加入 50mL 化学试剂，在室温下摇动 5min，有些纤维在化学试剂中的溶解需要进行加热至沸腾并保持 3min，再观察纤维的溶解情况，ISO/TR 11827、FZ/T 01057.4 和 AATCC 20 分别列出了不同纺织纤维在不同化学试剂中的溶解性能。

（七）红外光谱分析法

红外光谱分析法是一种根据分子内部原子间的相对振动和分子转动等信息来确定物质分子结构和鉴别化合物的分析方法，将分子吸收红外光的情况用仪器记录下来，以吸光度为纵坐标，以波长为横坐标所得到的带状图就是红外光谱。红外光谱中每个特征吸收谱带都代表了某个特定基团和化学键，并具有特定分布。每一种纤维，不管是天然纤维还是化学纤维，都是由特定的化学基团按一定的排列组合而成的，分子中的各种基团都有其各自特征的红外吸收峰，并呈现出特定的分布。因此，不同的纺织纤维会有不同的红外光谱，将待测未知试样的红外光谱与已知纤维的红外光谱进行比较可以鉴别纤维的种类。

ISO/TR 11827 中，仅列出了一些常见化学键的波数（表 6-6），FZ/T 01057.8 中罗列了 35 种纺织纤维的红外光谱的主要吸收谱带和特征频率（表 6-7）。

表 6-6 常见化学键波数表

波数（cm^{-1}）	化学键	化学族
3300 附近	O—H	<3300 醇类，>3300 酸类
3250 附近	N—H	胺类、酰胺类
3000 附近	C—H	2800~3000 脂肪类，>3000 芳香族
2200 附近	C≡N	乙酸乙烯酯
1700 附近	C=O	酮类、酰胺类、酸类
1200 附近	C—O—C	酯类
800 附近	C—Cl	氯

表 6-7　纺织纤维红外光谱的主要吸收谱带和特征频率

纤维名称	主要吸收谱带和特征频率
纤维素纤维	3450~3200, 1640, 1160, 1064~980, 983, 761~667, 610
动物纤维	3450~3300, 1658, 1534, 1163, 1124, 926
蚕丝	3450~3300, 1650, 1520, 1220, 1163~1140, 1064, 993, 970, 550
醋酯纤维	3500, 2960, 1757, 1600, 1388, 1239, 1023, 900, 600
壳聚糖纤维	3434, 2892, 1660, 1380, 1076, 611
大豆蛋白纤维	3391, 2943, 1660, 1534, 1436, 1019, 848
牛奶蛋白改性聚丙烯腈纤维	3341, 2935, 2245, 1665, 1534, 1450, 539
牛奶蛋白改性聚乙烯醇纤维	3300, 2940, 1660, 1535, 1445, 1237, 1146, 1097, 1019, 850
聚乳酸纤维	3000, 2950, 1760, 1460, 1388, 1118, 1086, 781, 757, 704
聚酯纤维	3040, 3258, 2208, 2079, 1957, 1724, 1421, 1124, 1090, 780, 725
腈纶	2242, 1449, 1250, 1175
维纶	3300, 1449, 1242, 1129, 1099, 1024, 848
芳纶 1313	3072, 1642, 1602, 1528, 1482, 1239, 856, 818, 779, 718, 664
芳纶 1414	3057, 1647, 1602, 1545, 1516, 1399, 1308, 1111, 893, 865, 824, 786, 726, 664
锦纶 6	3300, 3050, 1639, 1540, 1475, 1263, 1200, 687
锦纶 66	3300, 1634, 1527, 1473, 1276, 1198, 933, 689
锦纶 610	3300, 1634, 1527, 1475, 1239, 1190, 936, 689
锦纶 1010	3300, 1635, 1535, 1467, 1237, 1190, 941, 722, 686
乙纶	2925, 2868, 1471, 1460, 730, 719
丙纶	1451, 1375, 1357, 1166, 997, 972
腈氯纶	2324, 1255, 690, 624
氨纶	3300, 1730, 1590, 1538, 1410, 1300, 1220, 769, 510
聚碳酸酯纤维	1770, 1230, 1190, 1163, 833
聚偏氯乙烯纤维	1408, 1075~1064, 1042, 885, 752, 599
维氯纶	3300, 1430, 1329, 1241, 1177, 1143, 1092, 1020, 690, 614
聚四氟乙烯纤维	1250, 1149, 637, 625, 555
酚醛纤维	3340~3200, 1613~1587, 1235, 826, 758
聚砜酰胺纤维	1658, 1589, 1522, 1494, 1313, 1245, 1147, 1104, 783, 722
聚苯撑-1, 3, 4-噁二唑纤维	3500, 1620, 1550, 1480, 1400, 1350, 1320, 1270, 1080, 1020, 950, 850, 720, 500
玻璃纤维	1413, 1043, 704, 451
石棉纤维	3680, 3740, 1425, 1075, 1025, 950, 600, 450
碳纤维	无吸收
不锈钢纤维	无吸收

根据样品的不同，红外光谱的样品制备主要有溶解铸膜法、熔融铸膜法和溴化钾压片法。

（1）溶解铸膜法是根据纤维的化学溶解性能将其溶解在某一化学溶剂中，一般主要运用于二醋纤、三醋纤、锦纶6、锦纶66和氯纶等纤维，二醋纤选择丙酮溶液；三醋纤和氯纶选择二氯甲烷溶液；锦纶6和锦纶66选择甲酸溶液。使用玻璃棒将溶解纤维的溶剂涂在溴化钾或者KRS-5的晶体板上形成膜。

（2）熔融铸膜法是利用压机的加热板，将夹在聚四氟乙烯板中的测试纤维压成透明的膜。

（3）溴化钾压片法是将100mg的溴化钾和2~3mg长度在20μm以下的纤维粉末放在玛瑙研钵中研磨混合均匀并且转移到溴化钾压膜中，在14MPa的压力下抽2~3mm真空。

样品制备完成后，将其放入波数在4000~400cm^{-1}范围的红外光谱仪的样品架上，开启设备扫描程序，将得到的红外光谱与已知纤维的红外光谱进行对照，从而判定待测纤维的种类。

（八）熔点测量法

使用熔点仪或者有加热装置的偏光显微镜，通过观察化学纤维的外观形态变化，利用光电检测得到纤维的熔融温度即熔点，常见合成纤维的熔点见表6-8。从表中可以看出某些合成纤维的熔点比较接近甚至相同，如醋酯纤维和涤纶的熔点范围。有些纤维没有明显的熔点，如腈纶、芳纶等，因此，熔点测量法在纤维鉴别中一般不会单独应用，而是作为一种验证方法，确定可能的纤维类别，是纤维鉴别的一种辅助方法。

表6-8 常见合成纤维熔点表

纤维名称	ISO/TR 11827	FZ/T 01057.6	AATCC 20
醋酯纤维	255~260	255~260	260
三醋酯纤维	300	280~300	288
涤纶	250~260	255~260	250~260
腈纶	不熔	不明显	不熔
改性腈纶	不熔	188	188或120
氨纶	230~290	228~234	230
锦纶6	215~225	215~224	213~225
锦纶66	260~265	250~258	256~265
锦纶11	185~190	—	—
维纶	—	224~239	—
乙纶	130~150	130~132	135
丙纶	160~175	160~175	170
氯纶	—	202~210	—
偏氯纶	—	—	168
聚偏氯乙烯	—	—	218
聚对苯二甲酸丁二醇酯	—	226	—
聚对苯二甲酸丙二醇酯	—	228	226~233

续表

纤维名称	ISO/TR 11827	FZ/T 01057.6	AATCC 20
聚四氟乙烯纤维	—	329~333	—
芳纶	不熔	—	400（碳化）
天然橡胶	不熔	—	不熔
玻璃纤维	不熔	—	850
聚乳酸纤维	—	175~178	—

测量熔点时一般取少量纤维放在两片玻璃片之间，然后放在熔点仪显微镜的电热板上，将纤维成像调焦至清晰，按照 3~4℃/min 的速率将温度升高。在显微镜目镜中，仔细观察纤维的形态变化，当玻璃片中大多数纤维发生熔化时，此时的温度即为纤维的熔点。

如果使用有加热装置的偏光显微镜测量熔点，调节偏振面使起偏振镜和检偏振镜互相垂直，使视野黑暗，放置试样使纤维的几何轴在起偏振镜和检偏振镜间的45°上，随着温度的升高，纤维在发生熔融前会发亮，当纤维熔化后，亮点随即消失，此时的温度即为纤维的熔点。

（九）密度梯度法

ISO/TR 11827、FZ/T 01057.7 和 AATCC 20 标准中虽然都包含有该方法并列出了各种纺织纤维的密度值，但是 FZ/T 01057.7 标准是最全面、最详细的，包含密度梯度管的配制、标定和纤维密度测定等的具体操作方法，AATCC 20 和 ISO/TR 11827 相对比较简单。

1. 原理

不同的纤维具有不同的密度，通过测定未知纤维的密度与对照已知纤维密度来鉴别未知纤维。选择两种密度不同、不容易挥发的液体，并且能互相混溶不发生物理化学反应，与被测定的未知纤维也不会发生物理化学反应，将液体按一定流速连续注入梯度管内，由于液体分子的扩散作用，两种密度不同的液体从交界处开始逐步扩散，重液分子向轻液部分扩散，受地心引力的作用，不能无限制地去和轻液完全混合，形成了重液在混合液中的梯度分布，同理，轻液分子向重液部分扩散，由于重液的托浮力作用，轻液不能无限制地与重液完全混合，形成轻液在混合液中的梯度分布，混合后的液体密度从上到下逐渐变大，且连续分布形成梯度，称为密度梯度柱。

根据悬浮原理，试样会在与其密度相同的液位处悬浮，将已知密度的一组标准玻璃小球放入梯度密度液柱中，测量各个不同密度的标准玻璃小球在密度梯度柱的高度值，得到小球密度—液柱高度的线性图。随后将被测纤维小球投入密度梯度管内，根据其高度，在密度—高度曲线图中求得待测纤维的密度。

2. 密度梯度管的配制

（1）轻、重液体密度的确定。常用纺织纤维除了玻璃纤维和石棉，密度值（表6-9）基本在 0.96~1.54g/cm³，因此，选择轻液的密度比密度值 0.96g/cm³ 略低，重液的密度比密度值 1.54g/cm³ 略高。AATCC 20 使用二甲苯（密度 0.843g/cm³）和四氯乙烯（密度 1.631 g/cm³），FZ/T 01057.7 使用二甲苯和四氯化碳（密度 1.596g/cm³）分别作为轻液和重液。

表 6-9　常用纺织纤维密度表

纤维名称		纤维密度（g/cm³）		
		ISO/TR 11827	FZ/T 01057.7	AATCC 20
棉		1.48~1.50	1.54	1.51
苎麻		1.50~1.51	1.51	1.51
亚麻		1.48~1.52	1.50	1.51
大麻		1.48~1.50	—	1.51
黄麻		1.48~1.52	—	1.51
蚕丝		1.25~1.36	1.36	1.32~1.34
羊毛		1.32~1.35	1.32	1.30
黏胶纤维		1.50~1.53	1.51	1.51
铜氨纤维		—	1.52	1.51
醋酯纤维		1.33	1.32	1.32
涤纶		1.31~1.40	1.38	1.38 或 1.23
腈纶		1.16~1.20	1.18	1.12~1.19
改性腈纶		1.24~1.37	1.28	1.30 或 1.36
芳纶	对位芳纶	1.44~1.47	1.46	1.38
	间位芳纶	1.38	—	
莫代尔纤维		1.50~1.53	1.52	1.51
莱赛尔纤维		—	1.52	1.51
锦纶	锦纶 6	1.12~1.14	1.14	1.12~1.15
	锦纶 66	1.14		
	锦纶 11	1.04		
维纶		—	1.24	1.26~1.30
含氯纤维	偏氯纶	1.38~1.44	1.70	1.70
	氯纶		1.38	1.34~1.37
氨纶		1.16~1.20	1.23	1.20~1.21
乙纶		0.95~0.97	0.96	0.90~0.92
丙纶		0.91~0.95	0.91	0.90~0.92
石棉		—	2.10	2.1~2.8
玻璃纤维		2.60	2.46	2.4~2.6
酚醛纤维		—	1.31	1.25
聚砜酰胺纤维			1.37	
牛奶蛋白改性聚丙烯腈纤维		—	1.26	—
大豆蛋白纤维		—	1.29	1.30
聚乳酸纤维			1.27	—

纤维名称	纤维密度（g/cm³）		
	ISO/TR 11827	FZ/T 01057.7	AATCC 20
聚烯烃弹性纤维	0.90~1.03	—	—
聚丙烯酸酯纤维	—	—	1.22
聚偏氯乙烯	—	—	1.20
聚苯丙咪唑纤维	—	—	1.4
二烯类弹性纤维	—	—	0.96~1.06

（2）FZ/T 01057.7 密度梯度管的配制。可直接选用纯溶剂作为轻液和重液，也可以把两种纯溶剂配成不同密度的混合液，分别在量筒中量取、混合、摇匀，用密度计校正液体的密度，如果密度偏低，加入重液，反之，加入轻液，直到密度值达到要求为止。然后分别倒入梯度管配制装置的三角烧瓶内，轻液瓶在后，重液瓶在前，打开磁力搅拌器，液体以低于5mL/min 的流量沿管壁流入梯度管中，待液体流完后，盖上盖子。

（3）AATCC 20 密度梯度管的配制。按照四氯乙烯和二甲苯体积比 90∶10、80∶20、70∶30、60∶40、50∶50、40∶60、30∶70、20∶80、10∶90 配制混合液，在密度梯度管中分别注入 25mL 四氯乙烯、25mL 每种比例的混合液和 25mL 二甲苯。

3. 密度梯度管的标定

梯度管缓缓移入密度梯度测定仪中进行标定，FZ/T 01057.7 要求在（25±0.5）℃的条件下，将标准密度玻璃小球放入梯度管内，平衡 2h 后，使用测高仪测定标准密度玻璃小球的高度（精确至 1mm），作出该梯度管的高度—密度曲线。

4. 纤维密度的测定

FZ/T 01057.7 标准详细介绍了密度测定的方法，取 5 个试样分别测试，纤维整理成束后捻成直径为 2~3mm 的小球，放入称量瓶中进行干燥处理，一般样品放在（100±2）℃烘箱内烘干 1h，热稳定性差的样品在（30±2）℃真空干燥箱内干燥 30min，然后盖上称量瓶盖子，立即放入干燥器中冷却 10min。

把干燥冷却后的纤维小球放入装有少量二甲苯的离心管中，在转速 2000r/min 的离心机上离心脱泡 2min，然后放入已标定好的密度梯度管内，待平衡后用测高仪逐一测出纤维小球的高度，一般需平衡 3h，但是某些纤维需要更长的时间。在高度—密度曲线图中，查出每个纤维小球的密度值，计算平均值，修约至小数点后二位，与表 6-9 中密度值比较确定纤维种类。

AATCC 20 标准中采用在二甲苯中沸腾 2min 的方法预处理待测的纤维小球，并且平衡时间为 30min，没有规定试样个数。

（十）干燥捻度法

分离出一些平行的纤维，在水中沾湿并且挤去多余的水分，轻轻地拍打纤维束末端使其向外逐渐展开，握持纤维在热板的上方使其干燥，纤维束的末端正对观察者，仔细观察纤维束的捻向。例如，亚麻和苎麻纤维是顺时针捻向，而大麻和黄麻是逆时针捻向。

三、测试中应注意的技术细节

虽然纤维鉴定的方法有许多，但是针对不同的纤维种类，需要采用不同的方法，每种方法都有其适用范围和局限性。例如，从纺织纤维燃烧状态描述表中不难发现，虽然每种纤维都有其燃烧现象，但是有些区分不明显，基本只能区分大类；同样，其他纤维鉴别的方法都有类似的问题存在，化学试剂溶解法和红外光谱法只能确定动物纤维、纤维素纤维、再生纤维素纤维等的大类；着色法、熔点测量法也只能大致锁定可能的纤维种类。由此可见，不可能简单地运用一种方法鉴别所有的纺织纤维，往往需要多种方法综合运用。

在日常检测过程中，最经济、便捷、有效且最常用的方法是显微镜外观形态观察法和化学试剂溶解法，将二者进行有机的结合，可以鉴别大多数的常用纺织纤维。一般依据"先大类再小类"的原则，最后确定某个具体纤维。天然纤维和再生纤维素纤维有其特有的外观形态特征，通过观察横截面或者纵向外观特征就可以较为准确地判断。而合成纤维由于加工工艺的原因，外观形态特征比较类似，单纯依靠外观形态较难准确鉴别，需要借助化学试剂和红外光谱法进行判断。

第二节 双组分织物纤维含量定量检测方法

双组分是指织物或其他纺织产品中由两种不同的纤维构成，两种纤维组成的比例各不相同，但总和为100%。

一、测试准备和要求

（一）样品的预处理

纺织面料、纱线和纤维等纺织产品，除了纤维本身含有的非纤维物质，在纺纱、制造、染色印花和后整理加工过程中，为了增加纤维的抱合力，提高纺纱织造性能，或者为了赋予纺织品防水、防污、防皱等特殊性能而人为地添加油脂、蜡质、整理剂、涂层、黏合剂、树脂或其他化学品，用显微镜观察时就会发现纤维表面有颗粒状物质。在纤维含量测试过程中，这些非纤维物质可能会完全或者部分溶解于化学试剂中，将其计算在可溶解纤维组分的质量内或者未溶解纤维组分的质量中，都会造成含量测试的误差，因此，在纤维成分分析之前需要用化学试剂去除这些非纤维的物质。需要注意的是选用的化学试剂和处理方法不能对纤维有损伤，以免出现二次误差。

在通常情况下，在测试纤维含量前不需要去除染料，但是如果可溶解的纤维组分在化学试剂中不完全溶解，主要是针对有些深色的产品，尤其是黑色的样品和含有黑色纤维的夹花样品，需要褪色后再测试。

预处理选取的样品必须具有代表性，具体的取样要求参照单组分的取样要求，如果样品中包括不同组分、不同颜色、不同结构等的纱线，这些纱线组成了花型图案，那么取样时必须至少包含一个完整的花型图案，一般按照对角线排列选取三块方形样品，每块样品至少1g。如果门幅方向没有花型循环，主要是一些烂花和蕾丝织物，那么需要选取整个门幅宽度。

1. ISO 1833-1：2006、GB/T 2910.1—2009 和欧盟《REGULATION（EU）No1007/2011》预处理方法

ISO 1833-1、GB/T 2910.1—2009《纺织品 定量化学分析 试验通则》的附录 A 和欧盟《REGULATION（EU）No1007/2011》附录 8 中给出了 20 多种去除油类、脂肪、蜡质和水溶性物质的预处理方法，但是这些方法的选用是基于已知的非纤维物质，如果非纤维物质未知，那么很难选择适用的方法，而且也不可能把这些方法都预处理一次，因此，一般情况下，会使用以下处理方法。

（1）石油醚萃取法。主要是去除油脂，在索氏萃取器中用馏程 40~60℃的石油醚萃取 1h，至少 6 个循环，即每 10min 1 个循环，萃取结束，取出样品，等石油醚挥发以后，按照 1:100 的浴比分别浸入冷水和（65±5）℃的热水中浸泡各 1h，不时地搅拌，然后挤干、抽滤、离心脱水，并自然干燥。

（2）沸水处理法。去除淀粉浆料等水溶性非纤维物质，将样品在沸水中煮沸 5min，然后自然干燥。

2. AATCC 20A—2018 预处理方法

AATCC 20A 中，针对不同的非纤维物质有五种常用的方法，试样处理后放入烘箱内干燥。

（1）正己烷处理法。去除油脂、蜡等非纤维物质，将样品放在索氏萃取器中用正己烷进行萃取，至少 6 次以上虹吸，然后在空气中自然干燥。

（2）酒精处理法。去除肥皂、阳离子整理剂等非纤维物质，将样品放在索氏萃取器中用 95%酒精进行萃取，至少 6 次以上虹吸，然后在空气中自然干燥。

（3）水处理。去除水溶性的非纤维物质，按照 1:100 的浴比，每克试样加入 100mL 水在 50℃的振荡水浴中振荡 30min，然后用水清洗三次，在空气中自然干燥。

（4）酶处理。去除淀粉等非纤维物质，按照制造商建议的浴比、温度和时间浸泡试样，用热水彻底清洗。

（5）酸处理。去除氨基树脂，按照 1:100 的浴比，每克试样加入 100mL 浓度 0.1N 的盐酸，在 50℃的水浴中处理 25min，期间偶尔搅拌，用热水彻底清洗。

（二）取样

在经过预处理的样品上，取三个平行试样，ISO 1833、GB/T 2910 和欧盟《REGULATION（EU）No1007/2011》附录 8 规定每个平行试样至少 1g，AATCC 20A 规定每个平行试样 0.5~1.5g，一般先测试其中的两个试样，如果两个平行试样的结果相差 1%以内，则以两个平行试样的平均值作为测试的结果，若两个平行试样的结果相差大于 1%，则需要测试第三个试样，计算差值在 1%以内的两个试样的平均值作为测试的结果。

纱线试样需要将纱线剪成合适的长度，使用拆纱针分解，或者使用捻度仪退捻。

针织物试样沿横向线圈和纵向线圈裁剪，需要将其拆开。

机织物试样可以先剔除几根经纱和纬纱，需要保证至少包含一个完整的花型图案，然后小心地紧贴经纱和纬纱将试样修剪整齐，整个过程中需要防止边缘散开，掉落纱线，然后将机织物拆开并且按照纱线的种类分类。

ISO 1833、GB/T 2910 和欧盟法规要求将纱线剪成不超过 10mm 的小段，而 AATCC 则要求不超过 3mm。

（三）样品的烘干

在测试前需要将经过预处理的试样放在温度为（105±3）℃密闭的通风烘箱内烘至恒重。

1. ISO 1833−1：2006、GB/T 2910.1—2009 和欧盟《REGULATION（EU）No1007/2011》

（1）将试样放入称量瓶中，称量瓶、瓶盖以及测试中需要使用的过滤坩埚和瓶盖一起放入烘箱内烘干至少 4h，但不超过 16h，瓶盖放在称量瓶和过滤坩埚旁边。烘干完成后，立即盖紧瓶盖，从烘箱内取出并迅速移入装有变色硅胶的干燥器内冷却，防止吸收空气中的水分。如果变色硅胶颜色发生变化，需要将其烘干后再使用或者更换。

（2）称量瓶和过滤坩埚冷却后才能称重，冷却时间一般不得少于 2h，为了减少在空气中暴露的时间，应该将干燥器放在天平旁边称重。

（3）冷却完成后，从干燥器中取出称量瓶或坩埚，在 2min 内用精度为 0.0002g 或者以上的分析天平迅速称出质量，精确到 0.0002g。

（4）在干燥、冷却和称重的操作过程中，需要佩戴手套，防止污染样品，不要用手直接接触坩埚、试样和未溶解纤维等，以免影响测试的数据。某些含氯纤维较高的混纺产品，试样烘干过程中可能产生收缩，有可能导致含氯纤维的溶解延缓，但不影响含氯纤维的最终溶解。

（5）称重后将试样立即转移到标准中所规定的玻璃器皿中，立刻称量称量瓶，含有试样时称量瓶的质量减去称量瓶的质量即试样的干燥质量。欧盟法规规定，如果再烘干 60min 得到的干燥质量变化少于 0.05%，则认为试样达到恒重。

2. AATCC 20A—2018

烘干的操作步骤与上述方法相同，但是 AATCC 规定烘干 1.5h 后，称量瓶和过滤坩埚从烘箱内取出并迅速移入装有变色硅胶的干燥器内冷却至室温即可称量，然后再烘干 30min，如果二次称量的数据在 ±0.001g 范围内，则认为达到恒重。

二、测试方法与标准

根据纤维、纱线和组织结构的不同，常用的方法主要有手工拆分法、化学试剂溶解法和显微镜分析法三种。因此，在定量测试前需要先正确鉴别纤维种类，根据样品的实际纤维种类选择相应的测试方法进行定量分析。

（一）手工拆分法

手工拆分法适用于可以通过目测根据纱线颜色、粗细、排列等特征规律来分辨和区分不同的纤维，在交织面料和色织面料中较为常见，其经纱和纬纱或不同的颜色分别含有不同的纤维成分，如交织面料中经纱为 100%羊毛、纬纱为 100%涤纶，色织面料红色纱为 100%棉、黑色纱为 100%尼龙；含有多种形态纱线的面料且每种形态的纱线含有不同的纤维成分，如花色纱线为 100%腈纶、普通纱线为 100%黏胶纤维；由成分不同的纱合股而成的线，如股线由 100%尼龙和 100%黏胶纤维两根纱组成，这些产品的定量分析方法比较简单、测试便捷，可以通过手工将其拆分。

该方法的主要标准有 ISO 1833−1 附录 B、GB/T 2910.1 附录 B、欧盟《REGULATION

（EU）No1007/2011》附录8和AATCC 20A，我国国家标准GB/T 2910.1等同采用ISO 1833-1，这些方法的原理和测试过程非常相似，就是将纤维成分相同的纱线集中在一起放在称量瓶内，烘干、冷却和称重，计算每种纤维的净干质量百分比和结合公定回潮率的质量百分比。GB 9994《纺织材料公定回潮率》、欧盟《REGULATION（EU）No 1007/2011》附录9和美国ASTM D1909规定了主要纺织纤维的公定回潮率，计算方法分别见式（6-3）~式（6-6）。

$$P_{D1} = \frac{m_1}{m_1 + m_2} \times 100 \tag{6-3}$$

$$P_{D2} = 100 - P_{D1} \tag{6-4}$$

$$P_1 = \frac{P_{D1} \times (1 + 0.01a_1)}{P_{D1} \times (1 + 0.01a_1) + P_{D2} \times (1 + 0.01a_1)} \times 100 \tag{6-5}$$

$$P_2 = 100 - P_1 \tag{6-6}$$

式中：P_{D1}为纤维一的净干质量百分比（%）；P_{D2}为纤维二的净干质量百分比（%）；m_1为纤维一的干燥质量（g）；m_2为纤维二的干燥质量（g）；P_1为结合公定回潮率的纤维一的质量百分比（%）；P_2为结合公定回潮率的纤维二的质量百分比（%）；a_1为纤维一的公定回潮率（%）；a_2为纤维二的公定回潮率（%）。

（二）化学试剂溶解法

化学试剂溶解法适用于混纺产品并且混纺的两种纺织纤维具有不同的化学性质，从而可以选择一种化学试剂将其中的一种纺织纤维溶解，而对另一种纺织纤维没有影响或者影响很小，有些未溶解的纤维在溶解过程中会发生质量变化，因此，计算未溶解纤维的质量时需要进行修正，根据未溶解之前纤维的干重和溶解后剩余纤维的干重，计算纤维的净干质量百分比和结合公定回潮率的质量百分比。

双组分纤维混纺产品定量化学分析方法的标准主要有ISO 1833、GB/T 2910、AATCC 20A和欧盟关于纺织产品的纤维成分的标识和纺织纤维名称的法规《REGULATION（EU）No 1007/2011》。

1. 溶解方法

（1）ISO 1833双组分纤维混纺产品定量化学分析溶解方法。

ISO 1833包括ISO 1833-1~ISO 1833-26，以ISO 1833-12：2019《聚丙烯腈纤维、某些改性聚丙烯腈纤维、某些含氯纤维或某些弹性纤维与某些其他纤维的混合物（二甲基甲酰胺法）》为例。

①适用范围：聚丙烯腈纤维、某些改性聚丙烯腈纤维、某些含氯纤维、某些弹性纤维和动物纤维、蚕丝纤维、棉纤维、黏胶纤维、铜氨纤维、莫代尔纤维、莱赛尔纤维、聚酰胺纤维、聚酯纤维、弹性聚酯复合纤维、聚烯烃基弹性纤维、三聚氰胺纤维、玻璃纤维的混纺产品。使用铬基媒染剂染色的动物纤维和蚕丝纤维不适用于本方法。

②原理：用二甲基甲酰胺试剂把聚丙烯腈纤维、某些改性聚丙烯腈纤维、某些含氯纤维或某些弹性纤维从已知干燥质量的混合物中溶解去除，将未溶解纤维进行清洗、烘干、称重和修正，得到溶解后剩余纤维的干重，计算未溶解纤维占混合物干燥质量的百分比，得出聚丙烯腈纤维、某些改性聚丙烯腈纤维、含氯纤维或弹性纤维的质量百分比。

③试剂：沸点152~154℃的二甲基甲酰胺，含水不超过0.1%。

④试验步骤：按照1:100的浴比，每克试样加入100mL二甲基甲酰胺溶液，把试样放

进容量不小于 200mL 的具塞三角烧瓶中，盖上瓶塞摇动烧瓶使试样充分润湿，烧瓶放置在 90~95℃的水浴中 1h，每隔 10min 用手轻轻摇动，共 5 次，再将溶液倒入已知质量的玻璃砂芯坩埚过滤溶液，未溶解纤维留在烧瓶中，加入 60mL 二甲基甲酰胺，在 90~95℃的水浴中放置 30min，在此期间每隔 10min 用手轻轻摇动，共 2 次。将溶液倒入已知质量的玻璃砂芯坩埚过滤溶液，用二甲基甲酰胺溶液把未溶解纤维全部转移到已知质量的玻璃砂芯坩埚中，真空抽吸排液，用约 1L 温度在 70~80℃的热水清洗坩埚中的未溶解纤维，每次都需要将热水加满坩埚且洗后先重力排液，再真空抽吸排液。最后将坩埚和未溶解纤维烘干、冷却、称重。

（2）GB/T 2910《纺织品 定量化学分析》溶解方法。

2009 年 6 月 15 日发布的新版 GB/T 2910.1~GB/T 2910.24 标准中，GB/T 2910.1~GB/T 2910.14、GB/T 2910.16~GB/T 2910.19 和 GB/T 2910.21 都是等同采用了 ISO 1833：2006 的版本，对其进行了编辑性的修改，在规范性引用文件中使用我国的标准代替了国际标准，并且删去了国际标准中的前言部分，但是国际标准化组织分别在 2010/2013/2017/2018/2019 年分别对 ISO 1833：2006 版方法标准中的第 4、6、7、11 和 12 部分的进行了更新；GB/T 2910.15 修改采用了 ISO 1833-15：2006，GB/T 2910.20 和 GB/T 2910.23 分别参照了 ISO/CD 1833-20：2006 和 ISO/CD 1833-23：2006，但 ISO/CD 1833-23：2006 方法现已经取消；GB/T2910.24 参考了 ISO/DIS 1833-25：2007；2017 年 12 月 29 日在 GB/T 2910—2009 的基础上增加了 GB/T 2910.25 和 GB/T 2910.26，分别参考了 ISO/DIS 1833-25：2013 和修改采用了 ISO/DIS 1833-26：2013；另外结合我国的产品特点于 2009 年 6 月 15 日正式发布了 GB/T 2910.101—2009《纺织品　定量化学分析　第 101 部分：大豆蛋白复合纤维与某些其他纤维的混合物》的方法标准。对于等同采用 ISO 现行版本的方法以下不再进行介绍，在 2010/2013/2017/2018/2019 年国际标准化组织多次对 ISO 1833：2006 版的方法标准进行了更新。在此，以 GB/T 2910.12—2009 为例进行介绍。

GB/T 2910.12—2009《纺织品 定量化学分析　第 12 部分：聚丙烯纤维、某些改性聚丙烯纤维、某些含氯纤维或某些弹性纤维与某些其他纤维的混合物（二甲基甲酰胺法）》的适用范围中规定了某些其他纤维分别是：动物纤维、棉纤维、黏胶纤维、铜氨纤维、莫代尔纤维、聚酰胺纤维、聚酯纤维和玻璃纤维，而 ISO 标准除了这些纤维还增加了弹性聚酯复合纤维、三聚氰胺纤维、聚烯烃基弹性纤维和莱赛尔纤维。GB 试验方法中的浴比是 1：150，每克试样加入 150mL 二甲基甲酰胺溶液，而 ISO 是采用 1：100。GB 规定在溶解中需要摇动烧瓶 5 次，ISO 则在此基础上规定了每间隔 10min 摇动一次。溶解完成后，GB 标准要求坩埚中加满热水清洗未溶解纤维 2 次，没有具体规定热水的温度和数量。如果不溶解纤维是动物纤维、棉纤维、黏胶纤维、莫代尔纤维或铜氨纤维，那么 GB 要求对这些纤维重复水洗至少 3 次，水洗方法是将未溶解纤维全部转移到烧瓶中，加入 160mL 水，室温下机械振荡 5min，将未溶解纤维全部转移到坩埚中排液，每次洗后先重力排液，再真空抽吸排液，水洗完成后将坩埚和未溶解纤维烘干、冷却、称重，而 ISO 标准中没有这一操作步骤。

（3）AATCC 20A—2018 溶解方法。

AATCC 20A 标准是由美国纺织化学家和染料学家协会 RA24 负责制定的，从标准发布至今已经经历了十几次更新。该标准包含了纤维定量分析常用的三种方法，即手工拆分法、化学试剂溶解法和显微镜分析法，本部分主要介绍化学试剂溶解法。

①溶解方法的选择。AATCC 20A 二组分纤维定量分析一共有 11 种方法，方法的使用的纤维组成见表6-10，表中的数字从 1~11 分别代表 100%丙酮法、20%盐酸法、59.5%硫酸法、70%硫酸法、次氯酸钠法、90%甲酸法、二甲基甲酰胺法、二甲基乙酰胺法、碱性甲醇法、二甲苯法和4%氯化锂二甲基乙酰胺溶液法。按照纤维的组成分别在第一行和第一列中找到相应的两种纤维，行列的交叉点处的序号对应相应的化学溶解方法，带有括号的序号代表溶解列所在的纤维，未溶解的是行所在的纤维，没有括号的序号代表溶解行所在的纤维，未溶解的是列所在的纤维。例如，羊毛和涤纶混纺的试样，在表格中分别位于第 2 列和第 13 行，相对应的方法是（5），代表溶解羊毛纤维，未溶解的是涤纶。

②试剂配制。

a.20%盐酸：20℃时，将密度为 1.19g/mL 的盐酸用水稀释至密度为 1.10g/mL。

b.59.5%硫酸：将密度为 1.84g/mL 的浓硫酸缓慢地加入水中，溶液冷却到 20℃时，校准密度在 1.4902~1.4956g/mL。

c.70%硫酸：将密度为 1.84g/mL 的浓硫酸缓慢地加入水中，溶液冷却到（20±1）℃时，校准密度在 1.5989~1.6221g/mL。

d.1:19 硫酸溶液：将 1 体积密度为 1.84g/mL 的浓硫酸和 19 体积的水混合。

e.氨水：8 体积密度为 0.90g/mL 的氨水和 92 体积的水混合。

f.碱性甲醇：将 250mL 的锤形烧瓶中加入甲醇 200mL 和 18g 颗粒状氢氧化钠。

③实验步骤。

a.100%丙酮法：按照 1:100 的浴比，在每克试样中加入 100mL 丙酮溶液，把试样放进容量不小于 250mL 的具塞三角烧瓶中，盖上瓶塞，摇动烧瓶使试样充分润湿，在 40~50℃的振荡水浴中振荡 15min，将溶液倒入已知质量的玻璃砂芯坩埚中过滤溶液，在三角烧瓶中加入丙酮溶液搅拌几分钟，重复倒出和加入溶液这个操作一次，最后将未溶解纤维全部转移到已知质量的玻璃砂芯坩埚中，抽吸排液，并烘干、冷却和称重。

b.20%盐酸法：按照 1:100 的浴比，在每克试样中加入 100mL20%盐酸溶液，把试样放进容量不小于 250mL 的具塞三角烧瓶中，盖上瓶塞，摇动烧瓶使试样充分润湿，在 15~25℃的室温下机械振荡 30min，将溶液倒入已知质量的玻璃砂芯坩埚中过滤溶液，用 20%盐酸将未溶解纤维全部转移到已知质量的玻璃砂芯坩埚中，抽吸排液，再用 20%盐酸 40mL 清洗未溶解纤维，水洗至中性，加入 25mL 氨水（氨水与水的体积比为 8:92）浸泡 10min 后抽吸排液，最后在 250mL 水中浸泡 15min 后抽吸排液，并烘干、冷却和称重。

c.59.5%硫酸法：按照 1:100 的浴比，在每克试样中加入 59.5%硫酸溶液 100mL，把试样放进容量不小于 250mL 的具塞三角烧瓶中，盖上瓶塞，摇动烧瓶使试样充分润湿，在 15~25℃的室温下机械振荡 30min，将溶液倒入已知质量的玻璃砂芯坩埚中过滤溶液，用 3 份 10mL 的 59.5%硫酸将未溶解纤维全部转移到已知质量的玻璃砂芯坩埚中，抽吸排液，分别用 1:19 硫酸溶液 50mL 和水清洗未溶解纤维至中性，用 25mL 氨水溶液浸泡 10min 后抽吸排液，再用 150mL 水浸泡 15min 后抽吸排液，并烘干、冷却和称重。

d.70%硫酸法：除了试剂浓度不同，其他操作同 59.5%硫酸法。

表 6-10 AATCC 20A 化学试剂溶解方法

纤维名称	动物纤维	氨纶	蚕丝	再生纤维素	聚酯	聚酰亚胺	聚乳酸	对位芳纶	聚烯烃	尼龙	改性腈纶	间位芳纶	三聚氰胺	棉麻	腈纶
醋酯纤维	14 (5)	1	1 (5)	1	1 (9)	1	1	1	1 (10)	1 (2)	N/A	1	1	1	1
腈纶	78 (5)	N/A	78 (3) (5)	78 (3)	78 (9)	78	78	78	78 (10)	78 (2) (3) (6)	(1)	78	7 8		
棉、麻	4 (5)	(7) (8)	(5)	(3)	4 (9)	4	4	4	4 (10)	(2) (6)	4 (1)	4 (11)	4		
三聚氰胺	(5)	(7) (8)	(3) (4) (5)	(3) (4)	(9)	—	—	—	(10)	(2) (6)	(1)	(11)			
间位芳纶	(5)	(7) (8)	(3) (4) (5)	(3) (4)	(9)	11	—	11	(10)	(2) (6)	(1)				
改性腈纶	(5)	1	1 (3) (4) (5)	1 (3) (4)	1 (9)	1	1	1	1 (10)	1 (2) (6)					
尼龙	236 (5)	236 (7) (8)	(5)	26	236 (9)	236	236	236	236 (10)						
聚烯烃	10 (5)	10 (7) (8)	10 (3) (4) (5)	10 (4)	10 (9)	10	10	10							
对位芳纶	(5)	(7) (8)	(3) (4) (5)	(3) (4)	(9)	—	—								
聚乳酸	(5)	(7) (8)	(3) (4) (5)	(3) (4)	(9)	—									
聚酰亚胺	(5)	(7) (8)	(3) (4) (5)	(3) (4)	(9)										
聚酯	(5)	9 (7) (8)	(3) (4) (5)	9 (3) (4)											
再生纤维素	4 (5)	(7) (8)	(5)												
蚕丝	34	(7) (8)													
氨纶	78														

e. 次氯酸钠法：按照 1∶100 的浴比，在每克试样中加入 100mL 有效氯含量 5.25% 的次氯酸钠溶液，也可以使用浓度为 5.25% 的家用漂白剂，把试样放进容量不小于 250mL 的具塞三角烧瓶中，盖上瓶塞，摇动烧瓶使试样充分润湿，在 (25±1)℃ 的水浴中振荡 20min，溶解完成后，将溶液和未溶解纤维倒入已知质量的玻璃砂芯坩埚中过滤溶液，分别用 1% 亚硫酸氢钠和水清洗后抽吸排液，并烘干、冷却和称重。

f. 90% 甲酸法：按照 1∶100 的浴比，在每克试样中加入 90% 甲酸溶液 100mL，把试样放进容量不小于 250mL 的具塞三角烧瓶中，盖上瓶塞，摇动烧瓶使试样充分润湿，室温下机械振荡 30min，将溶液和未溶解纤维倒入已知质量的玻璃砂芯坩埚中过滤溶液，用 90% 甲酸溶液 50mL 和水分别清洗两次和一次，然后用 25mL 氨水溶液浸泡 10min，并用水清洗未溶解纤维至中性后抽吸排液，最后烘干、冷却和称重。

g. 二甲基甲酰胺法：按照 1∶100 的浴比，在每克试样中加入 100mL 二甲基甲酰胺溶液，把试样放进容量不小于 250mL 的具塞三角烧瓶中，盖上瓶塞，摇动烧瓶使试样充分润湿，在 (98±1)℃ 水浴中振荡 20min，将溶液倒入已知质量的玻璃砂芯坩埚中过滤溶液，加入新鲜的二甲基甲酰胺溶液并搅拌几分钟，重复过滤溶液和搅拌一次，然后用 70% 异丙醇清洗，最后将未溶解纤维全部转移到已知质量的玻璃砂芯坩埚中抽吸排液，并烘干、冷却和称重。

h. 二甲基乙酰胺法：操作同二甲基甲酰胺法，测试温度为 (70±1)℃。

i. 碱性甲醇法：将三角烧瓶中的碱性甲醇溶液加热到 65℃，加入样品，使用磁性搅拌棒搅拌，浸泡 5min 后，将溶液倒入已知质量的玻璃砂芯坩埚中过滤溶液，再用 70% 异丙醇清洗，并将未溶解纤维全部转移到已知质量的玻璃砂芯坩埚中抽吸排液，最后烘干、冷却和称重。

j. 二甲苯法：按照 1∶100 的浴比，在每克试样中加入 100mL 二甲苯溶液，把试样放进容量不小于 250mL 的具塞三角烧瓶中，盖上瓶塞，摇动烧瓶使试样充分润湿，沸腾 20min 并用磁性搅拌棒搅拌，将溶液倒入已知质量的玻璃砂芯坩埚中过滤溶液，用 70% 异丙醇清洗，重复这一操作，最后将未溶解纤维全部转移到已知质量的玻璃砂芯坩埚中抽吸排液，并烘干、冷却和称重。

k. 4% 氯化锂二甲基乙酰胺溶液法：按照 1∶100 的浴比，在每克试样中加入 4% 氯化锂二甲基乙酰胺溶液 100mL，把试样放进容量不小于 250mL 的具塞三角烧瓶中，盖上瓶塞，摇动烧瓶使试样充分润湿，(65±1)℃ 的振荡水浴中处理 180min，将溶液倒入已知质量的玻璃砂芯坩埚过滤溶液，加入新鲜的溶液搅拌 5~10min，重复这一操作，并用 70% 异丙醇清洗，最后将未溶解纤维全部转移到已知质量的玻璃砂芯坩埚中抽吸排液并烘干、冷却和称重。

(4) 欧盟《REGULATION（EU）No 1007/2011》附录 8 化学分析溶解方法。

欧盟关于纤维含量化学溶解分析方法包含在纺织产品纤维成分标识的法规中，以附录形式出现，一共有 16 个方法，这些方法与 ISO 1833 的技术内容非常相似，主要的不同在于适用范围中的纤维种类。

①方法 1：仅适用范围与 ISO 1833-3 丙酮法不同，未溶解纤维中增加了弹性聚酯复合纤维、聚烯烃基弹性纤维和三聚氰胺纤维。

②方法 2：仅适用范围与 ISO 1833-4 次氯酸盐法不同，未溶解纤维中没有提及聚丙烯/聚酰胺复合纤维。

③方法 3：适用于黏胶纤维、铜氨纤维和某些种类的莫代尔纤维与棉纤维、聚烯烃基弹

性纤维和三聚氰胺纤维的混纺产品，溶解方法与 ISO 1833-22 甲酸/氯化锌法相同，只是 ISO 1833-22 适用于黏胶纤维、某些铜氨纤维、莫代尔纤维或莱赛尔纤维和亚麻的混纺产品。

④方法 4：仅适用范围与 ISO 1833-7 甲酸法不同，未溶解纤维中没有提及莱赛尔纤维。

⑤方法 5：仅适用范围与 ISO 1833-9 苯甲醇法不同，未溶解纤维中增加了聚烯烃基弹性纤维和三聚氰胺纤维。

⑥方法 6：与 ISO 1833-10 二氯甲烷法相同。

⑦方法 7：仅适用范围与 ISO 1833-11 硫酸法不同，溶解纤维中没有提及莱赛尔纤维，未溶解纤维中没有聚丙烯纤维和聚丙烯/聚酰胺复合纤维。

⑧方法 8：适用范围与 ISO 1833-12 二甲基甲酰胺法不同，溶解纤维中没有提及某些聚氨酯弹性纤维，未溶解纤维中没有提及莱赛尔纤维和玻璃纤维。实验步骤中采用 1∶80 的浴比，二甲基甲酰胺需要在沸腾的水浴中预热，溶解温度是水浴沸腾温度，而 ISO 方法中浴比是 1∶100，试剂不需要预热，水浴温度在 90~95℃。

⑨方法 9：仅适用范围与 ISO 1833-13 二硫化碳/丙酮法不同，未溶解纤维中没有提及弹性聚酯复合纤维和三聚氰胺纤维。

⑩方法 10：溶解完成后用 50mL 冰乙酸清洗坩埚和未溶解含氯纤维，而 ISO 1833-14 冰乙酸法中使用 100mL 冰乙酸。

⑪方法 11：仅适用范围与 ISO 1833-18 硫酸法不同，未溶解纤维中增加了聚烯烃基弹性纤维和三聚氰胺纤维。

⑫方法 12：除了计算式与 GB/T 2910.15—2009 相同外，其他与 ISO 1833-15 相同。

⑬方法 13：仅适用范围与 ISO 1833-16 二甲苯法不同，未溶解纤维中没有提及弹性聚酯复合纤维和三聚氰胺纤维。

⑭方法 14：仅适用范围与 ISO 1833-17 硫酸法不同，溶解纤维中增加了弹性聚酯复合纤维，未溶解纤维中增加了聚烯烃基弹性纤维和三聚氰胺纤维。

⑮方法 15：仅适用范围与 ISO 1833-21 环己酮法不同，未溶解纤维中增加了三聚氰胺纤维。

⑯方法 16：与 ISO 1833-26 热甲酸法相同。

2. 纤维的净干质量百分比和结合公定回潮率的质量百分比的计算方法

未溶解纤维经烘干、冷却后称重，根据得到的质量分别计算出未溶解纤维和已溶解纤维的净干质量百分比和结合公定回潮率的质量百分比。

（1）ISO 1833 和 GB/T 2910：计算方法除了 ISO 1833-22《黏胶纤维、某些铜氨纤维、莫代尔纤维或莱赛尔纤维与亚麻的混合物（甲酸/氯化锌法）》外基本相同，只是未溶解纤维的质量变化修正系数略有差异，ISO 1833 增加了一些纤维的修正系数，未溶解纤维的质量变化修正系数见表 6-11，计算方法见式（6-7）~式（6-9），结果修约至小数点后一位。

$$P=\frac{m_1 d}{m_0}\times100 \tag{6-7}$$

$$P_1=\frac{P(1+0.01a_1)}{P(1+0.01a_1)+(100-P)(1+0.01a_2)}\times100 \tag{6-8}$$

$$P_2=100-P_1 \tag{6-9}$$

式中：P 为未溶解纤维的净干质量百分比；P_1 为未溶解纤维结合公定回潮率的质量百分比（%）；P_2 为溶解纤维结合公定回潮率的质量百分比（%）；m_0 为试样的干燥质量（g）；m_1 为未溶解纤维的干燥质量（g）；d 为未溶解纤维的质量变化修正系数；a_1 为未溶解纤维的公定回潮率（%）；a_2 为溶解纤维的公定回潮率（%）。

表 6-11　未溶解纤维的质量变化修正系数

试验方法	未溶解纤维名称	GB/T 2910	ISO 1833	REGULATION（EU）No 1007/2011
丙酮法	其他纤维	1.00	1.00	1.01
	三聚氰胺纤维	—	—	1.01
次氯酸盐法	原棉	1.03	1.03	1.03
	棉、黏胶、莫代尔纤维	1.01	1.01	1.01
	三聚氰胺纤维	—	1.01	1.01
	其他纤维	1.00	1.00	1.00
锌酸钠法	原棉、煮练棉、漂白棉	1.02	1.02	—
	其他纤维	1.00	1.00	—
甲酸/氯化锌法	40℃条件下，棉	1.02	—	1.02
	70℃条件下，棉	1.03	1.03	—
	三聚氰胺纤维	—	1.01	1.01
	聚烯烃弹性纤维	—	—	1.00
甲酸法	三聚氰胺纤维	—	1.01	1.01
	其他纤维	1.00	1.00	1.00
70%丙酮法	三醋酯纤维	1.01	1.01	—
苯甲醇法	三醋酯纤维	1.00	1.00	1.00
	聚烯烃弹性纤维	—	—	1.00
	三聚氰胺纤维	—	—	1.01
二氯甲烷法	三醋酯纤维未完全溶解	1.02	1.02	—
	其他纤维	1.00	1.00	1.00
	聚酯纤维	1.01	1.01	1.01
	聚烯烃弹性纤维、三聚氰胺纤维、弹性聚酯复合纤维	—	—	1.01
75%硫酸法	其他纤维	1.00	1.00	1.00
	聚丙烯/聚酰胺复合纤维	—	1.01	—
二甲基甲酰胺法	黏胶纤维、铜氨纤维、莫代尔纤维、聚酯纤维	1.01	1.01	1.01
	莱赛尔纤维、弹性聚酯复合纤维、三聚氰胺纤维	—	1.01	1.01

续表

试验方法	未溶解纤维名称	GB/T 2910	ISO 1833	REGULATION（EU）No 1007/2011
二甲基甲酰胺法	动物纤维、棉	—	—	1.01
	聚酰胺纤维	1.01	1.01	1.00
	其他纤维	1.00	1.00	1.00
二硫化碳/丙酮法	三聚氰胺纤维	—	—	1.01
	其他纤维	1.00	1.00	1.00
冰乙酸法	含氯纤维	1.00	1.00	1.00
二甲苯法	三聚氰胺纤维	—	—	1.01
	其他纤维	1.00	1.00	1.00
浓硫酸法	含氯纤维	1.00	1.00	1.00
	三聚氰胺纤维	—	—	1.01
75%硫酸法	动物纤维	0.985	0.985	0.985
	三聚氰胺纤维	—	—	1.01
	聚烯烃弹性纤维	—	—	1.00
加热法	石棉纤维	1.02	1.02	—
二甲基乙酰胺法	涤纶	1.01	—	—
	棉纤维	—	1.02	—
	动物纤维	—	1.01	—
	其他纤维	—	1.00	—
环己酮法	蚕丝	1.01	1.01	1.01
	聚丙烯腈纤维	0.98	0.98	0.98
	三聚氰胺纤维	—	—	1.01
	其他纤维	1.00	1.00	1.00
甲酸/氯化锌法	亚麻	1.07	—	—
	苎麻	1.00	—	—
环己酮法	聚乙烯纤维	1.00	—	—
苯酚/四氯乙烷法	聚丙烯纤维	1.01	1.00	—
	其他纤维	1.00	1.00	—
三氯乙酸/三氯甲烷法	棉	1.02	1.02	—
	亚麻	1.01	1.01	—
	其他纤维	1.00	1.00	—
热甲酸法	棉、芳纶	1.02	1.02	1.02

（2）ISO 1833-22：2013：预处理后在纤维转移至烧瓶时，会有部分纤维留在坩埚中，因此，需要根据式（6-10）计算预处理的质量损失，再计算预处理前混合物的干重，见式（6-11），

溶解的黏胶纤维、某些铜氨纤维、莫代尔纤维或莱赛尔纤维和未溶解的亚麻纤维的干重按照式 (6-12)、式 (6-13) 修正，然后按照式 (6-14)、式 (6-15) 计算结合公定回潮率的质量百分比，结果修约至小数点后一位。

$$P_s = \frac{m_1 - m_2}{m_1} \times 100\% \tag{6-10}$$

$$M = \frac{100m_3}{100 - P_s} \tag{6-11}$$

$$v = d_1 (m_3 - d_2 m_4) \tag{6-12}$$

$$f = M - v \tag{6-13}$$

式中：m_1 为预处理前纤维的干重（g）；m_2 为预处理后纤维的干重（g）；m_3 为溶解前纤维的干重（g）；m_4 为溶解后亚麻纤维的干重（g）；P_s 为氢氧化钠预处理中的质量损失（%）；M 为实际溶解的混合物的干重（g）；v 为黏胶纤维、铜氨纤维、莫代尔纤维或莱赛尔纤维的干重（g）；f 为混合物中亚麻纤维的干重（g）；d_1 为黏胶纤维、铜氨纤维、莫代尔纤维或莱赛尔纤维的修正系数，未漂白和漂白的分别是 1.05 和 1.16；d_2 为亚麻的修正系数，未漂白和漂白的分别是 1.00 和 1.02。

$$P_1 = \frac{v (1 + 0.01a_1)}{v (1 + 0.01a_1) + f (1 + 0.01a_2)} \times 100\% \tag{6-14}$$

$$P_2 = 100 - P_1 \tag{6-15}$$

式中：P_1 为黏胶纤维、铜氨纤维、莫代尔纤维或莱赛尔纤维结合公定回潮率的质量百分比（%）；P_2 为亚麻纤维结合公定回潮率的质量百分比（%）；a_1 为黏胶纤维、铜氨纤维、莫代尔纤维或莱赛尔纤维的公定回潮率（%）；a_2 为亚麻纤维的公定回潮率（%）。

（3）AATCC 20A—2018：计算方法见式 (6-16) ~式 (6-18)，结果修约至小数点后一位，与 ISO 1833 和 GB/T 2910 不同的是除了 59.5% 硫酸法，都没有未溶解纤维的修正系数。

$$P = \frac{100m_1}{m_0} \tag{6-16}$$

$$P_1 = \frac{P (1 + 0.01a_1)}{P (1 + 0.01a_1) + (100 - P)(1 + 0.01a_2)} \times 100\% \tag{6-17}$$

$$P_2 = 100 - P_1 \tag{6-18}$$

式中：P 为未溶解纤维的净干质量百分比；P_1 为未溶解纤维结合公定回潮率的质量百分比（%）；P_2 为溶解纤维结合公定回潮率的质量百分比（%）；m_0 为试样的干燥质量（g）；m_1 为未溶解纤维的干燥质量（g）；a_1 为未溶解纤维的公定回潮率（%）；a_2 为溶解纤维的公定回潮率（%）。

（4）AATCC 20A：采用 59.5% 硫酸法，由于棉纤维或者亚麻不是完全不溶解在 59.5% 硫酸中，莱赛尔纤维会变成凝胶状，因此，需要按照式 (6-19) 进行修正以后得到未溶解纤维的净干质量百分比，再根据式 (6-19) 计算结合公定回潮率的质量百分比，结果修约至小数点后一位。

$$P = \frac{100m_1 d}{m_0} - 1.6 \tag{6-19}$$

式中：P 为未溶解纤维的净干质量百分比（%）；m_0 为试样的干燥质量（g）；m_1 为未溶解棉纤维或者亚麻纤维的干燥质量（g）；d 为未溶解棉纤维或者亚麻纤维的修正系数，原棉为

1.062、漂白棉为 1.046、未染色亚麻为 1.084、染色亚麻为 1.105。

(三) 显微镜分析法

1. 适用范围

如果两组分混合物中的两种纤维的化学溶解性质相似,则无法使用化学溶解法,但是如果其纵向或横截面的形态不同,那么可以引用显微镜分析法进行定量分析,这些两组分混合物主要是不同纤维素纤维混纺、不同毛纤维混纺和不同再生纤维素纤维混纺,如棉和亚麻、苎麻等麻纤维混纺,羊毛和羊绒、兔毛、马海毛等特种动物纤维混纺,黏胶纤维和莫代尔、莱赛尔等再生纤维素纤维混纺。还有些二组分混合物中的纤维虽然化学溶解性质不同,但是由于加工的原因,如,有些黑色的深色面料在化学试剂中无法完全溶解,这类产品也可以引用显微镜分析法。

2. 测试原理

在显微镜下根据纤维纵向或者横截面的形态特征,辨识各类纤维,分别测量各类纤维的面积,记录各类纤维的根数,按照式 (6-20)、式 (6-21) 计算各类纤维的质量百分比含量:

$$W = V \times \rho \tag{6-20}$$

$$V = A \times L \tag{6-21}$$

式中:W 为纤维的质量;V 为纤维的体积;ρ 为纤维的密度;A 为纤维横截面的面积;L 为纤维的长度。

如果纤维的横截面在显微镜下观察是圆形或者接近圆形,那么根据圆面积计算,可将上述式 (6-20)、式 (6-21) 转换为式 (6-22):

$$V = \frac{\pi D^2}{4} \times L \tag{6-22}$$

式中:D 为纤维的直径;L 为纤维的长度。

如果纤维的横截面在显微镜下观察是非圆形的,那么可以通过描绘方格纸数格子或者使用带有横截面面积测量软件的显微镜获得。

测量得到每种纤维的面积后,结合纤维的根数和纤维的密度 (表 6-12 和表 6-13) 可以由式 (6-23)、式 (6-24) 得到每种纤维的含量:

$$P_1 = \frac{N_1 \times A_1 \times \rho_1}{N_1 \times A_1 \times \rho_1 + N_2 \times A_2 \times \rho_2} \times 100 \tag{6-23}$$

$$P_2 = 100 - P_1 \tag{6-24}$$

式中:P_1、P_2 分别为纤维 1、纤维 2 的含量;N_1、N_2 分别为纤维 1、纤维 2 的根数;ρ_1、ρ_2 分别为纤维 1、纤维 2 的密度;A_1、A_2 分别为纤维素 1、纤维素 2 的面积。

表 6-12 动物纤维密度   单位:g/cm^3

纤维名称	ISO 17751	GB/16988 (光学显微镜)	GB/T 14593 (扫描电子显微镜)	AATCC 20
羊毛	1.31	1.31	1.31	1.31
羊绒	1.31	1.30	1.30	1.31

续表

纤维名称	ISO 17751	GB/16988 （光学显微镜）	GB/T 14593 （扫描电子显微镜）	AATCC 20
驼绒	1.31	1.31	1.31	1.32
牛绒	1.32	1.32	1.32	1.32
马海毛	1.31	1.32	1.32	1.31
羊驼毛	1.30	1.30	—	1.31
细兔毛	1.15	1.10	1.10	—
粗兔毛	—	0.95	—	—

表 6-13　棉和麻纤维密度 单位：g/cm³

纤维名称	FZ/T 30003	AATCC 20A
棉	1.54	1.55
亚麻	1.50	1.50
苎麻	1.51	1.51
大麻	1.48	1.48

3. 测试方法标准

不同国家和地区基本都有运用光学显微镜和扫描电子显微镜测试动物纤维的方法，国际标准化组织于 2007 年首次发布了动物纤维混纺的测试方法标准 ISO 17751，包含光学显微镜和扫描电子显微镜方法，2016 年该标准进行了修订，目前 ISO、IWTO 和 GB 方法在样品制备、测试方法和结果计算等方面大同小异。ISO 方法没有涉及截面非圆形的棉/麻混纺、再生纤维素纤维混纺的测定，只有中国纺织行业标准和 AATCC 方法有涉及。显微镜测试方法标准见表 6-14。

表 6-14　显微镜测试方法标准表

测试方法	纵向法		横截面法	
适用纤维	动物纤维混纺		棉/麻混纺	再生纤维素纤维混纺
显微镜	光学显微镜	扫描电子显微镜	光学显微镜	
国际标准	ISO 17751-1	ISO 17751-2	暂无	
中国标准	GB/T 16988	GB/T 14593	FZ/T 30003	FZ/T 01101
美国标准	AATCC 20/20A	暂无	AATCC 20/20A	
国际毛纺织协会	暂无	IWTO 58	暂无	

目前动物纤维混纺含量测定的方法，主要是应用较广泛、技术较成熟、操作较便捷的光学显微镜方法和扫描电子显微镜方法，这两种方法的特点见表 6-15。

表 6-15 光学显微镜和扫描电子显微镜特点比较

项目	光学显微镜	扫描电子显微镜
图像	透视像，可以观察纤维的透明度	表面像，可以观察纤维的表面包括鳞片损伤和表面黏附的化学整理剂
色素	可以观察	无法观察
髓腔	可以观察	无法观察
样品	适用于浅色样品，深色样品需要褪色	没有限制
鳞片参数	无法测量	可以测量鳞片厚度和鳞片密度
样品准备	方便快捷	复杂耗时
测试费用	低廉	昂贵

从表 6-14 中可以看出，光学显微镜和扫描电子显微镜各有其优势和劣势，互相不能替代，因此，在日常纤维鉴别时，对一些较难判断的样品需要将光学显微镜和扫描电子显微镜结合起来运用，互相扬长避短，无论使用哪种显微镜，测试结果的准确度很大程度上取决于检验人员的经验和能力。

4. 纵向法（光学显微镜）

主要适用于横截面是圆形或者接近圆形的动物纤维，通过测量纤维纵向宽度（即直径），结合纤维根数和密度，计算出纤维的百分含量。

（1）对于深色样品，主要是黑色、藏青色、灰色、深红色等，需要进行褪色才能在光学显微镜下清楚地观察到鳞片特征。

①褪色方法一：按照待褪色试样质量与褪色溶液 1:100 的比例，加入浓度 50g/L 的连二亚硫酸钠溶液，稍微加热直到样品褪色，保证纤维的鳞片没有受到损伤。

②褪色方法二：在 15mL 的水中充分溶解 0.09g 氢氧化钠和 0.2g 柠檬酸盐，放入待褪色样品并润湿，先在（70±2）℃的振荡水槽中振荡 30min，然后加入 0.6g 连二亚硫酸钠并密闭摇动使其溶解，然后再放入（70±2）℃的振荡水槽中振荡 10min，最后将样品洗涤干净和烘干。

（2）光学显微镜的样品制备一般使用哈氏切片器，操作与纤维横截面制作相似，所不同的是在用锋利的刀片切去露在外面的纤维并且装好弹簧装置旋紧螺丝后，转动刻度螺丝若干格，保证切取的纤维长度为 0.4mm，因为个人手势不同，可以通过在光学显微镜下观察纤维长度，确定在切片制作时需要转动的格数。将切取的纤维全部放置在载玻片上，注意不要遗漏，滴一滴液状石蜡在纤维上，用拆纱针搅拌，使纤维均匀地分布在液状石蜡上，然后小心地盖上盖玻片，用拆纱针将盖玻片四角压紧，尽量不要有气泡以免影响观察，也不能有纤维溢出盖玻片。

AATCC 20A 中棉/麻混纺产品的切片制作方法与常规方法不同，拆出一定数量的经纬纱作为一个试样，根数比与经纬纱的密度比相同，把纱线剪成 0.5~1mm，剪得越短越容易准备悬浮液，然后用反差明显的纸将其转移到 125mL 的锥形瓶中，加入足量的水摇动，成为悬浮液，通过加热至沸腾使纤维完全均匀分散在溶液中，在载玻片上画两条平行线，间隔 2.5cm，用移液管吸取 0.5~1mL 悬浮液滴在两条平行线之间，水蒸发后，如果是未染色的纤维，可以使用碘—氯化锌染色剂染色以方便辨识。

染色剂配制方法如下：50g 氯化锌溶解于 25mL 水中配制成氯化锌溶液，5.5g 碘化钾、0.25g 碘和 12.5mL 水配制成碘溶液，将氯化锌溶液加入碘溶液，静置过夜，倒出上层清液至棕色瓶中，加入一片碘，最后在均匀的纤维薄膜上盖上盖玻片。

（3）将分度为 0.01mm 的测微尺放在载物台上，在 500 倍的放大条件下，投影在屏幕上的测微尺的 20 个分度（0.20mm）应精确放大为 100mm，保证显微镜的放大倍数是 500 倍。

（4）纤维直径的测量。根据动物纤维的鳞片形态逐根鉴别，并使用投影屏中的毫米刻度尺或者楔形尺按照从左到右、从上到下的顺序逐根逐行测量每种纤维的直径。常见动物纤维的形态特征见表 6-16，AATCC 20A 标准规定在投影显微镜的投影面中间画一个直径 10cm 的圆，被测量纤维需要在该圆内。

表 6-16 常见动物纤维的形态特征

纤维种类		典型形态特征
山羊绒		纤维边缘光滑，类似环状包覆于毛干，粗细均匀，光泽度好，鳞片薄且排列较整齐，密度小
脱色紫绒		脱色后损伤较小的纤维大部分鳞片排列较整齐，只有少部分纤维有色素覆盖，损伤严重的纤维鳞片大多数模糊不清，且有部分色素分布，但纤维边缘较整齐，脱色后色素呈黑色
牦牛绒		颜色深尤其是粗纤维，鳞片密度大，厚度较小，部分纤维粗细不均匀
脱色牦牛绒		由于受脱色处理的影响，纤维表面模糊不清，鳞片密度大，少部分纤维有黑色色素覆盖，少量脱色细纤维鳞片特征与山羊绒相似
马海毛		纤维细度均匀，外观卷曲小，鳞片扁平紧贴毛干，光泽强
驼绒		纤维边缘光滑，鳞片薄，呈斜条状排列，髓腔呈不连续分布
羊驼毛		纤维边缘光滑，鳞片薄，呈不完全覆盖，有连续和不连续的髓腔
兔毛		大部分有不连续的髓腔，呈梯状，有单列、双列和多列，鳞片呈木纹斜条状
绵羊毛		纤维边缘呈锯齿形，鳞片厚，粗细不均匀，表面粗糙，光泽度差
国产土种绵羊毛		鳞片厚且排列整齐度差，表面有辉纹而粗糙，纤维光泽度较差，少量细纤维的鳞片与山羊绒相似
细羊毛		纤维边缘不光滑，纤维粗细不均匀，鳞片密度大且厚度厚
拉细羊毛		纤维形态扭曲，细度不匀，表面有拉痕且透亮
处理羊毛	防缩毛	处理后鳞片翘角磨平，厚度变小，边缘凹凸不平，不光滑
	丝光毛	处理后鳞片表面呈现丝光，纤维表面模糊不清，粗细不均匀

使用楔形尺测量纤维直径时，楔形尺刻度小的一端放在纤维较粗的一端，楔形尺刻度大的一端放在纤维较细的一端，楔形尺的一边与对准焦点的纤维一边相切，在纤维的另一边与楔形尺另一边相交处就是该被测纤维的直径；如果纤维两边不能同时对焦，那么调焦使一个边缘出现细线，而另一个边缘显示白线，然后测量在焦点上的细线到白线内侧的宽度。如果被测量的直径正好落在楔形尺的刻度 N 处，可将该纤维计入 $N-1$ 数据组内，也可以计入 $N+1$ 数据组内，再次出现这种情形时，要交替计入 $N-1$ 数据组和 $N+1$ 数据组内。

宽度有一半以上不在视野内、测量点上有两根纤维相交、破损的纤维都不需要测量。

ISO 17751-1 规定至少测量 100 根羊绒纤维和羊毛纤维的直径，其他特种动物纤维至少测量 300 根，GB/T 16988 规定每种动物纤维至少测量 300 根，AATCC 20A 规定每种动物纤维至少测量 100 根。

（5）分别记录每种动物纤维的根数，ISO 17751 和 AATCC 20A 规定每个测试样一共鉴别至少 1000 根，GB/T 16988 规定至少 1500 根。如果纤维根数已经足够，但是载玻片只移动到中间，那么必须继续计数直到这一行结束。如果某一纤维在混合物中的含量比例较低，达不到测量直径要求的最低根数，那么只需要量取切片上的全部根数即可。

ISO 17751 和 GB/T 16988 都规定了：当单根山羊绒纤维直径大于 30μm，牛绒纤维直径大于 35μm，驼绒纤维直径大于 40μm，兔毛纤维直径大于 30μm，应该分别归为山羊毛、牦牛毛、驼毛、粗兔毛，分别测量纤维直径并记录纤维根数，其中只有兔毛纤维的含量是将细兔毛和粗兔毛相加，如果这些纤维的根数占样品记录根数的比例小于 0.3% 时，这些纤维可忽略不计。

（6）根据以上得到的纤维直径按照下式计算纤维的平均直径和标准差。

$$\bar{d}=\frac{\sum (A\times F)}{\sum F} \tag{6-25}$$

$$S=\sqrt{\frac{\sum F (A-\bar{d})}{\sum F}} \tag{6-26}$$

式中：$\bar{d}$ 为纤维平均直径（μm）；A 为组中值（μm）；F 为测量根数；S 为标准差（μm）。

（7）根据纤维的平均直径、标准差和记录的根数，结合纤维的密度，ISO 和 GB 方法按照式（6-27）~式（6-29）计算纤维的质量百分比含量，AATCC 方法按照式（6-27）、式（6-29）计算纤维的质量百分比含量，结果修约至小数点后一位。

$$P_1=\frac{N_1 (D_1^2+S_1^2) \rho_1}{N_1 (D_1^2+S_1^2) \rho_1+N_2 (D_2^2+S_2^2) \rho_2}\times 100 \tag{6-27}$$

$$P_1=\frac{N_1 D_1^2 \rho_1}{N_1 D_1^2 \rho_1+N_2 D_2^2\rho_2}\times 100 \tag{6-28}$$

$$P_2=100-P_1 \tag{6-29}$$

式中：P_1、P_2 分别为纤维1、纤维2的含量（%）；N_1、N_2 分别为纤维1、纤维2的根数；D_1、D_2 分别为纤维1、纤维2的平均直径（μm）；S_1、S_2 分别为纤维1、纤维2的平均直径标准差（μm）；ρ_1、ρ_2 分别为纤维1、纤维2的密度（g/cm³）。

5. 纵向法（扫描电子显微镜）

（1）使用扫描电子显微镜观察时，深色样品不需要褪色处理，使用哈氏切片器将试样切成 0.4mm 的纤维段，将切好的纤维段用镊子轻轻地全部放入试管内，注意不要遗漏，滴入 1~2mL 的乙酸乙酯，用不锈钢棒轻轻地搅拌使其充分混合均匀，然后将试样液倒在玻璃板上，待乙酸乙酯挥发后，玻璃板上会形成直径约为 10cm 的均匀斑点，用双面胶纸粘下试样，将胶纸未粘试样的另一面粘于样品台上，在上、下、左、右、中五处分别取样，共制备五个试样，取样位置见图 6-3，用真空喷镀仪在试样上喷镀厚度为 15nm 的黄金膜，然后将喷镀后的试样放入扫描电子显微镜的样品室内进行观察。

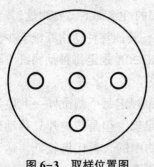

图6-3 取样位置图

（2）观察时先在较低的放大倍数下选定试样座，一般将左上端作为观察起点，将放大倍数调节到1000倍或者更高，按照从左到右、从上到下的顺序扫描电子显微镜纤维，根据动物纤维的外观形态特征鉴别纤维。

（3）ISO 17751-2 第一个试样座鉴别150根纤维以后，会出现以下几种情况。

①只有一种纤维存在，再鉴别第二个试样座300根纤维，如果还是只有一种纤维存在，那么该样品此纤维含量就是100%。

②如果有两种纤维存在，其中一种的根数百分比含量小于3%，那么该样品含有微量这种纤维，再鉴别第二个试样座300根纤维，最终以纤维根数百分比作为纤维含量。例如，第一个试样座中羊绒纤维146根，羊毛纤维4根，即羊毛的数量百分比含量小于3%，第二个试样座中羊绒纤维293根，羊毛纤维7根，那么该样品的纤维含量为"97.5%羊绒，2.5%羊毛"。

③如果有两种纤维存在且根数百分比含量都大于3%，那么在接下来的四个试样座各鉴别220根，共1030根纤维，同时测量每种纤维前25根的直径，各100根纤维。

（4）GB/T 14593 规定每个试样座每种纤维至少测量24纤维的直径，共120根，纤维计数至少200根共1000根。

（5）纤维平均直径和纤维含量的计算方法与光学显微镜方法相同。

6. 横截面法

（1）对于深色样品，主要是黑色、藏青色、灰色等，需要进行褪色才能在光学显微镜下鉴别纤维的种类，可以使用2%的次氯酸钠溶液在室温下振荡5min，然后用清水冲洗干净并且烘干。除了苎麻纤维，其他麻纤维都可能会有束纤维存在，可以使用0.5%的氢氧化钠沸腾10min，并且重复一次。

（2）分别制作横截面切片，方法见本章第一节显微镜外观形态观察法，用于测量纤维的面积，纵向切片方法见本节纵向法（光学显微镜），用于记录纤维的根数，至少鉴别1000根纤维，处理后的麻纤维仍然会有纤维集束现象，在记录纤维根数时不能忽略，需要根据断面估计纤维束中的纤维根数，计数的方法与纵向法（光学显微镜）相同，FZ/T 30003《麻棉混纺产品定量分析方法 显微投影法》中要求两个平行试样的纤维折算根数之差不大于10根，每种纤维的折算根数按照下式计算。

$$P_1 = \frac{1000 N_1}{N_1 + N_2} \tag{6-30}$$

$$P_2 = \frac{1000 N_2}{N_1 + N_2} \tag{6-31}$$

式中：P_1、P_2 分别为棉纤维、麻纤维的折算根数；N_1、N_2 分别为棉纤维、麻纤维的记录根数。

（3）面积的测量方法。

①方格描图纸法。用削尖的铅笔依据纤维的外观形态特征，分别将每种纤维的图像描绘在有坐标格的描图纸上，每种纤维至少描绘100根，注意不要重复描绘，不要有选择性的描绘面积较大或者较小的纤维，然后通过计算方格数量得到每根纤维的面积，再计算出平均面

积。对于不满一格的纤维，将若干个不满 1 格的部分拼成 1 格进行估算，会产生一定的误差，尤其是在计算横截面呈锯齿形黏胶纤维的面积时，由于其纤维轮廓非常不规则，不满 1 格的数量较其他纤维多，计算误差更大，而且该方法非常耗时耗人工。由于方格描图纸的单位面积重量几乎相同，因此，有些实验室用剪刀将所描绘的纤维外形轮廓剪下，再用天平称量纸张的重量，换算成横截面面积，按照下式换算：

$$A = \frac{W}{S} \tag{6-32}$$

式中：A 为横截面面积；W 为剪下纸张的重量；S 为纸张单位面积的重量。

根据将式（6-32）代入下式：

$$P_1 = \frac{N_1 \times A_1 \times \rho_1}{N_1 \times A_1 \times \rho_1 + N_2 \times A_2 \times \rho_2} \times 100 \tag{6-33}$$

得：

$$P_1 = \frac{N_1 \times \frac{W_1}{S_1} \times \rho_1}{N_1 \times \frac{W_1}{S_1} \times \rho_1 + N_2 \times \frac{W_2}{S_2} \times \rho_2} \times 100 \tag{6-34}$$

式中：P_1 为纤维 1 的含量；N_1、N_2 分别为纤维 1、纤维 2 的根数；A_1、A_2 分别为纤维 1、纤维 2 的平均面积；ρ_1、ρ_2 分别为纤维 1、纤维 2 的密度；S_1、S_2 为描绘纤维 1、纤维 2 的纸张单位面积重量；W_1、W_2 分别为纤维 1、纤维 2 剪下纸张的重量。

由于方格描图纸的单位面积重量几乎一致，因此，可以忽略不计，即 $S_1 = S_2$。由此可见，将每种纤维面积所占的纸张的重量作为面积值即可，这一方法相对于数格子操作更方便，可行性更强，而且测试结果的准确性更高。

②计算机软件测量法。使用鼠标在计算机屏幕上描绘采集纤维的轮廓，自带的软件会自动计算出该纤维的面积和平均面积。该方法是目前为止最便捷的方法，但需要采购整套设备，价格比普通的光学显微镜要高。

（4）按照式（6-23）和式（6-24）计算每种纤维的含量。

三、测试中应注意的技术细节

（一）正确鉴别纤维的种类

以上给出了双组分纤维含量的多种测试方法，这些方法的选择和应用取决于纤维的组合形式，因此，纤维的定性变得尤为重要，一般还是首选显微镜外观形态观察法，结合化学试剂溶解法进行纤维定性，如果纤维种类错误或者少看了纤维，那么将前功尽弃。双组分纤维鉴别不同于单组分纤维的鉴别，由于有双组分纤维，因此，会产生干扰，尤其是纵向切片制作时，纤维有重叠现象，互相覆盖会给正确鉴别增加难度。

由于天然纤维和再生纤维素纤维的纵向形态特征明显，因此，在定性时可以首先将棉、毛、丝、麻、再生纤维素纤维鉴别出来。如果有化学纤维，那么可以将盖玻片提起，在纤维上滴入一滴 20% 盐酸，然后再盖上盖玻片，放在载样台上，继续观察是否有纤维溶解的迹象，如果有，说明该化学纤维是尼龙；如果没有溶解迹象，那么可以参照以上步骤，继续小心地滴入一滴 37% 硝酸，腈纶和桑蚕丝纤维遇 37% 硝酸会发生纤维溶解，结合纵向形态可以区分腈纶和桑蚕丝，柞蚕丝遇 37% 硝酸先膨胀后溶解，再生纤维素纤维遇 37% 硝酸会发生不同程度的溶胀现象，黏胶纤维和铜氨纤维的溶胀量最大，莱赛尔纤维较小，涤纶、烯烃类等化学纤维则不溶解。

(二) 测试方法的选择原则

根据双组分纤维组合种类，按照手工拆分法→化学试剂溶解法→显微镜分析法的前后顺序。选择双组分纤维含量的测试方法时，可以采用手工拆分的，不使用化学试剂溶解法；只有在手工拆分法和化学试剂溶解法都不适宜时，才选择显微镜分析法，毕竟显微镜分析法是一种耗时耗力的主观检验方法，其结果的准确性在很大程度上依赖于主观判断。

在双组分纤维组合中，有时也需要同时采用两种或者三种方法。例如，样品的经纱是羊毛纤维，纬纱是羊毛和兔毛纤维混纺，那么需要同时使用手工拆分法将经纬纱分开和使用显微镜分析法测试纬纱中羊毛和兔毛纤维的含量，然后计算含量，不适宜将经纬纱按照密度比例将纱线合并成为一个试样，使用显微镜分析法得到含量。如果样品的经纱是羊绒纤维，纬纱是羊绒和涤纶纤维混纺，那么需要使用手工拆分法将经纬纱分开，用化学溶解法测试纬纱中涤纶的含量，最后用显微镜分析法分别测试经纱和纬纱中羊绒纤维是否含有其他动物纤维。

(三) 化学试剂溶解法的注意事项

(1) 化学溶解条件。化学溶解的时间、温度和化学试剂的浓度是影响化学溶解程度的重要因素。在进行化学溶解时，必须严格按照规定配制所使用的化学试剂，确保浓度在规定范围内，严格掌握化学溶解的时间和温度。

(2) 试样浸润。有些样品由于后整理或者产品本身的特性，在放入三角锥瓶和化学试剂后，没有完全浸润，会发生漂浮在液面上方的现象，必将影响纤维在化学试剂中的溶解程度，因此，可以通过手工振荡三角锥瓶以确保试样完全浸润。

(3) 溶解剩余物的鉴别。使用化学溶解法进行纤维含量测试时，必须对溶解的剩余物进行鉴别，既可以再次验证溶解前的纤维种类鉴别结果，又可以确定被溶解的纤维是否被完全溶解干净。

对于双组分的样品，溶解的剩余物一般只有一种纤维，由于没有其他纤维干扰，方便在显微镜下观察，首先需要确定被溶解的纤维已经完全溶解干净，如果有未完全溶解的纤维，会在显微镜下观察到纤维残片，与此同时可以参考单组分纤维定性的方法进行最后确认，确保剩余纤维的种类鉴别没有异议。

(四) 形态相似的动物纤维的鉴别

各种动物纤维通过物理化学的方法可以将其纤维的鳞片形态、密度和厚度等发生不同程度地变化，使其在某些方面具有羊绒纤维的特征，但是根据观察，它们依然或多或少地保留了原先纤维的某些特征。例如，拉细羊毛纤维表面会有拉伸后形成的纵向条纹；防缩、丝光羊毛的鳞片密度依旧具有羊毛纤维的特征；超细羊毛虽然平均细度与羊绒接近，但是鳞片相对羊绒还是厚而尖；同样，土种绵羊毛的纤维表面光洁度较差，有明显的辉纹；脱色驼绒、脱色牦牛绒纤维可以根据残留的色素形态及鳞片的形态加以区别。到目前为止，还不能将现有的动物纤维经过加工处理使其在纤维形态上与羊绒纤维一致，形态相似的动物纤维主要有以下几种。

(1) 山羊绒和丝光毛或防缩羊毛。丝光或防缩羊毛经化学处理后鳞片翘角小，厚度变薄，鳞片形态比处理前略显整齐。但是山羊绒较绵羊毛细度均匀，鳞片整齐清楚；绵羊毛表面有处理痕迹，纤维表面模糊不清，边缘不光滑。

（2）山羊绒和土种毛。利用山羊绒分梳技术分梳土种绵羊纤维，其手感和纤维直径与山羊绒非常接近，大约有10%的纤维鳞片密度和鳞片形态与羊绒相差无几；但是土种毛中的细纤维与同等细度的山羊绒相比鳞片稍厚，光泽不好，表面有辉纹。

（3）紫山羊绒和牦牛绒。紫山羊绒和牦牛绒都有自然的色泽，色素覆盖鳞片导致难以看清鳞片，两种绒鳞片厚度相近。通过比较色素发现牦牛绒纤维光泽暗淡，几乎都有黑色或深褐色的色素，而山羊绒多呈红棕色和红褐色。附着在牦牛绒表面的色素通常以颗粒的形式，沿纤维轴向均匀分布，也有极少数牦牛绒纤维的一侧发白，另外一侧附着较深的色素粒子；而山羊绒的色素通常均匀附着于整根纤维表面，且都以片状形式存在，部分纤维不含色素。

（4）脱色紫山羊绒和脱色牦牛绒。20世纪80年代后期，有色毛绒的漂白技术有了相关进展，在某些金属盐存在的条件下，某些氧化剂可以在基本不破坏蛋白质的同时破坏并溶解色素颗粒，其纤维外观、手感与羊绒相似，鳞片厚度相近，较细牦牛绒的鳞片排列和山羊绒非常相似，脱色紫绒与脱色牦牛绒相比，鳞片结构不如山羊紫绒的鳞片规则清晰，光泽比山羊紫绒暗淡，密度较密，表面模糊不清。

（5）山羊绒和马海毛。细度较粗、鳞片较模糊的山羊绒和马海毛很相似，马海毛纤维整体的细度比山羊绒粗且粗细均匀，鳞片扁平包覆毛干。但是马海毛纤维特有的光泽、纤维表面发亮的现象是区别山羊绒的重要特点。

第三节　多组分织物纤维含量定量检测方法

多组分是指织物或其他纺织产品含有三种或以上不同的纤维，每种纤维所占比例各不相同，但其总和为100%。

一、测试准备和要求

试样的预处理、取样、样品的烘干方法与双组分相同。

二、测试方法与标准

根据纤维组成的不同，多组分纺织产品可以选择手工拆分法、化学试剂溶解法和显微镜分析法中的一种、两种或者三种。主要的测试标准有 ISO 1833-2：2006《纺织品　定量化学分析　第2部分：三组分纤维混合物》、GB/T 2910.2—2009《纺织品　定量化学分析　第2部分：三组分纤维混合物》、FZ/T 01026—2017《纺织品　定量化学分析　多组分纤维混合物》、欧盟《REGULATION（EU）No 1007/2011》附录8，这些方法的原理基本相同，包含手工拆分法和化学试剂溶解法。显微镜分析法的标准与二组分相同，GB/T 2910.2—2009 等效采用 ISO 1833-2：2006，仅进行编辑性修改，在规范性引用文件部分使用我国的标准，删除了 ISO 标准中的前言，欧盟标准方案二和方案四比 ISO 标准增加了两个纤维的组合，主要是针对聚烯烃基弹性纤维和三聚氰胺纤维。

1. 手工拆分法

如果试样含有三种不同的纱线且每种纱线只含有一种纤维，例如红色纱线是棉纤维、白色纱线是黏胶纤维、灰色纱线是亚麻纤维，那么通过手工拆分法，分别将红色纱线、白色纱线和灰色纱线称重，按照下式计算每种纤维的净干质量百分比和结合公定回潮率的质量百分比，结果修约至小数点后一位。

$$P_{D1} = \frac{m_1}{m_1 + m_2 + m_3} \times 100 \tag{6-35}$$

$$P_{D2} = \frac{m_2}{m_1 + m_2 + m_3} \times 100 \tag{6-36}$$

$$P_{D3} = 1 - P_{D1} - P_{D2} \tag{6-37}$$

$$P_1 = \frac{P_{D1} \times (1 + 0.01 a_1)}{P_{D1} \times (1 + 0.01 a_1) + P_{D2} \times (1 + 0.01 a_2) + P_{D3} \times (1 + 0.01 a_3)} \times 100 \tag{6-38}$$

$$P_2 = \frac{P_{D2} \times (1 + 0.01 a_2)}{P_{D1} \times (1 + 0.01 a_1) + P_{D2} \times (1 + 0.01 a_2) + P_{D3} \times (1 + 0.01 a_3)} \times 100 \tag{6-39}$$

$$P_3 = 100 - P_1 - P_2 \tag{6-40}$$

式中：P_{D1}、P_{D2} 和 P_{D3} 分别为纤维 1、纤维 2 和纤维 3 的净干质量百分比；m_1、m_2 和 m_3 分别为由纤维 1、纤维 2 和纤维 3 的干燥质量（g）；P_1、P_2 和 P_3 分别为结合公定回潮率的纤维 1、纤维 2 和纤维 3 的质量百分比；a_1、a_2 和 a_3 分别为纤维 1、纤维 2 和纤维 3 的公定回潮率。

2. 化学试剂溶解法

根据纤维鉴别的结果，如果是多种纤维的混纺产品且可以通过化学试剂逐一溶解，那么可以根据标准中的四种方案，选择其中的一种方案。

（1）方案一：样品含有 A/B/C 三种成分，试样一溶解纤维 A，试样二溶解纤维 B，溶解方法参照二组分的，主要适用的混纺产品及其溶解方法见表 6-17，根据溶解前试样的干重和溶解后未溶解纤维的干重，结合修正系数，按照下式分别计算 A、B、C 三种纤维的净干质量百分比，结果修约至小数点后一位。

表 6-17　方案一溶解方法

纤维 A	纤维 B	纤维 C	溶解方法	
			溶解纤维 A	溶解纤维 B
动物纤维	再生纤维素纤维	棉	次氯酸盐法	甲酸/氯化锌
动物纤维	聚酰胺纤维	棉或再生纤维素纤维	次氯酸盐法	80%甲酸
动物纤维或蚕丝	含氯纤维	棉或再生纤维素纤维	次氯酸盐法	二硫化碳/丙酮
动物纤维	聚酰胺纤维	聚酯、聚丙烯、聚丙烯腈或者玻璃纤维	次氯酸盐法	80%甲酸
动物纤维或蚕丝	含氯纤维	聚酯、聚丙烯腈、聚酰胺或者玻璃纤维	次氯酸盐法	二硫化碳/丙酮

纤维A	纤维B	纤维C	溶解方法	
			溶解纤维A	溶解纤维B
聚酰胺纤维	聚丙烯腈纤维	棉或再生纤维素纤维	80%甲酸	二甲基甲酰胺
含氯纤维	聚酰胺纤维	棉或再生纤维素纤维	二甲基甲酰胺	80%甲酸
			二硫化碳/丙酮	80%甲酸
聚丙烯腈纤维	聚酰胺纤维	聚酯纤维	二甲基甲酰胺	80%甲酸
含氯纤维	聚酰胺纤维	聚丙烯腈纤维	二硫化碳/丙酮	80%甲酸
聚丙烯腈纤维	动物纤维或蚕丝	棉或再生纤维素纤维	二甲基甲酰胺	次氯酸盐法
含氯纤维	再生纤维素纤维	棉	二硫化碳/丙酮	甲酸/氯化锌

$$P_a = \left[\frac{d_2}{d_1} - d_2 \frac{r_1}{m_1} + \frac{r_2}{m_2} \left(1 - \frac{d_2}{d_1} \right) \right] \times 100 \tag{6-41}$$

$$P_b = \left[\frac{d_4}{d_3} - d_4 \frac{r_2}{m_2} + \frac{r_1}{m_1} \left(1 - \frac{d_4}{d_3} \right) \right] \times 100 \tag{6-42}$$

$$P_c = 100 - P_a - P_b \tag{6-43}$$

式中：P_a、P_b 和 P_c 分别为纤维A、纤维B和纤维C的净干质量百分比；m_1、m_2 分别为试样一和试样二预处理后的干重（g）；r_1、r_2 分别为试样一和试样二溶解后未溶解纤维的干重（g）；d_1、d_2 分别为试样一中纤维B和纤维C的质量损失修正系数；d_3、d_4 分别为试样二中纤维A和纤维C的质量损失修正系数。

（2）方案二：样品含有A/B/C三种成分，试样一溶解纤维A，试样二溶解纤维A和纤维B，溶解方法参照二组分的，主要适用的混纺产品及其溶解方法见表6-18，根据溶解前试样的干重和溶解后未溶解纤维的干重，结合修正系数，按照下式分别计算A、B、C三种纤维的净干质量百分比，结果修约至小数点后一位。

表6-18 方案二溶解方法

纤维A	纤维B	纤维C	溶解方法	
			溶解纤维A	溶解纤维B
蚕丝	动物纤维	聚酯纤维	75%硫酸	次氯酸盐法
含氯纤维	聚丙烯腈纤维	聚酰胺纤维	二硫化碳/丙酮	二甲基甲酰胺
再生纤维素纤维	棉	聚酯纤维	甲酸/氯化锌	75%硫酸

$$P_a = 100 - P_b - P_c \tag{6-44}$$

$$P_b = \frac{d_1 r_1}{m_1} \times 100 - \frac{d_1}{d_2} \times P_c \tag{6-45}$$

$$P_c = \frac{d_4 r_2}{m_2} \times 100 \tag{6-46}$$

式中：物理量含义同方案一。

（3）方案三：样品含有A/B/C三种成分，试样一溶解纤维A和纤维B，试样二溶解纤维

B 和纤维 C，溶解方法参照二组分的，根据溶解前试样的干重和溶解后未溶解纤维的干重，结合修正系数，按照下式分别计算 A、B、C 三种纤维的净干质量百分比，结果修约至小数点后一位。

$$P_a = \frac{d_3 r_2}{m_2} \times 100 \qquad (6\text{-}47)$$

$$P_b = 100 - P_a - P_c \qquad (6\text{-}48)$$

$$P_c = \frac{d_2 r_1}{m_1} \times 100 \qquad (6\text{-}49)$$

式中：物理量含义同方案一。

（4）方案四：样品含有 A/B/C 三种成分，按照顺序逐一溶解，先溶解纤维 A，然后再溶解纤维 B，剩余未溶解纤维 C，溶解方法参照二组分的，主要适用的混纺产品及其溶解方法见表 6-19，根据溶解前试样的干重和溶解后未溶解纤维的干重，结合修正系数，按照下式分别计算 A、B、C 三种纤维的净干质量百分比，结果修约至小数点后一位。

表 6-19　方案四溶解方法

纤维 A	纤维 B	纤维 C	溶解方法	
			溶解纤维 A	溶解纤维 B
动物纤维	再生纤维素纤维	棉	次氯酸盐法	甲酸/氯化锌
动物纤维	聚酰胺纤维	棉或再生纤维素纤维	次氯酸盐法	80%甲酸
动物纤维或蚕丝	含氯纤维	棉或再生纤维素纤维	次氯酸盐法	二硫化碳/丙酮
动物纤维	聚酰胺纤维	聚酯、聚丙烯、聚丙烯腈或玻璃纤维	次氯酸盐法	80%甲酸
动物纤维或蚕丝	含氯纤维	聚酯、聚丙烯腈、聚酰胺或玻璃纤维	次氯酸盐法	二硫化碳/丙酮
聚酰胺纤维	聚丙烯腈纤维	棉或再生纤维素纤维	80%甲酸	二甲基甲酰胺
含氯纤维	聚酰胺纤维	棉或再生纤维素纤维	二甲基甲酰胺	80%甲酸
			二硫化碳/丙酮	80%甲酸
聚丙烯腈纤维	聚酰胺纤维	聚酯纤维	二甲基甲酰胺	80%甲酸
醋酯纤维	聚酰胺纤维	棉或再生纤维素纤维	丙酮法	80%甲酸
含氯纤维	聚丙烯腈纤维	聚酰胺纤维	二硫化碳/丙酮	二甲基甲酰胺
含氯纤维	聚酰胺纤维	聚丙烯腈纤维	二硫化碳/丙酮	80%甲酸
聚酰胺纤维	棉或再生纤维素纤维	聚酯纤维	80%甲酸	75%硫酸
醋酯纤维	棉或再生纤维素纤维	聚酯纤维	丙酮法	75%硫酸
聚丙烯腈纤维	棉或再生纤维素纤维	聚酯纤维	二甲基甲酰胺	75%硫酸
醋酯纤维	动物纤维或蚕丝	棉、再生纤维素纤维、聚酰胺、聚酯或聚丙烯腈纤维	丙酮法	次氯酸盐法

续表

纤维 A	纤维 B	纤维 C	溶解方法	
			溶解纤维 A	溶解纤维 B
三醋酯纤维	动物纤维或蚕丝	棉、再生纤维素纤维、聚酰胺、聚酯或聚丙烯腈纤维	丙酮法	次氯酸盐法
聚丙烯腈纤维	动物纤维或蚕丝	聚酯纤维	二甲基甲酰胺	次氯酸盐法
聚丙烯腈纤维	蚕丝	动物纤维	二甲基甲酰胺	75%硫酸
聚丙烯腈纤维	动物纤维或蚕丝	棉或再生纤维素纤维	二甲基甲酰胺	次氯酸盐法
动物纤维或蚕丝	棉或再生纤维素纤维	聚酯纤维	次氯酸盐法	75%硫酸
再生纤维素纤维	棉	聚酯纤维	甲酸/氯化锌	75%硫酸
聚丙烯腈纤维	再生纤维素纤维	棉	二甲基甲酰胺	甲酸/氯化锌
含氯纤维	再生纤维素纤维	棉	二硫化碳/丙酮	甲酸/氯化锌
			二甲基甲酰胺	甲酸/氯化锌
醋酯纤维	再生纤维素纤维	棉	丙酮	甲酸/氯化锌
三醋酯纤维	再生纤维素纤维	棉	二氯甲烷	甲酸/氯化锌
醋酯纤维	蚕丝	动物纤维	70%丙酮	75%硫酸
三醋酯纤维	蚕丝	动物纤维	二氯甲烷	75%硫酸
醋酯纤维	聚丙烯腈纤维	棉或再生纤维素纤维	丙酮	二甲基甲酰胺
三醋酯纤维	聚丙烯腈纤维	棉或再生纤维素纤维	二氯甲烷	二甲基甲酰胺
三醋酯纤维	聚酰胺纤维	棉或再生纤维素纤维	二氯甲烷	80%甲酸
三醋酯纤维	棉或再生纤维素纤维	聚酯纤维	二氯甲烷	75%硫酸
醋酯纤维	聚酰胺纤维	聚酯或聚丙烯腈纤维	丙酮	80%甲酸
醋酯纤维	聚丙烯腈纤维	聚酯纤维	丙酮	二甲基甲酰胺
含氯纤维	棉或再生纤维素纤维	聚酯纤维	二甲基甲酰胺	75%硫酸
			二硫化碳/丙酮	75%硫酸

$$P_a = 100 - P_b - P_c \tag{6-50}$$

$$P_b = \frac{d_1 r_1}{m} \times 100 - \frac{d_1}{d_2} \times P_c \tag{6-51}$$

$$P_c = \frac{d_3 r_2}{m} \times 100 \tag{6-52}$$

式中：P_a、P_b、P_c 物理量含义同方案一；m 为试样预处理后的干重（g）；r_1 为试样第一次溶解后未溶解纤维的干重（g）；r_2 为试样第二次溶解后未溶解纤维的干重（g）；d_1 为纤维 B 在第一次溶解中的质量损失修正系数；d_2 为纤维 C 在第二次溶解中的质量损失修正系数；d_3 为纤维 C 在第一次、第二次溶解中的质量损失修正系数。

欧盟标准方案二、方案四增加的纤维组合见表 6-20。

表 6-20　欧盟标准方案二、方案四增加的纤维组合

纤维 A	纤维 B	纤维 C	溶解方法	
			溶解纤维 A	溶解纤维 B
棉	聚酯纤维	聚烯烃基弹性纤维	75%硫酸	浓硫酸
聚丙烯腈纤维	聚酯纤维	三聚氰胺纤维	二甲基甲酰胺	浓硫酸

三、测试中应注意的技术细节

与双组分纤维含量测试一样，正确鉴别纤维的种类是非常重要的一环，纤维的组成决定了测试方法的选择，根据纤维组成的不同，一般同样按照手工拆分法→化学试剂溶解法→显微镜分析法的前后顺序测试，选择一种或者两种甚至三种方法，对于多种成分混纺采用化学溶解的样品，标准给出了四种方案，涉及三十多种纤维组合的溶解方法，其中最常用最方便的是方案四的顺序溶解法，该方法的特点是按照纤维的先后次序逐一溶解，并且每次溶解后，通过在显微镜下观察未溶解纤维的形态，既可以确定溶解纤维是否完全溶解，又可以再次鉴别纤维，该方法在分析粗纺毛呢，尤其是深色时，优势特别明显。

众所周知，粗纺毛呢由于加工的原因，往往会含有较多纤维种类且部分纤维含量较低，在溶解前，将所有纤维全部鉴别出有一定的难度，但是如果采用顺序溶解法，那么可以分阶段定性纤维、验证纤维，不会遗漏纤维种类。例如，含有高比例的羊毛、低比例的聚酰胺纤维、黏胶纤维和涤纶的粗纺毛呢，可以先溶解羊毛，之后再观察未溶解纤维，就比较容易鉴别出含量较少的聚酰胺纤维、黏胶纤维和涤纶，之后按照聚酰胺纤维、黏胶纤维和涤纶的顺序，逐一溶解。

除了某些纤维的组合，大多数常用纤维组合如果适用于方案四的顺序溶解法，那么可以按照以下顺序逐一溶解：醋酯纤维→三醋酯纤维→蚕丝、动物纤维→含氯纤维→聚酰胺纤维、聚乙烯醇纤维→改性聚丙烯腈纤维→聚丙烯腈纤维、聚氨酯弹性纤维→再生纤维素纤维→纤维素纤维→聚酯纤维→聚烯烃类纤维。

在顺序溶解法无法进行的条件下，可以考虑其他方案，甚至可以多个方案联用，比较常见的典型组合是羊毛、蚕丝、聚酰胺纤维和聚酯纤维的混纺产品，可以利用方案三和方案四的原理：试样一用次氯酸盐法溶解羊毛和蚕丝，然后溶解聚酰胺纤维，得到聚酰胺纤维和聚酯纤维的干重损失；试样二用 75%硫酸溶解蚕丝和聚酰胺纤维，然后溶解羊毛，得到羊毛和聚酯纤维的干重损失，最后得出蚕丝的含量。

有些多组分的混纺产品，虽然含有三种及以上的纤维种类，但是通过拆解可以转换成二组分。例如，产品中的一组纱线是羊毛/马海毛/聚丙烯腈，另一种纱线是聚酰胺，那么通过手工拆分，得出聚酰胺的含量和羊毛/马海毛/聚丙烯腈混合物的含量，羊毛/马海毛/聚丙烯腈通过双组分化学溶解法得出聚丙烯腈的含量和羊毛/马海毛的含量，羊毛/马海毛再通过显微镜分析法分别得出羊毛和马海毛的含量，最后可以根据下式计算每种纤维的净干质量百分比。

$$P_1 = \frac{W_1}{W_1 + W_2} \times 100\%$$

(6-53)

$$P_2 = (100 - P_1) \times A \tag{6-54}$$
$$P_3 = 100 - P_1 - P_2 \times B \tag{6-55}$$
$$P_4 = 100 - P_1 - P_2 - P_3 \tag{6-56}$$

式中：P_1 为聚酰胺纤维的净干质量百分比（%）；P_2 为聚丙烯腈纤维的净干质量百分比（%）；P_3 为羊毛的净干质量百分比（%）；P_4 为马海毛的净干质量百分比（%）；W_1 为聚酰胺纤维纱线的干重（g）；W_2 为羊毛/马海毛/聚丙烯腈纤维纱线的干重（g）；A 为聚丙烯腈纤维在羊毛/马海毛/聚丙烯腈纤维纱线中的净干质量百分比（%）；B 为羊毛在羊毛和马海毛中的质量百分比（%）。

参考文献

［1］李菊竹. 铜氨与莱赛尔纤维湿膨胀性能研究［J］. 中国纤检，2012（13）：84-85.

［2］《纺织材料学》编写组.《纺织材料学》［M］. 北京：纺织工业出版社，1980.

［3］INTERNATIONAL ORGANIZATION FOR STANDARDIZATION TECHNICAL REPORT ISO/TR 11827-2012 Textiles-Composition Testing-Identification of Fibres［S］. 2012.

［4］AATCC Test Method 20-2018 Fiber Analysis：Qualitative［S］. 2018.

［5］中华人民共和国纺织行业标准 FZ/T 01057. 1—2007《纺织纤维鉴别试验方法 第 1 部分：通用说明》［S］. 北京：中国标准出版社，2007.

［6］中华人民共和国纺织行业标准 FZ/T 01057. 2—2007《纺织纤维鉴别试验方法 第 2 部分：燃烧法》［S］. 北京：中国标准出版社，2007.

［7］中华人民共和国纺织行业标准 FZ/T 01057. 3—2007《纺织纤维鉴别试验方法 第 3 部分：显微镜法》［S］. 北京：中国标准出版社，2007.

［8］中华人民共和国纺织行业标准 FZ/T 01057. 4—2007《纺织纤维鉴别试验方法 第 4 部分：溶解法》［S］. 北京：中国标准出版社，2007.

［9］中华人民共和国纺织行业标准 FZ/T 01057. 5—2007 纺织纤维鉴别试验方法 第 5 部分：含氯含氮呈色反应法》［S］. 北京：中国标准出版社，2007.

［10］中华人民共和国纺织行业标准 FZ/T 01057. 6—2007《纺织纤维鉴别试验方法 第 6 部分：熔点法》［S］. 北京：中国标准出版社，2007.

［11］中华人民共和国纺织行业标准 FZ/T 01057. 7—2007《纺织纤维鉴别试验方法 第 7 部分：密度梯度法》［S］. 北京：中国标准出版社，2007.

［12］中华人民共和国纺织行业标准 FZ/T 01057. 8—2012《纺织纤维鉴别试验方法 第 8 部分：红外光谱法》［S］. 北京：中国标准出版社，2013.

［13］中华人民共和国纺织行业标准 FZ/T 01057. 9—2012《纺织纤维鉴别试验方法 第 9 部分：双折射率法》［S］. 北京：中国标准出版社，2013.

［14］INTERNATIONAL STANDARD ISO 1833-2：2006 Textiles - Quantitative Chemical Analysis - Part 2：Ternary Fibre Mixtures［S］.

［15］中华人民共和国国家标准 GB/T 2910. 2—2009《纺织品 定量化学分析 第 2 部分：三组分纤维混合物》［S］. 北京：中国标准出版社，2009.

［16］REGULATION（EU）No 1007/2011 OF THE EUROPEAN PARLIAMENT AND OF THE COUNCIL of 27 September 2011 on Textile Fibre and Related Labelling and Marking of the Fibre Composition of Textile Products and Repealing Council Directive 73/44/EEC and Directive 96/73/EC and 2008/121/EC of the European Parliament and of the Council.

［17］INTERNATIONAL STANDARD ISO 17751-1：2016 Textiles‐Quantitative Analysis of Cashmere，Wool，Other Specialty Animal Fibers and Their Blends Part 1：Light Microscopy Method［S］.

［18］INTERNATIONAL STANDARD ISO 17751-2：2016 Textiles‐Quantitative Analysis of Cashmere，Wool，Other Specialty Animal Fibers and Their Blends Part 2：Scanning Electron Microscopy Method［S］.

［19］中华人民共和国国家标准 GB/T 16988—2013《特种动物纤维与绵羊毛混合物含量的测定》［S］. 北京：中国标准出版社，2014.

［20］中华人民共和国国家标准 GB/T 14593—2008《山羊绒、绵羊毛及其混合纤维定量分析方法 扫描电镜法》［S］. 北京：中国标准出版社，2008.

［21］中华人民共和国纺织行业标准 FZ/T 30003—2009《麻棉混纺产品定量分析方法 显微投影法》［S］. 北京：中国标准出版社，2010.

［22］中华人民共和国纺织行业标准 FZ/T 01101—2008《纺织品 纤维含量的测定 物理法》［S］. 北京：中国标准出版社，2008.

第七章 纺织产品纤维成分标签

第一节 纺织产品纤维成分标签概述

纺织产品成分标签是消费者获得纺织产品品质特征信息的重要载体，是产品使用说明的内容之一。与纺织产品上用于确认品牌的商标标识、方便选择尺码的规格标识、指导保养的洗护标识等不同，成分标识让消费者能够全面了解产品的纤维种类和含量，以呈现产品的基本属性特征、使用性能和价值，帮助消费者根据自身的偏好选择购买，不同材质的纺织产品具有不同的性能、价值和维护要求。同时，纺织产品成分标签也是生产企业和经营者诚实向消费者传达产品性能、价值等信息的有效工具和书面承诺。因此，世界各国的市场质量监督和管理部门都对市场上销售的纺织产品的纤维成分标签高度关注。

目前发布的纺织产品成分标签的标准和法规主要分布在中国、美国、欧盟、加拿大和澳洲等国家和地区，具体标准和法规代号见表7-1。这些国家和地区的纺织产品成分标签的标准、法规和指南都自成一体，但是目的一致，通过标准、法规和指南的形式规范纺织产品成分标签的表述方法，尽可能通俗易懂，简洁明了，便于消费者理解，不受商家误导，不引起不必要的歧义。这些纺织产品成分标签的文件都严格规定了必须使用规范的符合产品销售地法规或者标准的纤维名称和表述方式，对于纤维含量的允差都有具体的数据要求，针对纺织产品应用广、品种多、更新快等特点，这些文件都明确规定了适用的范围，具体列出了产品的类别。

表 7-1 纺织产品成分标签标准和法规

国家地区	标准或法规
美国	16 CFR PART 300 RULES AND REGULATIONS UNDER THE WOOL PRODUCTS LABELING ACT OF 1939
	16 CFR PART 303 RULES AND REGULATIONS UNDER THE TEXTILE FIBER PRODUCTS IDENTIFICATION ACT
	THREADING YOUR WAY THROUGH THE LABELING REQUIREMENTS UNDER THE TEXTILE AND WOOL ACTS
欧盟	Regulation (EU) No 1007/2011 of the European Parliament and of the Council of 27 September 2011 on Textile Fibre Names and Related Labelling and Marking of the Fibre Composition of Textile Products and Repealing Council Directive 73/44/EEC and Directives 96/73/Ec and 2008/121/Ec of the European Parliament and of the Council
中国	GB/T 29862—2013《纺织品 纤维含量的标识》

国家地区	标准或法规
加拿大	Textile Labelling Act (R. S. C., 1985, c. T-10)
	Textile Labelling and Advertising Regulations (C. R. C., c. 1551)
	Guide to the Textile Labelling and Advertising Regulations
澳洲	AS/NZS 2622：1996 Textile Products - Fibre Content Labelling

相对于其他国家和地区纺织产品成分标签的标准和法规，中国、美国和澳洲的标准、法规和指南等文件结合纺织产品的特点，在规定标识原则和表示方法的同时，还有具体的示例加以说明，便于纺织产品的生产和销售企业理解和运用。

第二节 不同国家和地区纤维成分标签

一、美国市场纤维成分标签

《美国联邦法规汇编》（Code of Federal Regulations，简称CFR）是美国联邦注册办公室根据法律要求定期整理收录的具有普遍适用性和法定效力的美国全部永久性规则，每年修订一次。针对含有动物纤维的 16 CFR 300《1939 年毛制品标签法的规则和条例》和针对不含动物纤维的 16 CFR 303《纺织纤维产品标识法的规则和条例》，规定了需要纤维成分标签的产品范围、纤维含量标识的原则、原产地、制造商、进口商或者经销商的名称、标签、广告和分类等内容，运用具体的示例指导制造商、进口商或者经销商按照法规要求正确标识纺织产品，具有指南作用，避免标识错误误导和欺骗消费者。

（一）适用范围

16 CFR 300 和 16 CFR 303 规定，在美国市场销售的绝大多数家用服装和纺织产品都应该符合标签方案的要求，包括除了帽子和鞋子的服装、手帕、围巾，床上用品包括床单、床盖、毯子、枕头、枕套、绗缝被、床罩和软垫（但不是床垫或者弹簧床垫的外层覆盖物）、窗帘、桌布和餐巾、地毯、毛巾面巾和抹布、烫衣板的外层面料和衬垫、雨伞和遮阳伞、棉絮、带标题的或者尺寸大于 216 平方英寸的旗帜、垫子、所有的不是包装带的纤维、纱线和织物、家具套和用于家具的覆盖物、毛毯和披肩、睡袋、椅子的罩子、吊床、梳妆台和其他家具的桌巾。

标签要求适用于准备出售给消费者的产品，在生产中期装船或交付的没有标识相关信息的产品必须有发货单，发货单需包含纤维、原产地、制造商或者销售商的名称和出具发货单的个人或公司的名字和地址。如果生产或者加工的产品已经大体完成，那么认为该产品是准备销售的，即使服装上的克夫、下摆或者纽扣还没有缝制，也必须标识。

纺织标签要求中列出了不属于标签要求范围的产品，包括不重复使用的家具或者床垫填充物，也就是说如果填充物是重复使用的必须有标签；软装家具、床垫和弹簧床垫的外层覆盖物；起结构作用的里层、夹层和填充物，如果里层、夹层和填充物起保暖作用，那么纤维必须标识，另外如果声明了里层、夹层和填充物的纤维含量，那么该产品不是豁免的；黏合衬、辅料、贴边或者衬布；地毯的底布和放置在地毯或者其他地板覆盖物下面的垫子；缝纫线和绣花线；创可贴、外科绷带和其他受联邦食品、药品和化妆品法管控的产品；纺织产品中不使用的废料；鞋子、套鞋、靴子、拖鞋和所有的外穿鞋子，但是短袜和袜类产品需要纤维标签，含毛纤维的拖鞋按照毛纤维的条例；头饰包括帽子或者其他仅穿戴在头部的产品，含毛纤维的帽子按照毛纤维的条例；用于手提包或者行李箱、刷子、灯罩、玩具、女性卫生用品、胶带布、化学整理的清洁布、尿布的纺织品。

同时，在纺织标签要求中规定有部分豁免的产品，但是如果这些豁免产品使用了纤维含量的陈述，那么必须符合关于纤维含量标识的要求。

未在法规或规章中具体提及的其他产品、非纺织产品或者部件不需要贴标签。

只要含有羊毛的大多数产品，包括服装、毛毯、织物、纱线和其他产品都属于 16 CFR 300 毛制品法案所涵盖的范围。尽管对毛制品的要求与其他纺织品的要求有重叠部分，但还是存在一些差异。毛制品是指包含或表示包含毛的任何产品或产品的一部分，有些产品如帽子和拖鞋虽然不属于纺织产品的法案和规则的范围，但是如果帽子和拖鞋含有毛纤维，那么必须遵循毛制品法案和规则。还有些纺织产品尽管含有毛纤维，但是不在毛制品法案和规则的范围内，主要有地毯类产品，其遵循纺织品法案和规则、室内装饰和出口的毛制品。

（二）纤维含量的标识

如果纺织产品在纺织品或毛制品法案和规则的范围内，它必须贴上标签以显示纤维含量，对于纺织品法案和规则所涵盖的产品，纤维属名和每一组分纤维质量百分比必须按照降序排列，纤维质量百分比多的纤维标识在前，百分比少的标识在后。例如：65% Rayon 35% Polyester，不可以标识为 35% Polyester 65% Rayon。

如果纺织产品是由一种纤维制成的，除了使用"100%"还可以用"All"来表示。例如："100%羊毛"或"全羊毛"。

纺织产品纤维标签仅适用于纱线、织物、服装和其他家居用品中的纺织纤维。如果纺织产品中的一部分是由非纤维材料制成的，如塑料、玻璃、木材、油漆、金属或皮革，那么不必在纤维标签上注明这些非纺织材料的成分。

1. 5%其他纤维的标识

一般来说，质量百分比占5%以上（含5%）的纤维需要标识具体纤维名称，对于小于5%的纤维应标识为"Other Fiber"或"Other Fibers"（其他纤维），而不应标识其纤维属名或纤维商标名。但是如果纺织产品中含有毛纤维，那么根据16 CFR 300，即使毛纤维或者回用毛纤维的质量百分比小于5%，也必须标识毛纤维或者回用毛纤维的纤维名称和质量百分比，不能标识为其他纤维。

如果某种纺织纤维的含量小于5%，但是其在纺织产品中具有特定功能性，那么可以标识该纤维的名称和质量百分比。例如，使用少量的氨纶可以使产品具有较好的弹性，可以标识为"96%涤纶 4%氨纶"；毛服装中少量尼龙可以使服装具有一定的耐久性，标识为"96%羊毛 4%尼龙"。

如果具有两种或多于两种以上的非特定功能性纤维，而且含量都小于5%，那么可以将这些纤维含量相加，即使大于5%，也可以标识为"Other Fibers"，并且标识在所有纤维的最后。例如：纤维含量的结果是"85.2% Cotton（棉）6.9% Nylon（尼龙）4% Polyester（涤纶）3.9% Acrylic（腈纶）"，且涤纶和腈纶没有特定功能性，因为有两种纤维含量都小于5%，可以标识为"85% Cotton 7% Nylon 8% Other Fibers"。

2. 纤维含量标识的特例

纺织产品或毛制品的某些部分即使是由纺织纤维制成的，也不需要标记。主要包括装饰、衬里（用于保暖除外）和用于缝制衣服的缝纫线，但是在标签中可能需要增加类似"纤维含量不包括装饰"之类的声明。

（1）装饰及其辅料。服装和其他纺织产品中所包含的各种形式的饰件不在标签要求之内。这些饰件主要包括领子、袖口、编结、下摆或腕带、荷叶边、带子、腰带、绑带、标签、护腿、三角形插入物、三角布、滚边、添加物和叠层袜吊带。

①添加物。主要包括弹性材料和加在衣服上的用于结构目的的小比例线以及构成纺织产品基本面料的一部分弹性材料，如果弹性材料的面积不超过纺织产品表面积的20%，需要在纤维标签上增加"Exclusive of Elastic"（弹性材料除外）的声明。

②如果装饰性图案或图案是织物的一个组成部分、绣花、覆盖物、贴花和其他装饰附件，且面积不超过纺织产品表面积的15%，并且在纤维成分标识中没有对这些装饰物的纤维含量进行声明，那么在纤维含量后应加上"Exclusive of Decoration"（装饰除外）的声明。领子和袖口无论是否有装饰，都不涉及纤维含量的标识，所以衣领和袖口上的任何装饰都不计算在15%之内。如果装饰部件或者设计超过纺织产品表面积的15%并且其纤维与大身面料不同，那么装饰部分的纤维成分和大身部分必须分开加以标识，如果装饰部件或者设计不超过纺织产品表面积的15%，但是关于其纤维成分的信息在纺织产品的其他地方被引用，那么装饰部分的纤维成分必须在标签上显示。例如，棉T恤衫的滚边装饰含有蚕丝纤维且面积只有10%，如果在广告和标识上被描述为"丝绸装饰"，那么标签上必须标识该丝绸装饰的成分"Body：100% Cotton，Decoration：100% Silk"（大身：100%棉 装饰：100%丝），如果没有任何信息提及丝绸装饰，那么可以标识为"100% Cotton，Exclusive of Decoration"（100%棉 装饰除外）或者"All Cotton Exclusive of Decoration"（全棉 装饰除外）。

③对于纺织纤维或者纱线赋予纱线或织物明显的可辨别的图案或者设计的装饰物，如果其重量占整个纺织产品的重量小于5%，则不需要标识该装饰物的纤维成分，只需要标识除装饰以外的其余部分，并且声明"Exclusive of Ornamentation"（装饰除外）。例如，"60% cotton 40% rayon，Exclusive of Ornamentation"（60%棉40%黏胶 装饰除外）。如果纤维标签中想要具体列出装饰部分的纤维占主体纤维或总纤维质量的百分比，那么需要具体标识装饰纤维，在这种情况下，纤维标签上的数字加起来将超过100%。例如，含有4%金属丝的服装产品，为了凸显装饰纤维，可以将其标识为"70% Nylon 30% Acetate Exclusive of 4% Metallic Ornamentation"（70%尼龙 30%醋酯 4%金属丝装饰除外）。如果装饰物的重量占整个纺织产品的重量大于5%，那么必须将其作为一个独立的部分进行标识。例如，"Body：100% Cotton Ornamentation：100% Silk"（大身：100%棉 装饰：100%丝）。

④"装饰"和"辅料"的定义有相交和重叠部分，两者的标识规则不同，前者依据为是否占产品质量百分比5%，后者依据是否占产品表面积的15%来判断是否需要具体列出该部分的纤维成分。针对部分装饰同时满足两个定义的情形，规定只有同时满足装饰物的质量占整个纺织产品的质量大于5%和占纺织产品表面积的15%条件的才必须标识纤维成分（纤维

名称和质量百分比）。如果有一个条件不满足，那么可以不标注装饰物的成分，但是需要声明"Exclusive of Decoration"或者"Exclusive of Ornamentation"。

（2）衬里和夹层。如果衬里、夹层、填充物或衬垫仅用于结构目的，则无须标识这些部分的纤维成分，但是如果在纤维标签上主动提出或暗示这些部分的纤维含量，那么法规和规则的要求是适用的。如果衬里、夹层、填充物或衬垫包括金属涂层的纺织品以及含毛纤维的衬里或填充物起保暖的作用而不是结构作用，那么应该将这些部分按照部位的不同分别予以标识。例如，"Covering：100% Rayon Filling：100% Cotton"（覆盖物：100%黏纤 填充物：100%棉）。如果外层面料和衬里或者夹层使用相同的材质，也需要分开进行标识。例如，"Shell：100% Polyester Lining：100% Polyester"（外层：100%涤纶 衬里：100%涤纶），而不是简单标识"100% Polyester"（100%涤纶）。如果产品的外层是由非纺织材料如橡胶、乙烯基、皮毛或皮革，而衬里、夹层、填充物或者衬垫是产品中唯一使用纺织产品的部分，并且这些纺织产品具有保暖作用，那么这些衬里、夹层、填充物或者衬垫的纤维成分必须标识。

3. 纤维成分的分类标识

如果纺织产品由若干个可以明显区分的部分组成且各个部分的纤维成分不同，那么为了避免误导消费者，减少欺诈嫌疑，必要时可以按照不同类别分类，如部位、颜色等来分别标识纺织产品的纤维成分，使得消费者能够更加清晰明确地了解所购买产品的纤维成分。如果装饰部分是纺织产品的一个明显部分，并且其数量不在纤维标签免除标识范围内，那么这部分装饰作为一个独立部分在纤维标签上进行标识。例如，"Red：100% Nylon Blue：100% Polyester Green：80% Cotton 20% Nylon Ornamentation：100% Silk"（红色：100%尼龙 蓝色：100%涤纶 绿色：80%棉 20%尼龙 装饰：100%丝）或者"Body：100% Cotton Sleeves：80% Cotton 20% Polyester"（大身：100%棉 袖子：80%棉 20%涤纶）。

如果纺织产品的一部分包含弹性纤维而其余部分不包含弹性纤维，那么这类纺织产品必须分开进行标识，不包含弹性纤维的部分按照常规纺织产品进行标识，包含弹性纤维的部分需要标识为"Elastic"（弹性纤维部分）并且按照纤维含量的质量百分比由大到小标识纤维名称。例如，"Front and Back Non-Elastic Sections：50% Polyester 47% Cotton 3% Other Fiber Elastic：Rayon, Cotton, Nylon, Rubber, Other Fiber"（前后不含弹性纤维的部分：50%涤纶 47%棉 3%其他纤维 弹性纤维部分：黏胶纤维、棉、尼龙、橡胶、其他纤维）。

如果弹性纤维部分的面积占纺织产品总面积的比例不足20%，那么此部分属于不需要标识的范围，只需要标识基布的纤维成分并且在纤维标签上增加"Exclusive of Elastic"（弹性材料除外）的声明。

有些纺织产品会在局部添加一些纤维起牢固或者其他作用，如在袜头和袜跟处，这种产品可以只标识基布的纤维含量，各成分的质量百分比之和为100%，并且需要在标签上标识添加纤维的名称、所添加的部位和这些添加的纤维占基布的质量百分比。例如，"80% Cotton 20% Polyester Except 5% Nylon Added to Heel & Toe"（80%棉 20%涤纶，不包括添加在脚趾和脚后跟处的5%尼龙）。

4. 起毛织物纤维含量标识

由底纱和起毛两种纱线组成的起毛织物，可以有两种方法进行纤维含量标识，可以将其作为一个整体进行标识，或者将底纱和起毛纱线分开进行标识并且分别标出这两个部分的质量百分比，例如，"100% Acrylic Pile 100% Polyester Back（Back is 60% of fabric and pile 40%）"（起毛部分100% 腈纶 底布100%涤纶 底布占面料60% 起毛部分占40%）。

（三）纤维名称的标识

1. FTC 和 ISO 规定的纤维名称

天然纤维和化学纤维必须使用美国联邦贸易委员会（FTC）认可的纤维属名进行标识，可以使用的化学纤维的名称见表7-2，同时也认可由国际标准化组织（ISO）颁布的 ISO 2076：2010《纺织品 人造纤维 属名》中列出的纤维名称，虽然在 ISO 标准中有许多纤维的名称没有在 FTC 的法规中出现，但是这些纤维名称可以用于美国市场的纤维标签中。

有一些常用纤维的名称和 ISO 采用不同的写法，如在 ISO 中使用"Elastane"表示"Spandex"，在纤维含量标识时，"Elastane"和"Spandex"都可以使用。16 CFR 303 和 ISO 纤维名称见表7-2。

表7-2　FTC 和 ISO 规定的纤维名称

纤维名称	16 CFR 303	ISO 2076
醋酯纤维	Acetate	
三醋酯纤维	Triacetate	
聚丙烯腈纤维	Acrylic	
聚丙烯酸酯类纤维	Anidex	—
芳香族聚酰胺纤维	Aramid	
再生蛋白质纤维	Azlon	Protein
弹性酯纤维	Elastoester	—
含氟聚合物	Fluoropolymer	Fluorofibre
玻璃纤维	Glass	
三聚氰胺纤维	Melamine	
金属镀膜纤维	Metallic	—
改性腈纶	Modacrylic	
酚醛纤维	Novoloid	—
聚酰胺纤维	Nylon	Polyamide
聚偏氰乙烯纤维	Nytril	—
聚烯烃纤维	Olefin	Polyethylene
		Polypropylene
聚烯烃弹性纤维	Lastol	Elatolefin
聚苯并咪唑纤维	PBI	Polybenzimidazol
聚乳酸纤维	PLA	Polylactide
聚酯纤维	Polyester	
弹性聚酯复合纤维	Elasterell-p	Elatomultiester
对苯二甲酸丙二酯纤维	Triexta	—
再生纤维素纤维	Rayon	—

续表

纤维名称	16 CFR 303	ISO 2076
黏胶纤维	—	Viscose
铜氨纤维	—	Cupro
莫代尔纤维	—	Modal
莱赛尔纤维	Lyocell	
二烯类弹性纤维	Rubber	Elastodiene
偏氯纶纤维	Saran	Chlorofibre
聚氨酯弹性纤维	Spandex	Elastane
聚苯硫醚纤维	Sulfar	Polyphenylene sulphide
聚乙烯醇纤维	Vinal	Vinylal
氯纶纤维	Vinyon	Chlorofibre
海藻酸纤维	—	Alginate
聚酰亚胺纤维	—	Polyimide
碳纤维	—	Carbon
金属纤维	—	Metal
聚碳酰胺纤维	—	Polycarbamide
三乙烯基类三元共聚纤维	—	Trivinyl
陶瓷纤维	—	Ceramic
甲壳素纤维	—	Chitin

如果纤维生产商开发了一种新型的纤维，需要经 FTC 认可，才可以在纤维标签上标识该纤维的名称。因此纤维生产商可以通过 ISO 或者 FTC 获得新型纤维的认可。

由两种或多种不同成纤聚合物或性能不同的同类成纤聚合物组成的双组分或多组分复合纤维在成分标识时，应该标识该复合纤维是两种还是多种、复合纤维的署名、质量百分比，且根据质量百分比从大到小依次排列。例如，"100% Biconstituent Fiber（70% Nylon，30% Polyester）"（100%双组分复合纤维 70%尼龙 30%涤纶）。

2. 皮马棉等优质棉纤维的名称标识

棉产品可以在纤维成分标识中包含棉纤维的具体种类，只要该种类名称具有真实性不存在欺诈性即可，可以标识一件衬衫"100% Pima Cotton"（100%皮马棉），只要该产品确实包含100%皮马棉。

如果一件衬衫含有50%皮马棉，打算在纤维标签上使用皮马棉，那么必须清楚地标识含有50%皮马棉，可以标识为"100% Cotton（50% Pima）"（100%棉 50%皮马棉）或者"50% Pima Cotton　50% Upland Cotton"（50%皮马棉　50%陆地棉）或者"50% Pima Cotton 50% Other Cotton"（50%皮马棉　50%其他棉），也就是说在标签上需要使用皮马棉这个纤维名称时，必须包含100%棉和仅含50%皮马棉的信息，而不能标识为"100% Cotton，Pima Blend"（100%棉 皮马棉混纺），没有具体标识皮马棉含量的标识在美国市场是不被接受的。

3. 毛纤维的名称标识

美国法规明确规定了术语"Wool"表示由绵羊（Sheep）或羔羊（Lamb）的剪毛以及安

哥拉山羊（Angora Goat）、绒山羊（Cashmere Goat）、骆驼（Camel）、羊驼（Alpaca）、美洲驼（Llama）或者小羊驼（Vicuna）的毛发制成的纤维，也就是说"Wool"是这些毛纤维的统称，而不是平时习惯翻译的"绵羊毛"。

毛纤维可以标识为"Wool"或者使用具体物种的纤维名称，这些纤维包括：马海毛（Mohair）、山羊绒（Cashmere）、骆驼（Camel）、羊驼（Alpaca）、美洲驼（Llama）或者小羊驼（Vicuna）。根据美国羊绒驼绒制造商协会（CCMI）和美国毛制品标签法的相关规定，并不是所有产自山羊的绒毛都可以标识为"Cashmere"（山羊绒），必须符合山羊绒的定义，其包含以下这些参数：纤维产自开司米绒山羊（Capra Hircus Laniger）底层的较细绒毛；纤维的平均细度不能超过 19μm；单根纤维的细度超过 30μm 的这部分纤维的质量百分比不大于 3%；平均直径的变异系数不大于 24%，如果产自山羊的绒纤维不符合上述的定义，那么应该标识为"Wool"而不是"Cashmere"（山羊绒），但是需要特别说明的是并不是符合这些参数的纤维都是山羊绒。如果纺织产品中所使用的毛纤维需要在标签上标识具体的名称，那么该毛纤维的含量必须标识，回用的毛纤维必须标识为"Recycled"（回用），例如"80% Alpaca 20% Recycled Camel Hair"（80%羊驼毛 20%回用驼绒）。如果在纤维标签中使用了毛纤维的名称，那么这些名称必须出现在纤维含量标签上和关于纤维的任何其他引用中，如果在必需的纤维标签中只是简单地标识"Wool"，那么不可以在其他非必需的信息中（如吊牌、挂牌等）使用动物纤维的名称，例如，标识是"100% Wool"（100%毛纤维），则"Fine Cashmere Garment"（细羊绒服装）的声明不能出现在必需的标签或者其他标签或者吊牌上。有些服装含有少量的山羊绒，山羊绒的真实比例应该列在标签上，与其他纤维含量标识的原则一样，所有纤维成分信息必须采用大小相同的字体和同样的显著性，避免为吸引消费者而采用欺骗和误导的行为，例如一件含有 96%绵羊毛 4%山羊绒的毛衫，可以标识为"96% Wool 4% Cashmere"，如果在毛衫的袖子上有另外一个标签且声明"Fine Cashmere Blend"，那么这个标签存在误导消费者，除非在该标签上重复标识纤维的质量百分比。

（1）超细羊毛纤维。只要羊毛纤维的平均直径不大于超细羊毛术语规定的最大值，美国毛制品标签法允许羊毛产品中使用"Super 80's"（超细 80 支）或"80's"（80 支）的描述，超细羊毛术语与羊毛纤维平均直径最大值的对照表见表 7-3。对于含有经纱和纬纱的机织物，可以将经纱和纬纱的羊毛纤维平均直径的算术平均值作为整个产品的羊毛纤维平均直径。如果使用"Super"或"S"加上数字描述某个产品以此来错误地暗示产品包含有羊毛，那么标签上的"Super"或"S"加上数字的描述则属于违反毛产品法规。

表 7-3　超细羊毛平均直径的最大值

超细羊毛术语	羊毛纤维平均直径最大值（μm）
Super 80's 或者 80's	19.75
Super 90's 或者 90's	19.25
Super 100's 或者 100's	18.75
Super 110's 或者 110's	18.25
Super 120's 或者 120's	17.75
Super 130's 或者 130's	17.25

续表

超细羊毛术语	羊毛纤维平均直径最大值（μm）
Super 140′s 或者 140′s	16.75
Super 150′s 或者 150′s	16.25
Super 160′s 或者 160′s	15.75
Super 170′s 或者 170′s	15.25
Super 180′s 或者 180′s	14.75
Super 190′s 或者 190′s	14.25
Super 200′s 或者 200′s	13.75
Super 210′s 或者 210′s	13.25
Super 220′s 或者 220′s	12.75
Super 230′s 或者 230′s	12.25
Super 240′s 或者 240′s	11.75
Super 250′s 或者 250′s	11.25

（2）其他毛发纤维。术语"Fur Fiber"（毛皮纤维）可用于描述除绵羊、羔羊、安哥拉山羊、绒山羊、骆驼、羊驼、小羊驼和美洲驼以外的任何动物的毛发或毛皮纤维或其混合物。如果动物的毛发或毛皮纤维占纤维质量的5%以上，可以使用动物的名字标识产品，例如"80% Wool 10% Fur Fiber 10% Angora Rabbit Hair"（80%羊毛 10%毛皮纤维 10%安哥拉兔毛），针对杂交动物纤维，例如，"Cashgora"（绒山羊和安哥拉山羊的杂交品种），可以标识如"60% Wool 40% Cashgora Hair"（60%羊毛 40%杂交山羊）。

4. 纤维商标名称的使用

在纺织产品的纤维标签上可以使用纤维商标名称，只要商标名称和通用纤维名称同时标识即可，并且商标名称和通用名称的字体字号必须相同，显著性相同。

当纤维商标名称出现在标签上时，必须标识纤维的含量，例如，"80% Cotton 20% Lycra® Spandex"（80%棉 20%莱卡® 氨纶）。

5. 含有未知纤维的产品

如果纺织产品的全部或部分由废料、碎片、碎布、二手纤维或二手织物或其他未知的纺织废料制成，纤维含量无法确定，那么需要披露这些信息在纤维标签上，但是如果知晓或者可以确定纤维成分，那么必须给出完整的纤维成分。例如，"Made of Clippings of Unknown Fiber Content"（由未知纤维含量的剪下碎布制成）、"100% Unknown Fibers-Rags"（100%未知纤维—破布）、"All Undetermined Fibers-Textile by-Products"（全部不确定纤维—纺织下脚料）、"100% miscellaneous pieces of undetermined fiber content"（100%不确定纤维含量的杂件）、"Secondhand materials-fiber content unknown"（二手材料—纤维含量未知）、"45% Rayon 30% Nylon 25% Unknown fiber content"（45%黏胶 30%尼龙 25%未知纤维）。

（四）纤维含量的允差

1. 不含毛纤维的纺织产品

对应产品实际纤维含量，对于两组分或多组分产品标签上的纤维含量的允差为±3%。例如，标签上标识产品含有60%棉，那么该产品中实际棉的质量百分比可以从57%～63%，但是这并不意味着可以故意谎报纤维含量，如果已知棉纤维的实际含量是57%，那么在纤维标签上应该标识"57%棉"。允差的意义是允许产品在生产制造过程中出现少量意外而与设计值有偏差。两组分或多组分产品的允差超过±3%则构成误贴标签，除非能够证明超过±3%的允差是由于采取了适当的谨慎措施后仍然不可避免地在生产过程中产生的。如果纺织产品只含有一种纤维，对应产品实际纤维含量，标签上纤维含量的允差为零，也就是没有任何允差，如果一件衬衫其纤维含有97%丝和2%涤纶，则不能按照±3%的允差原则而将这件衬衫标识为"100%丝"，2%的涤纶是有意添加在面料中，因此，标识这件衬衫"100%丝"被视为故意贴错标签。

2. 含毛纤维纺织产品

毛纤维的法规没有提供毛纤维纺织品的纤维含量允差，但是《毛产品标签法》规定，如果产品实际的纤维含量和标签上纤维含量的偏差是由于采取了适当的谨慎措施仍然不可避免地在生产过程中产生的，那么与规定纤维含量的差异不会被认为是贴错标签。在实际操作中，美国联邦贸易委员会（FTC）对毛产品采用其他纺织品3%的允差，但是3%的允差不适用于标识全部是毛纤维的产品（即单一毛纤维产品），如100%羊毛、100%山羊绒等。

二、欧洲市场纤维成分标签

欧盟关于纺织产品纤维含量标识和纺织纤维名称的法规《欧洲议会和理事会1007/2011法规（欧盟）2011.09.27，关于纺织品纤维及相关标签、标记和废除的欧洲议会和理事会指令73/44/EEC和96/73/EC指令2008/121/EC》。

一共有四章，分别是总则、纺织纤维的名称及其相关的标签标识要求、市场监督和过渡性条款，共有28个条款。此外，该法规还包含8个附录，分别是附录1纺织纤维的名称列表包含48种纤维的名称及其纤维描述；附录2新型纺织纤维名称申请所需要包含的技术文件；附录3 "Fleece Wool（原毛）"或"Virgin Wool（新毛）"欧盟各国语言的表述；附录4某些特定的纺织产品标识的特殊条款，见表7-4；附录5非强制标识的纺织产品，一共有42个产品大类，包括袖箍、纺织材料的表带、标签和徽章、纺织材料填充的锅架、咖啡和茶的保温套、袖套、除了长毛绒织物的手笼、人造花、针垫、油画布、底布和基布面料以及加固用纺织品、旧的纺织产品、绑腿、包装、纺织材料的鞍具、纺织材料的旅行用品、手工挂毯以及生产这些挂毯的材料包括手绣的纱线和与画布分开销售的材料、拉链、纺织材料包覆的纽扣和扣环、纺织材料的书皮、玩具、鞋类的纺织材料、表面积不超过500cm^{2}且包含几部分组件的桌垫、烘箱手套、鸡蛋保温套、化妆盒、纺织材料的烟草袋、由纺织材料制成的眼镜烟草打火机和梳子的盒子、表面积不超过160cm^{2}的手机和手提媒体播放器的外壳、除了手套以外的运动防护用品、梳妆盒、擦鞋盒、葬礼用品、除了填充料以外的一次性用品、使用于欧盟药品法规的纺织品、工业用纺织品包括绳索等、防护用纺织品如安全带降落伞防弹背心等、用于体育馆或展览馆等处的空气支撑机构、船帆、宠物服装和旗帜横幅；附录6是可以使用一个标签的纺织产品目录；附录7是纤维含量不需要标识的部分列表，见表7-5；附录8为纤维成分分析方法。

表7-4 某些特定的纺织产品标识的特殊条款

产品		标识规定
1	如下三种紧身服装	标识产品整体的纤维成分或者按照部位分别标识
	文胸	罩杯表面的里层和外层面料以及后背面料
	紧身内衣和束腰带	前面、后面和侧面面料
	连文胸的塑身上衣	罩杯表面的里层和外层面料，前面和后面的硬挺部分面料，侧面面料
2	除1以外的紧身服装	标识产品整体的纤维成分或者按照部位分别标识，质量小于10%的部分不强制标识
3	所有紧身服装	对紧身服装的各个部位进行单独标识时，应当使消费者能够方便地理解纤维标签上的部位信息，并能与服装上实际部位对应
4	烂花织物	按整体标识所含纤维的成分，或者底布和花纹部分分别标识，但必须注明底布和花纹
5	绣花织物	按整体标识所含纤维的成分，或者底布和绣花线分别标识，但必须注明底布和绣花线，绣花线的表面积占产品总表面积不足10%时，绣花线不强制标识
6	在市场上销售的由不同纤维组成的包芯纱	按整体标识包芯纱各种纤维成分，或者将芯纱和包覆纱分别标识，但必须注明芯纱和包覆纱
7	天鹅绒和长毛绒织物或者类似天鹅绒和长毛绒织物	按整体标识所含纤维的成分，如果织物的底布和起绒表面由不同的纤维组成，那么可以分别进行标识，但必须注明底布和绒面
8	底布和面布由不同的纤维组成的地毯	可以单独标识面布的纤维含量，同时必须注明面布

表7-5 纤维含量不需要标识的部分

产品		不需要标识
1	全部纺织产品	非纺织品部分、布边、标签和徽章、非产品整体部分的边饰、纺织材料包覆的纽扣和扣环、附件、装饰物、非弹性带子、在产品特定的部位加入的弹性线带、法规规定可以不标识的可见且独立的装饰纤维以及具有抗静电效果的纤维
		脂类、黏合剂、增重剂、浆料、浸轧产品、染色和印花及其他纺织加工的产品
2	地毯	除了面布以外的其他部分
3	装饰织物	缀结和未形成面布的衬经衬纬
4	窗帘、帘子	缀结和非正面的衬经衬纬
5	袜子	位于袜头和袜跟的加固纱线，以及袜口中添加的弹性纱
6	连裤袜	位于袜头和袜跟的加固纱线，以及腰部中添加的弹性纱
7	除了2~6的纺织产品	底布和基布织物、在产品特定的部位加入的起加固作用的纱线或者材料、衬里、油画布的底布、未代替织物经纬纱的缝纫线、没有保暖作用的填充料

　　该法规明确对其所适用的纺织品作了详细规定，具体为：产品中纺织纤维的质量百分比至少占产品质量的80%；纺织纤维的质量百分比至少占80%的家具、伞和遮阳伞；纺织纤维

的质量百分比至少占80%的多层地毯的上层、纺织品床垫的外层、露营用品覆盖物以及纺织品是一个完整部分的其他产品，同时外包给个人在其自己家中或者非独立的公司加工的纺织产品和私人定制的纺织产品都不在该法规管控的范围内。

如果纺织产品仅仅由同一种纤维组成，那么可以标识为"100%""Pure（纯）"或者"All（全部）"，基于在规范的生产过程中和不进行人为添加的情况下，不可避免地会有其他纤维混入，如果纺织产品包含质量不超过2%的其他纤维，粗梳产品中包含质量不超过5%的其他纤维都可以被标识为同一种纤维。例如，"98.4%棉 1.6%涤纶"可以标识为"100% Cotton（100%棉）""Pure Cotton（纯棉）"或者"All Cotton（全棉）"。

使用纺织纤维的名称和质量百分比标识纺织产品并且按照所有组分的含量从大到小降序排列，纤维名称必须采用法规附录1规定的表述并且纤维的名称必须与纤维的描述一致，法规附录中所列的这些纤维名称不得用于其他纤维，无论是单独使用还是作为词根或作为形容词使用，如Silk（丝）不能用于表述长丝纤维。

该法规规定了实测纤维含量的值与标识纤维含量的允差为±3%，该允差同样适用于标识"Other Fibres"的含量，如果纺织产品的标识为"80%棉 20%涤纶"，只要实测棉含量在77%~83%、涤纶在23%~17%范围内，那么该产品的成分标识符合欧盟的标签法规要求。

如果需要在纤维标签上使用商标或者企业名称，必须在商标或者企业名称的前面或者后面加注欧盟法规所列的纤维名称，以免消费者混淆。

如果一种纤维的含量不超过5%或者若干种纤维的含量总和不超过15%，那么可以标识为"Other Fibres（其他纤维）"。纺织产品在生产加工中难以说明其成分的，可以标识为"Mixed Fibres（混纺纤维）""Unspecified Textile Composition（未指明的纺织成分）"。

对于研发的新型纺织纤维，如果不在REGULATION（EU）No 1007/2011附录1列表的名称内，可以按照附录2的要求向欧盟委员会提交相关技术文件申请纤维名称。在未列入纤维名称列表之前，可以将其标识为"Other Fibres（其他纤维）"。

如果毛纤维没有在产品中使用过并且在加工之前没有经过纺纱、毡缩的加工过程，当其与一种纤维混纺，在混纺产品中的含量不少于25%，那么可以使用"Fleece Wool（原毛）"或"Virgin Wool（新毛）"标识纺织产品中的毛纤维和含量。

对于纺织产品中可见的且独立存在的仅仅起到装饰作用的纤维，如果占整个纺织产品的重量不到7%，那么这部分的纤维含量不需要标识。金属镀膜纤维和其他一些为了起到抗静电作用的纤维，如果占整个纺织产品的重量不到2%，那么这部分的纤维含量也不需要标识。

如果纺织产品含有两个及以上的部分且每个部分的纤维含量不同，那么需要分别对每一个部分进行标识，一般可以按照部位、颜色或者织物组织结构等进行标识。如果某一个部分不是主要的里料且占整个纺织产品的重量不到30%，那么这部分里料可以不需要分开单独标识。对于成套销售的纺织产品，如套装，如果上下装的纤维含量相同，那么可以使用一个标签。

如果纺织产品中含有来源于动物的非纺织部分，如火鸡毛的装饰、牛角扣、珍珠、贝壳纽扣等天然动物类材质，必须标识"Contains Non-Textile Parts of Animal Origin（含有来源于动物的非纺织部分）"这一条款也是REGULATION（EU）No 1007/2011版新加入的条款。

与其他的标签法规一样，欧盟的法规也要求纺织产品的纤维标签必须具有耐久性、易辨认、可见性和可理解性。纤维标签上不允许使用缩写，除非该缩写在国际标准中有定义或者在相同的商业文件中有解释。

除非欧盟成员国另有规定，否则纤维标签应该使用欧盟销售国的一种或几种官方语言，方便消费者在选购商品时阅读辨识。

三、中国市场纤维成分标签

GB/T 29862—2013《纺织品　纤维含量的标识》规定了在中国销售的以天然纤维和化学纤维为主要原料，经过纺纱、织造、染整等加工工艺或再经缝制、复合等工艺而制成的纱线、织物及其制成品的纺织产品纤维含量的标签要求、标注原则、表示方法、允差以及标识符合性的判定，并给出了纺织纤维含量的标识示例。

有些产品中纺织产品只是其中一部分或附件，则不需要标识纺织纤维的含量，主要有以下产品：一次性使用的制品；座椅、沙发、床垫等软垫家具用填充物和包布；鞋、鞋垫；装饰画、装饰挂布；饰品、工艺品等小件装饰物；雨伞、遮阳伞；箱包、背提包、包装布和包装绳带；裤子的吊带、臂章和吊袜带；尿布衬垫；婴儿床护栏和婴儿车；玩具；绷带、手术服等医用纺织制品；宠物用品；清洁布；墙布、屏风等；旗帜；人造花和产业用纺织品等。

（一）纤维含量标签的一般要求

每件纺织产品都需要有标明纤维名称及其含量的纤维耐久性标签，按照纺织产品使用说明中的维护程序进行洗涤护理后，标签上的字迹在产品使用周期内保持清晰可辨。

有些纺织产品，如面料、绒线、手套和袜子等不适合使用耐久性标签，那么可以采用吊牌等其他形式的标签，如果这些产品是整盒或整袋出售并且纤维成分相同，可以整盒或整袋标识。

包装好的产品在销售时，如果消费者不能清楚地看到纺织产品上的纤维含量信息，则还需在包装上或产品说明上添加产品的纤维含量信息使消费者在购买时清楚了解产品的纤维含量。

成套的纺织产品，不管纤维含量相同或者不同，只要每个产品是单独销售的，则每个制品上应该有各自独立的纤维成分标签；如果是成套销售的，可以将纤维含量标识在其中一件产品上，如西服套装等。

耐久性纤维含量标签的材质不能对人体产生刺激，应附着在产品合适的位置，其信息不被遮盖或隐藏，字迹应清晰醒目，方便消费者辨识，文字可以同时使用其他语言，但以使用规范的中文汉字为准。

纺织产品上有多种形式的纤维含量标签时，各种纤维含量的标签上的内容应该保持一致。

（二）纤维含量和纤维名称标识原则

1. 纤维含量标识

纤维含量通常以每种纤维的净干质量结合公定回潮率计算的公定质量百分比表示，一般采用整数。采用显微镜分析方法的纤维含量按照方法标准规定，未知公定回潮率的纤维参照同类纤维的公定回潮率或标准回潮率，如果采用净干质量百分率表示纤维含量，需明示为净干含量。

2. 纤维名称标识

（1）标准规定的纤维名称。纤维名称应采用标准规定的规范名称，天然纤维名称采用 GB/T 11951《纺织品 天然纤维 术语》中规定的名称见表 7-6，化学纤维名称采用 GB/T 4146.1《纺织品 化学纤维 第一部分：属名》中规定的名称见表 7-7，如果化学纤维有简称的宜采用简称，羽绒羽毛名称采用 GB/T 17685《羽绒羽毛》中规定的名称。

表 7-6 天然纤维属名

纤维种类	属名	英语属名		纤维种类	属名	英语属名	
动物纤维	丝纤维	桑蚕丝	SILK	动物纤维	毛发纤维	海豹毛	SEAL
		柞蚕丝	TASAR			麝鼠毛	MUSKRAT
		蒙加丝	MUGA			驯鹿毛	REINDEER
		蓖麻蚕丝	ERI			水貂毛	MINK
		阿拉菲野蚕丝	ANAPHE			貂毛	MARTEN
		木薯蚕丝	CASSAVA			黑貂毛	SABLE
		樗蚕丝	AILANTHUS			鼬鼠毛	WEASEL
		樟蚕丝	—			熊毛	BEAR
	软体动物分泌纤维	海丝	BYSSUS			银鼠毛	ERMINE
						北极狐毛	ARTIC FOX
	毛发纤维	绵羊毛	WOOL	植物纤维	种子纤维	棉	COTTON
		羊驼毛	ALPACA			牛角瓜纤维	AKUND
		安哥拉兔毛	ANGORA			木棉	KAPOK
		山羊绒	CASHMERE		韧皮纤维	大麻	HEMP
		骆驼毛、骆驼绒	CAMEL			金雀花麻	BROOM
		原驼毛	GUANACO			黄麻	JUTE
		美洲驼毛	LLAMA			槿麻	KENAF
		马海毛	MOHAIR			亚麻	FLAX
		骆马毛	VICUNA			苎麻	RAMIE
		牦牛毛、牦牛绒	YAK			玫瑰茄麻	ROSELLE
		牛毛	COW			菽麻	SUNN
		河狸毛	BEAVER			肖梵天花麻	URENA
		鹿毛	DEER			苘麻	ABUTILON
		山羊毛	GOAT			刺蒴麻	PUNGA
		马毛	HORSE			罗布麻	BLUISH DOGBANE
		兔毛	RABBIT				
		野兔毛	HARE			荨麻	NETTLE
		水獭毛	OTTER			竹纤维	BAMBOO
		河狸鼠毛	NUTRIA			蓖麻	CASTOR

纤维种类	属名	英语属名		纤维种类	属名	英语属名	
植物纤维	叶纤维	蕉麻	ABACA	植物纤维	叶纤维	帕尔马丝兰属叶纤维	PALMA IXTLE
		针茅麻	ALFA			菠萝叶纤维	PINEAPPLE LEAF
		芦荟麻	ALOE				
		菲奎麻	FIQUE			附生凤梨纤维	PITA
		赫纳昆麻	HENEQUEN			白毛羊胡子草纤维	PEAT FIBRE
		马奎麻	MAGUEY		果实纤维	椰壳纤维	COIR
		新西兰麻	PHORMIUM		矿物纤维	石棉	ASBESTOS
		剑麻	SISAL				
		坦皮科大麻	TAMPICO				

表 7-7 化学纤维属名

属名	英语属名
铜氨纤维	Cupro
莱赛尔纤维（莱赛尔）	Lyocell
莫代尔纤维（莫代尔）	Modal
黏胶纤维（黏纤）	Viscose 或 Rayon
醋酯纤维（醋纤）	Acetate
三醋酯纤维	Triacetate
海藻纤维	Alginate
聚丙烯腈纤维（腈纶）	Acrylic
芳香族聚酰胺纤维（芳纶）	Aramid
含氯纤维（氯纶）	Chlorofibre
聚氨酯弹性纤维（氨纶）	Elastane 或 Spandex
二烯类弹性纤维	Elastodiene
含氟纤维（氟纶）	Fluorofibre
聚酰胺纤维	Polyamide 或 Nlyon
聚酯纤维	Polyester
聚乙烯纤维	Polyethylene
聚酰亚胺纤维	Polyimide
聚丙烯纤维（丙纶）	Polypropylene
玻璃纤维	Glass fibre
聚乙烯醇纤维	Vinylal
碳纤维	Carbon fibre
金属纤维	Metal fibre

属名	英语属名
聚乳酸纤维	Polylactide
聚烯烃弹性纤维	Elastolefin 或 Lastol
陶瓷纤维	Ceramic fibre
甲壳素纤维	Chitin
聚苯硫醚纤维	Polyphenylene
超高分子量聚乙烯纤维	Ultra-high molecular weight polyethylene

（2）纤维形态特点的描述。在纤维名称的后面可以添加描述纤维形态特点的术语，一旦添加，必须如实描述，如涤纶（三孔）、棉（丝光）等。

（3）没有名称的纤维或材料。GB/T 4146.1 和 GB/T 11951 中没有名称的纤维或材料，可以参照如下标注。

①复合纤维：含有两种或两种以上聚合物，可以列出每种聚合物的名称+复合纤维，聚合物之间用"/"分开，聚合物的名称采用 GB/T 4146.1 中规定的名称，见示例 1 和示例 2。

示例 1：
100%锦纶/涤纶复合纤维

示例 2：
70%	黏纤
30%	锦纶/涤纶复合纤维

②改性纤维：通过添加某些成分改变了原有化学纤维的性能，按照添加成分的名称+改性+原化学纤维的名称的方法标识，见示例 3。

示例 3：
100%	蛋白改性聚乙烯腈纤维

③由分子链中含质量 50%~85%丙烯腈的线性大分子构成的纤维，标注为"改性腈纶"。

④由两种或多种化学性质不同的线型大分子（质量均不超过 85%）构成，含有至少 85%酯基官能团，多次拉伸 50%后能快速地回复到原长的纤维，标识为"弹性聚酯复合纤维"。

⑤对于新开发的没有统一命名的化学纤维，可标识为"新型××纤维"。需要提供所标识的"新型××纤维"的证明或验证方法。

⑥某些特种动物纤维，由于尚没有成熟有效的方法进行鉴别，可标识为"其他特种动物毛"。

⑦纺织产品上的非纺织材料中，纤维素材料的纸型纱可标识为"纤维素材料"；植物材料可直接标识材料的名称或者标识为"植物材料"，如稻草；禽鸟羽毛可直接标识材料的名称或者标识为"禽鸟羽毛"，如火鸡毛；薄膜可标识为"薄膜除外"，也可对薄膜定性标识，如"聚乙烯薄膜除外"；不能确定是否金属镀膜的金银线、闪光线，按照基材标识，如"亮丝：聚酯薄膜纤维"。

（三）纤维含量表示方法及示例

纺织产品仅含有一种纤维，可以在纤维名称的前面或后面加"100%"或在纤维名称的前面加"纯"或"全"表示，如"100%锦纶""聚酯纤维 100%""纯黏纤维""全棉"。

纺织产品含有两种及以上纤维组成，一般按照纤维含量递减顺序由大到小列出每种纤维的名称，并在名称的前面或后面列出该纤维含量的百分比（示例4）。如果有纤维含量相同，纤维名称的前后顺序可任意排列（示例5）。

示例4：

50%	羊毛
35%	锦纶
15%	聚酯纤维

羊毛	50%
锦纶	35%
聚酯纤维	15%

示例5：

| 50% | 羊毛 |
| 50% | 黏纤 |

| 羊毛 | 50% |
| 黏纤 | 50% |

对于提前印好纤维名称的非耐久性标签，且有空白处用于填写纤维含量百分比的情况，允许不按照纤维含量递减的顺序排列。

对于纤维含量≤5%的纤维，可以在标签上标识该纤维的具体名称，也可以使用"其他纤维"来表示（示例6）；如果有两种及以上含量分别≤5%的纤维且总量≤15%时，可标识"其他纤维"（示例7）。

示例6：

70%	腈纶
27%	羊毛
3%	棉

腈纶	70%
羊毛	27%
棉	3%

示例7：

90%	羊毛
5%	棉
3%	黏纤
2%	涤纶

| 90% | 羊毛 |
| 10% | 其他纤维 |

有些再生纤维素纤维如黏胶纤维、莫代尔纤维、莱赛尔纤维等化学性质相似，如果产品中含有两种或以上时，难以进行定量分析，可以标识每种纤维的名称或者标识纤维大类的名称，将这些纤维的含量相加，标识总的含量（示例8，示例9）。

示例8：

| 60% | 亚麻 |
| 40% | 莱赛尔+莫代尔 |

示例9：

| 再生纤维素纤维 | 100% |

带有里料的纺织产品，如果里料和面料是同一种的织物，那么可以合并标识，如果里料和面料不是同一种的织物，应该分别标识面料和里料的纤维含量，见示例10。

示例10：

| 面料：70%腈纶/30%羊毛 |
| 里料：100%锦纶 |

含有填充物的纺织产品除了需要标识面料和里料的纤维含量，还需要标识填充物纤维含量（示例11）。羽绒的填充物需要标识羽绒类别和含绒量，如灰鹅绒、灰鸭绒、白鹅绒、白鸭绒等（示例12）。

示例11：

```
面/里料：70%涤纶/30%棉
填充物：100%涤纶
```

示例12：

```
面料：100%锦纶
里料：100%涤纶
填充物：白鹅绒（含绒量90%）
```

由两种及以上不同织物拼接构成的纺织产品应该根据产品的部位、花型等分别标明每种织物的纤维含量（示例13，示例14），单个织物面积或多个织物总面积占纺织产品表面积不足15%的可以不标识。拼接织物不管是面料或里料只要纤维成分及含量相同可以合并标注。

示例13：

```
大身：羊毛70%/兔毛30%
袖子：羊毛100%
```

示例14：

```
提花：50%羊毛/50%锦纶
印花：70%腈纶/30%羊毛
```

纺织产品中含有两种及以上明显可以区别或者辨识的纱线、图案或结构的，如彩条针织衫、毛绒织物、烂花面料、静电植绒面料等，可以分别标明各类纱线种类、图案或结构纤维含量（示例15，示例16）；也可作为一个整体，标明每一种纤维含量（示例17）。对纱线种类、图案或结构变化较多的产品可仅标注面积较大部分的纤维含量。

示例15：

```
黑色纱：80%棉/20%涤纶
白色纱：100% 涤纶
灰色纱：50%棉/50%黏纤
```

示例16：

```
烂花：100%黏纤
地布：100%桑蚕丝
```

示例17：

```
绒毛：80%涤纶/20%腈纶
地布：100%涤纶
```

```
88%   涤纶
12%   腈纶
```

由两层及以上材料构成的多层产品，如保暖内衣、复合面料等，可以分别标识各层的纤维含量（示例18），也可将其当作一个整体，不标识每一层的纤维含量而仅标识总的纤维含量（示例19）。

示例18：

```
外层：50% 棉/50% 黏纤
内层：100% 棉
中间层：100% 涤纶
```

示例19：

```
60%   棉
20%   涤纶
20%   黏纤
```

纺织产品的某些部位中会添加一些纤维起到加固作用，如袜头、袜跟、毛衫的罗纹袖口下摆边等处，这些起加固作用的纤维可以标识纤维的名称含量，也可以在纤维含量标签中说明添加纤维的部位以及添加的纤维名称（示例20）。

示例20：

```
100%   棉
袜头及袜跟部位含锦纶
```

在纺织产品中会添加一些具有特殊性能的纤维，如弹性纤维、金属纤维等，或者一些明显具有装饰效果的花纹和图案并且这些装饰线在拆除后，会破坏产品原有的结构，当这些装饰线的含量≤5%时，可表示为"××除外"（示例21），也可单独标识这些装饰线的纤维含量（示例22）。如果需要，也可以标识特性纤维或装饰线的纤维含量占整个纺织产品的百分比（示例23）。

示例21：

85% 腈纶
15% 马海毛
装饰线除外

示例22：

85% 腈纶
15% 马海毛
装饰线 100%聚酯薄膜纤维

示例23：

82% 腈纶
14% 马海毛
4% 聚酯薄膜纤维

在产品中起装饰作用的非外露部件以及某些小部件，如花边、褶边、滚边、贴边、腰带、饰带、衣领、袖口、下摆罗口、松紧口、衬布、衬垫、口袋、内胆布、商标、局部绣花、贴花、连接线和局部填充物等，其纤维成分含量可以不标。除外露部件的衬布、衬垫、内胆布等外，若单个部件的面积或同种织物多个部件的总面积超过纺织产品表面积的15%时，这些部件的纤维成分含量应该标识。

有些纺织产品含有涂层、胶、黏合剂和薄膜等并且难以使用化学试剂将这些非纤维物质完全去除，可以仅仅标明产品中每种纤维的名称（示例24），说明该纤维组分是否包含涂层、胶、黏合剂和薄膜等非纤维物质（示例25，示例26）。

示例24：

棉 100%

示例25：

棉 75%
涤纶 25%（含胶）

示例26：

涤纶/锦纶（涂层除外）或
者 基布：涤纶/锦纶

对于文胸、内裤、袜子、紧身内衣等结构复杂的纺织产品可以标识主体部分或在穿着中与人体皮肤直接接触部分的纤维成分含量（示例27），对于蕾丝、大提花等织物，由于产品中的花型不完整或不规则，同款产品纤维成分含量变化较多，可仅标识纤维名称，而不标识纤维含量（示例28）。

示例27：

里料：棉 100%
侧翼：锦纶/氨纶

示例28：

大身：棉/锦纶
袖子：棉 100%

（四）纤维含量允差

纺织产品或产品的某一个部分完全由一种纤维组成时，用"100%""纯"或"全"表示纤维含量，纤维含量的允差为 0，即没有任何允差。当产品中某种纤维含量或者两种及以上纤维总和≤0.5%时，可忽略不计，标识为"含微量××"或"含微量其他纤维"（示例 29）。

示例 29：

| 80% | 羊毛（含微量兔毛） |
| 20% | 锦纶 |

由于山羊绒纤维存在形态变异，有些山羊绒纤维的鳞片形态与羊毛纤维相似，出现"疑似羊毛"，当山羊绒含量≥95%且疑似羊毛≤5%时，产品标识为"100% 山羊绒""纯山羊绒""全山羊绒"，也就是说，如果产品含有典型的羊毛纤维即使≤5%，也需要在标签上具体标注；山羊绒与其他纤维的混纺产品中，疑似羊毛的含量不超过山羊绒标称值的5%；羊毛产品中可以含有山羊绒纤维，可以将山羊绒标注，也可以和羊毛合并标注。例如，测试结果是97.8%羊毛，2.2%羊绒，可以简单标识为"100%羊毛"或者"98%羊毛 2%羊绒"。

产品或产品的某一部分中含有明显装饰作用的纤维或具有特殊性能的弹性纤维、金属纤维等，并且这些纤维的含量≤5%（纯毛粗纺产品≤7%）时，可使用"100%""纯"或"全"表示纤维的含量，并且需要说明"××纤维除外"（示例 30，示例 31），标明的纤维含量允差为 0。

示例 30：

| 纯羊毛 |
| 装饰线除外 |

示例 31：

| 100%苎麻 |
| 弹性纤维除外 |

纺织产品或产品的某一部分含有两种及以上的纤维混纺或者交织时，除了 GB/T 29862—2013 规定可以不标识的纤维外，在纤维标签上标识的纤维含量的允差为 5%。例如，标签上含量为"65%羊毛/20%腈纶/15%黏纤"，羊毛、腈纶和黏纤允许的含量范围分别为 60%～70%、15%～25%和 10%～20%，填充物考虑其产品的本身特点和加工工艺，纤维含量的允差为 10%。

对于某种纤维含量≤10%的低含量纺织产品，纤维含量允差为 3%。例如，标签上含量是"85%棉/10%涤纶/5%亚麻"，涤纶和亚麻允许的含量范围分别是 7%～13%、2%～8%；当标签上某种纤维的含量≤3%时，实际含量不得为 0。当标签上某种填充物的纤维含量≤20%，纤维含量允差为 5%；当某种填充物纤维含量≤5%时，实际含量不得为 0。

（五）纤维含量标识符合性的判定

除了 GB/T 29862—2013《纺织品　纤维含量的标识》标准规定的特例，即使其他都符合，但是只要有下列一种情况存在，那么纤维含量标识仍然会判定为不符合标准。

（1）纺织产品没有纤维含量的标签。

（2）纺织产品虽然有纤维含量标签但是该纤维含量标签不是耐久性标签。

（3）纺织产品产品没有采用 GB/T 11951《纺织品 天然纤维 术语》和 GB/T 4146.1《纺织品 化学纤维 第一部分：属名》中规定的纤维名称，而是采用商品名或者俗称等，例如，在标签中使用"莱卡""天丝"等非标准规定的规范纤维名称。

（4）纺织产品的纤维成分标签中仅仅标识了纤维名称，而没有标明各个纤维的含量，该产品不属于标准中规定可以仅仅标识纤维名称的产品类别。

（5）纺织产品标识的纤维名称与产品中实际所含的纤维不符，例如，产品标识为"65%涤纶/35%棉"，而实际产品中的纤维含量为"65%涤纶/35%黏胶"；产品标识为"100%山羊绒"，而实际产品中的纤维含量为"85%山羊绒/15%羊毛"等纤维名称不符、纤维种类多于或者少于标识的纤维种类。

（6）纺织产品标识的纤维含量偏差超出标准规定的允差范围，例如，产品标识为"65%涤纶/35%棉"，而实际产品中的纤维含量为"72%涤纶/28%棉"，实际允差为7%，超出标准规定的5%允差。产品标识为"95%羊毛/3%锦纶/2%山羊绒"而实际产品中的纤维含量为"96%羊毛/4%锦纶"，不符合标签中某种纤维的含量≤3%时，实际含量不得为0的规定。

（7）同一件纺织产品有几种不同形式的标签，但是标签上的纤维成分含量不一致，如永久性标签上标识为"90%山羊绒/10%羊毛"，而挂牌上标识为"纯山羊绒"。

四、其他国家市场纤维成分标签

（一）加拿大

关于纤维成分标签的法规主要有《纺织品标签和广告法规》和《纺织品标签法》，2000年9月，基于这些法规，发布了《纺织品标签和广告法规指南》，包含15个部分和7个附录，涉及天然纤维和化学纤维的名称、纤维含量、纤维标识的方法、法规的适用产品等内容，具体指导纺织产品销售商正确标识纤维成分。

加拿大纤维成分标识的方法和原则与美国的法规比较接近，但是有一些区别，主要为以下几方面。

（1）标签的语言，在加拿大市场销售的需要标识成分标签的纺织产品必须同时使用英语和法语两种语言，缺一不可。

（2）美国针对毛纤维有专门的法规16 CFR 300，而在加拿大市场销售的毛纺织产品与非毛纺织产品遵循相同的法规，毛纺织产品没有特别的要求。

（3）通常情况下，加拿大市场的纤维含量允差是±5%，而美国市场是±3%，也就是说如果标签的成分含量是"80%羊毛20%腈纶"，而实测含量是"76%羊毛24%腈纶"，该产品在美国市场销售，那么将被判定为不符合美国的纺织产品标签法，而该产品在加拿大市场销售，那么将被判定为符合加拿大的纺织产品标签法。因此就纤维含量允差而言，美国的法规比加拿大更加严格。

（4）如果纺织产品仅由一种纤维组成，那么加拿大市场可以标识为"100%""Pure（纯）"或"All（全部）"，但是在美国市场上是不允许使用"Pure（纯）"标识由同一种纤维组成的纺织产品。例如，100%黏胶纤维，在加拿大市场可以标识为"100% Rayon（100%黏胶纤维）""Pure Rayon（纯黏胶纤维）"或者"All Rayon（全黏胶纤维）"，但是"Pure Payon（纯黏胶纤维）"这种标识在美国是禁止使用的。

（5）含有涂层的织物，一般会标识底布的纤维含量和涂层的材质，加拿大针对该类产品特别规定了需要标识涂层的含量，可以将涂层和底布分开标识或者标识总的含量，而美国市场只需要标识材质的名称，如底布是100%棉，涂层是聚氨酯的产品，在加拿大需要标识为"Coating：100% Polyurethane Back：100% Cotton（涂层100%聚氨酯，底布100%棉）"或者"75% Polyurethane 25% Cotton（75%聚氨酯/25%棉）"。

（6）对于起加固作用的纱线，无论是芯纱还是包覆纱，包括用于花式纱线如毛圈花式纱、结子花式纱等的起到固定毛圈的接结纱等，如果这些增强纱线强力的纤维含量小于5%，那么在加拿大市场可以分别标识为"98%羊毛2%涤纶"或者"98%羊毛2%其他纤维"或者"100% Wool Exclusive of Reinforcement（100%羊毛加固线除外）"。

（7）在纺织产品中添加的起美化作用的，与产品主体纤维不相同的装饰物，包括绣花、贴花、滚边、蕾丝、织带、图案形衣褶线、贴袋、褶边、荷叶边、领子和袖口，如果这些装饰物的表面积占纺织产品总表面积的比例少于15%，可以标识也可以不标识这部分的纤维含量，但是如果选择不标识，那么必须添加"Exclusive of Trimming（装饰除外）"，这一表述在美国的纤维成分标签中是不可以使用的，仅限于在加拿大销售的纺织产品。例如，一款100%蚕丝的衬衫，在右前胸有少量绣花，面积约占衬衫总表面积2%，使用的是涤纶线，那么可以标识为"100% Silk Exclusive of Trimming（100%蚕丝，装饰除外）"。

（8）加拿大的成分标签分为永久性和非永久性两类，规定一部分纺织产品不仅需要有永久性标签而且必须耐十次洗涤，这部分产品主要是夹克、外套、斗篷、裤子、套装、工作服、衬衫、针织衫、裙子、运动装、连衫裤、浴衣、晨衣、儿童服装、各类毛巾、床上用品、家具套、汽车座椅套、窗帘、睡袋和帐篷等，而美国市场对标签并没有耐十次洗涤的要求。同时法规还规定以下这些产品可以使用非永久性标签：内衣、睡衣、泳衣、围巾、披肩、手帕、紧身衣、包括袜子在内的连裤袜、手套和绑腿、假发和发饰、帽子、围裙、尿布、领带和领结、雨伞、棉絮、缝纫线和绣花线、布匹、洗碗布、台布、软装家具的外层覆盖物、床垫椅垫等。

（二）澳洲

澳大利亚和新西兰联合发布的关于纺织产品成分标签的标准 AS/NZS《2622：1996 Textile Products-Fibre Content Labelling》（AS/NZS 2622：1996 纺织产品　纤维含量标签），其纤维名称参照《AS/NZS 2450 Textile-Natural And Man-Made Fibres-Generic Names》（AS/NZS 2450 纺织　天然和人造纤维　纤维属名），几乎和 ISO 和欧盟的纤维属名一致。标准要求标签具有永久性，在产品使用周期内按照所附洗涤标签洗涤后，文字应该始终保持清晰可辨。

澳洲的纤维成分标签相对以上国家和地区而言比较简单，有两种纤维成分标签的表述方式供选择使用。方式一是按照纤维含量的降序排列从大到小依次标识纤维的名称和纤维的质量百分比；方式二是按照纤维含量的降序排列从大到小依次标识纤维的名称，而不标识纤维的质量百分比。例如，纤维成分含量为"65.3%涤纶34.7%棉"的产品，按照方式一可以标识为"65%涤纶35%棉"，按照方式二可以标识为"涤纶 棉"或者"涤纶/棉"。

纤维含量小于5%的这部分纤维如果是由于技术原因或者装饰作用而存在，那么按照方式一可以单独标识纤维名称和含量，也可以标识为"其他纤维"和含量，例如，可以标识为"93%腈纶4%氨纶3%尼龙"或者"93%腈纶7%其他纤维"；按照方式二可以标识为"少于5%"，例如，含有少于5%尼龙的羊毛产品可以标识为"Wool Nylon Less Than 5%（羊毛少于5%尼龙）"或者"Wool Other Fibres（羊毛和其他纤维）"或者"Wool（羊毛）"。

澳洲市场的纤维含量允差是±5%，里料和填充料需要单独标识其部位和纤维成分，不可以与其他部位合并成分进行标识。

绣花、贴花和其他附件包括紧身胸衣、腰带、滚边、三角形布料、纽扣、领子、袖口、标签、衬里、衬垫、缝纫线、拉链、带子、橡筋、织带和装饰性边等不需要标识纤维成分。

参考文献

［1］16 CFR PART 300 RULES AND REGULATIONS UNDER THE WOOL PRODUCTS LABELING ACT OF 1939. https：//www. ecfr. gov/cgi-bin/text-idx？SID=cfec922fec616e7eaf80e38484c87956&mc=true&tpl=/ecfr-browse/Title16/16cfr300_ main_ 02. tpl.

［2］16 CFR PART 303 RULES AND REGULATIONS UNDER THE TEXTILE FIBER PRODUCTS IDENTIFICA-TION ACT. https：//www. ecfr. gov/cgi-bin/text-idx？SID=6a820f6fece53971714d675553595baa&mc=true&tpl=/ec-frbrowse/Title16/16cfr303_ main_ 02. tpl.

［3］THE WOOL PRODUCTS LABELING ACT OF 1939 15 U. S. C. §68. https：//www. ftc. gov/node/119457.

［4］THE TEXTILE PRODUCTS IDENTIFICATION ACT 15 U. S. C. §70. https：//www. ftc. gov/enforcement/rules/rulemaking-regulatory-reform-proceedings/textile-products-identification-act-text.

［5］THREADING YOUR WAY THROUGH THE LABELING REQUIREMENTS UNDER THE TEXTILE AND WOOL ACTS. https：//www. ftc. gov/tips-advice/business-center/guidance/threading-your-way-through-labeling-requirements-under-textile.

［6］REGULATION（EU）No 1007/2011 OF THE EUROPEAN PARLIAMENT AND OF THE COUNCIL of 27 September 2011 on Textile Fibre and Related Labelling and Marking of the Fibre Composition of Textile Products and Repealing Council Directive 73/44/EEC and Directive 96/73/EC and 2008/121/EC of the European Parliament and of the Council》. https：//publications. europa. eu/en/publication-detail/-/publication/85f446fd-05a5-47d7-b0d3-96418710a1e0/language-en.

［7］GUIDE TO THE TEXTILE LABELLING AND ADVERTISING REGULATION. https：//www. competitionbu-reau. gc. ca/eic/site/cb-bc. nsf/eng/01249. html.

［8］TEXTILE LABELLING ACT（R. S. C. ，C. 1985，C. T-10）. https：//laws. justice. gc. ca/eng/acts/T-10/index. html.

［9］TEXTILE LABELLING AND ADVERTISING REGULATION（C. R. C. ，C. 1551）. https：//laws. justice. gc. ca/eng/regulations/C. R. C. ，_ c. _ 1551/index. html.